数学といっしょに学ぶ

力　学

筑波大学名誉教授

原　康夫 著

学術図書出版社

まえがき

力学は，力と運動という日常見なれている具体的な現象を対象にする学問である．

微分積分学は，力学の建設に必要な数学的な道具として誕生した．力学の創始者のニュートンが，力学を建設しながら微分と積分を発明したのである．

このように，力学と微分積分学には密接な関係がある．したがって一つの授業科目の中で微分積分学と力学を統合して教えられれば，両方の教育効果が上がり，さらに現実の問題に数学を応用する能力の養成，つまり，数理的な問題解決能力の養成に役立つと予想される．このように予想して，試行の上で誕生したのが本書である．

授業で使う教科書であるから，力学と数学の内容を学習しやすく配列することが必要である．小説でいえば，読みやすい話の展開（ストーリー）が必要である，

ところで，微分積分学は，誕生以来，力学以外の自然科学や社会科学の諸分野にも応用され，役立ってきた．また厳密な数学としての微分積分学の研究が進んできた．したがって，大学の基礎課程で学ぶ標準的な微分積分学のすべての内容と力学の内容を，ある基準に従って配列し，一つの授業科目で学べるようにすることは難しい．

そこで，内容の選択とその配列の基準に，微分積分学を重視する立場と力学を重視する立場のどちらかを選ばなければならない．第1の立場では，初等関数，微分，積分，微分方程式という順序になり，内容は物理数学あるいは工業数学という題目の科目の内容に近くなる．

本書を執筆する際に，私は第2の立場を選び，「力学の学習に必要な数学を学びながら，力学を学ぶ教科書」を執筆した．

本書では標準的な力学の学習の前に変数と関数とはどういうものかについて学ぶが，微分と積分の学習の前に変数と関数の意味を十分に理解する必要があると考えるからである．

読者の皆さんが力学を学びながら数理的な問題解決能力を身につけるのに，本書が役立つことを願っている．

本書を学習した上で，本書より高いレベルの力学，たとえばケプラーの3法則の証明や解析力学の初歩を学びたい諸君には，拙著『物理学通論1』（学術図書出版社）あるいは『物理学』（学術図書出版社）を読むことをお勧めする．

諸君が将来，具体的な問題を解くとき，本書に出ていない関数の導関数や不定積分の知識が必要になるかもしれない．そのようなときには，信頼できる数学公式集を利用することをお勧めする．

最後に，本書の出版にあたってお世話になった学術図書出版社の発田孝夫氏に厚くお礼申し上げる．

2007年8月

著　者

もくじ

0 はじめに

物理学は重要である

自然を理解するときに，物理学は重要な役割を果たす．現代社会は科学技術の成果の上に成り立っていて，物理学とその応用は数多くの技術進歩の基礎になっている．したがって，理系の諸分野を専攻する場合，物理学を学んで，物理学の知識を修得する必要がある．また，社会に出てから実際的な問題を解決する場合，物理学的な物の見方と考え方が役に立つことが多い．物理教育は科学技術の仕事をする際に欠くことのできないスキルの訓練の場になっている．

物理学とは

物理学とは，自然現象をできるだけ広く捉えられるような基本法則を求めることを目指す学問である．

物理学の初期の研究対象は，目に見え手で触れられる現象，たとえば，力と運動，熱，光，電気，磁気などであった．これらを研究する物理学の分野が，力学，熱学，光学，電磁気学などであり，これらの分野を古典物理学という．古典物理学は，今から約 100 年前にほぼ完成したが，その後，科学技術の進歩とともに多くの分野に応用が広がり，科学技術の基礎として，きわめて重要である．

その一方で，物理学や化学の研究が進展し，物質の物理的，化学的性質や熱現象などの，目に見え手で触れられる世界の法則を深く理解しようとする努力の中で，直接は目にも見えず手にも触れられない，原子や分子の存在が明らかになった．そして，原子や分子の世界の力学である量子力学が 1920 年代に誕生した．量子力学に基づいて物質の性質の解明が進み，新しい機能をもつ物質の設計が行われている．

物理学の学習は力学から始める

ナノテクノロジーやレーザーは量子力学の応用であり，現代の科学技術にとって量子力学は不可欠である．ところで，量子力学が支配するミクロな世界の主役の電子は，日常生活の経験では両立できない波の性質と粒子の性質の両方をもつ．したがって，量子力学は，日常生活で得られた概念とは異なる新しい概念の上に組み立てられており，魅力的であるが，量子力学の学習は取りつきやすくはない．

そこで，大学で物理学を学ぶ際には，まず力学の学習から始める．力学の対象はなじみ深い力と運動に関する現象なので，力学の学習は取りつきやすいからであり，また，力学の知識は量子力学の学習に必要だか

らである，

物理学と数学

物理学は，物理現象を定量的に記述し，予測する．その理由は，物理法則が物理量を変数として含む数式として表されることにある．したがって，物理学と数学には密接な関係があり，力学の学習のためには数学が必要である．

ところで，力学の場合，この密接な関係のために，力学の学習に必要な数学，とくに微分積分学を力学といっしょに学ぶことが可能であり，微分積分学は力学といっしょに学ぶ方が，別々に学ぶよりも，理解しやすい．その理由として，まず，微分学は力学の研究の中で，速度，加速度を記述する数学として誕生したことが挙げられる．速度は位置を微分して得られる導関数（変化率）であり，加速度は速度の導関数である．そして「質量」×「加速度」＝「力」というニュートンの運動方程式は加速度という 2 次導関数を含むので，歴史的に最初に発見された微分方程式である．また，運動方程式を解くために，加速度を積分して速度を求め，速度を積分して位置を求める必要があるので，運動方程式の解法と積分学は切り離せない．さらに，一般角の三角関数は回転運動や振動を記述する関数として学べば理解しやすいし，指数関数は減衰する運動を記述する関数として力学に現れる．

本書の特徴

本書は力学の学習に必要な数学を学びながら，力学を学ぶ教科書である．本書によって，力学を学ぶばかりでなく，物理学を記述する「言葉」としての数式の役割を理解し，数式による表現に慣れながら，微分，積分，微分方程式の解き方などの数学を学び，その有効性を知り，魅力に触れてほしい．

1 物理量と単位

本章と次章では，力学の本格的な学習のための準備を行う．

本章では，まず力学の対象になる現象は物理量によって記述され，力学の法則は物理量のしたがう数学的な関係として表されることを説明する．物理量は「数値」×「単位」という形で表されるので，単位と数値の表し方についても学ぶ．

1.1 物理量と物理法則

学習目標

力学の対象になる現象は物理量によって表され，物理量がしたがう自然法則は数学的な関係として表されることを理解する．

物理学の法則は数式で表される．物理学が自然現象を定量的に説明できるのは，物理法則が数式で表されるからである．したがって，物理学を学ぶには，物理学を記述する言葉としての数式とその役割を理解し，数式に慣れる必要がある．

数式の主役は変数である．力学の法則や関係式に変数として現れる量は，その現象を理解する鍵になる物理量である．**物理量**は，物理法則にしたがい，実験によって測定でき，単位のついた数値で表される量である．

物理学の法則を探るには，まず自然現象を理解する鍵になる物理量を見いださなければならない．近代的な物理学を創始したガリレオは，空気の抵抗が無視できるときには，すべての物体の落下運動の加速度は一定であることを推論と実験で確かめ，物体の落下運動を理解する鍵になる物理量は，速度ではなく加速度，つまり，速度の時間変化率であることを見いだした (図 1.1)．ガリレオが死んだ 1642 年に生まれたニュートンは，質量と加速度と力が，物体の運動を理解する鍵になる物理量であることを発見した (図 1.2)．

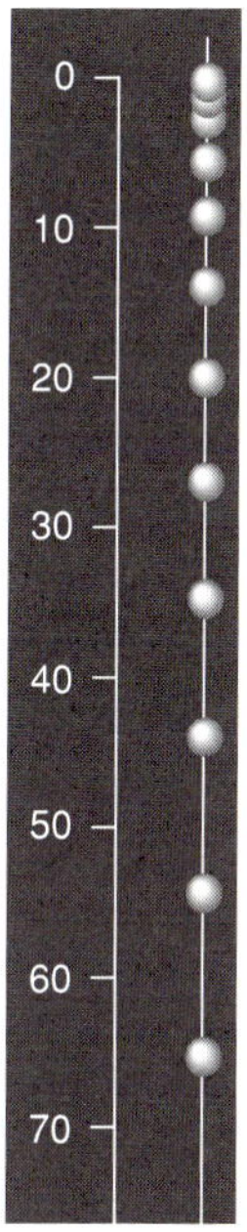

図 1.1　自由落下する球のストロボ写真．1/30 秒ごとに光をあてて写した写真．物指しの目盛は cm．時間の経過とともに写真に写った球の像の間隔が等比数列をなして離れていく事実は，球が一定の加速度で加速され，速さが増していくことを意味している．ガリレオは，空気の抵抗が無視できるときには，すべての物体は重力加速度とよばれる一定の加速度で落下すると考えた．

物理学の法則は，物理量のしたがう数式として表される．たとえば，物体の運動は，

「物体に力が作用するとき，加速度は力に比例し，質量に反比例する」　(1.1)

という運動の法則にしたがう．質量と加速度と力の単位としてそれぞれの国際単位 (kg, m/s^2, $N = kg \cdot m/s^2$) を使えば，この法則は

図 1.2　ニュートン　ニュートンは,「質量」×「加速度」=「力」という運動の法則と万有引力の法則を使って, 惑星の運動に関するケプラーの 3 法則を導き出した.

$$\text{質量} \times \text{加速度} = \text{力} \tag{1.2}$$

という, 比例定数が 1 の, 数式として表される (4.2 節参照). 力には, 摩擦力, 重力, 電気力などいろいろな力があるが, 物体に作用するこれらの力は, すべて (1.2) 式にしたがう.

物理学では, 物理量をローマ字またはギリシャ文字の記号で代表させる. 質量を記号 m, 加速度を記号 $\boldsymbol{a}$, 力を記号 $\boldsymbol{F}$ で表すと, 運動の法則は

$$m\boldsymbol{a} = \boldsymbol{F} \tag{1.2}$$

という記号の式になる [見かけは異なるが, 同等な式なので同じ式番号 (1.2) にした]. ここで $\boldsymbol{a}$ と $\boldsymbol{F}$ を太字にしたのは, あとで説明するベクトル量だからである.

物理学の法則は (1.1) 式のように言葉でも表されるが, (1.2) 式のように式で表せば, 表現が簡潔になり, 見通しよく議論できるようになる. しかし, (1.2) 式を見たとき, (1.1) 式のように, 言葉に翻訳して読んでみることは重要である.

さて, 力 (force) は日常生活で使われている言葉で, 日常用語としては定性的な言葉である. それを流用した物理量としての力は, 数式で表される物理法則にしたがうので, 定量的な物理用語である. 定性的な日常用語とそれを流用した定量的な物理量の違いに注意しよう. そのために, 物理量を, 物理法則との関連の中で理解しなければならない. また, 物理法則を抽象的な数学的関係としてではなく, その法則にしたがう具体的な現象とともに理解する必要がある.

1.2　物理量の表し方

学習目標

物理量は「数値」×「単位」という形をしており, 単位には基本単位と組立単位があること, 力学に現れる国際単位系での基本単位は, 長さの単位の m (メートル), 質量の単位の kg (キログラム), 時間の単位の s (秒) であること, その他の物理量の単位は, 定義や物理法則によって組立単位として導出されることを理解する.

指数を使った数値の表現法を理解し, 単位の代表的な接頭語を覚える.

a.　物理量は「数値」×「単位」という形をしている

長さ, 時間, 速さ, 力のような物理量は, 基準の大きさである**単位**と比較して表される. たとえば, 塔の高さは, 長さの基準である 1 m の物指しの長さと比べて, 50 m とか 60 m と表される. つまり, 物理量は「**数値**」×「**単位**」という形をしている. したがって, 物理学の問題を定量的に考えるときに理解しておかなければならないのが単位である.

b. 国際単位系（SI）

力と運動の物理学である力学に現れる物理量の単位は，長さ，質量，時間の単位を決めれば，この 3 つからすべて定まる．**国際単位系**（SI）では，長さの単位は**メートル**（m），質量の単位は**キログラム**（kg），時間の単位は**秒**（s）であり，これらの単位を**基本単位**という．力学に現れる，長さ，質量，時間以外の物理量の単位は，定義や物理法則を使って，基本単位から組み立てられるので，**組立単位**とよばれる．たとえば，長さの単位は m，時間の単位は s なので，

「速さ」＝「移動距離」÷「移動時間」の国際単位は，

長さの単位 m を時間の単位 s で割った m/s，

「加速度」＝「速度の変化」÷「変化時間」の国際単位は，

速度の単位 m/s を時間の単位 s で割った $\mathrm{m/s^2}$，

である．A/B は $A \div B$ を表す．

「力」＝「質量」×「加速度」なので，力の国際単位は

質量の単位 kg に加速度の単位 $\mathrm{m/s^2}$ を掛けた $\mathrm{kg \cdot m/s^2}$

である．力学の創始者ニュートンに敬意を払い，この $\mathrm{kg \cdot m/s^2}$ をニュートンとよび，N という記号を使う．こう表しても，力の国際単位ニュートンは基本単位だというわけではない．表 1.1 に本書で使用する固有の名称をもつ SI 組立単位を示す．

表 1.1 本書で使用する固有の名称をもつ SI 組立単位

量	単位	単位記号	他の SI 単位による表し方	SI 基本単位による表し方
振動数	ヘルツ	Hz		$\mathrm{s^{-1}}$
力	ニュートン	N		$\mathrm{m \cdot kg \cdot s^{-2}}$
エネルギー，仕事	ジュール	J	N·m	$\mathrm{m^2 \cdot kg \cdot s^{-2}}$
仕事率，パワー	ワット	W	J/s	$\mathrm{m^2 \cdot kg \cdot s^{-3}}$

c. 大きな量と小さな量の表し方（指数，接頭語）

取り扱っている現象に現れる物理量が，基本単位や組立単位に比べて，とても大きかったり，とても小さかったりする場合の表し方には，2 通りある．

1 つは，1 000 000 を 10^6，$0.000\,001 = \dfrac{1}{1\,000\,000} = \dfrac{1}{10^6}$ を 10^{-6} などのように 10 のべき乗を使って表す方法である．つまり，大きな数を $a \times 10^n$（n は正の整数），小さな数を $a \times 10^{-n}$（n は正の整数）と表す方法である．10^n の n や 10^{-n} の $-n$ を指数という．たとえば，地球の赤道半径 6 378 000 m は 6.378×10^6 m と表される．

もう 1 つの方法は，表紙の裏見返しに示す，国際単位系で指定された接頭語をつけた単位を使う方法である．特に重要な接頭語は，

千 (10^3) を意味する k (キロ)，百万 (10^6) を意味する M (メガ)，10 億 (10^9) を意味する G (ギガ)，千分の一 (10^{-3}) を意味する m (ミリ)，百万分の一 (10^{-6}) を意味する μ (マイクロ)，10 億分の一 (10^{-9}) を意味する n (ナノ)

である．たとえば，

1000 m = 1 km，10^6 Hz = 1 MHz，10^{-3} m = 1 mm，10^{-9} m = 1 nm

などと表される．長さの単位に km を使えば，6 378 000 m は 6 378 km と表される．

問 1　1 MV，500 kV はそれぞれ何 V (ボルト) か．

d.　有効数字

物理量を測定すると，測定の結果得られた測定値にはばらつきがある．これらの測定値の平均値は，この物理量の最良推定値である．しかし，この推定値には不確かさがある．この不確かさを，下記の手順で求められる，標準不確かさで表す．

同じ物理量を同じ条件で何回も繰り返し測定すると，測定値にはばらつきが生じる．多くの場合，測定値は，図 1.3 に示すように，平均値 m のまわりにつりがね形の**正規分布**とよばれる分布をする．統計学では図 1.3 の σ をこの物理量の測定結果の**標準偏差**という．標準偏差とは，図 1.3 (a) に記されているように，$m-\sigma$ と $m+\sigma$ の間の大きさの測定値が全体の 68.3 % になり，図 1.3 (b) に記されているように，$m-2\sigma$ と $m+2\sigma$ の間の大きさの測定値が全体の 95.4 % になるような量である．物理学ではこの物理量の測定結果を $m\pm\sigma$ と表し，m を**実験値**，σ を**標準不確かさ**という．

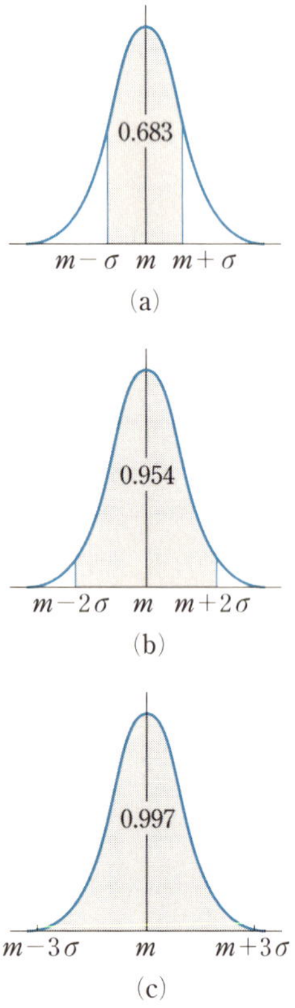

図 1.3　正規分布

標準不確かさ σ がある値をもつので，平均値 (実験値) m の桁数をむやみに大きくしても意味がない．たとえば，質量 1 kg のおもりをぶら下げたときのばねの伸びの測定値の平均値が 16.141 cm，標準偏差が 0.1 cm の場合には，長さの測定結果の実験値として意味があるのは 16.1 cm である．この場合，意味のある 3 桁の数字の 16.1 を**有効数字**といい，「有効数字が 3 桁である」という．実験値を $a\times10^n$ と表すとき，有効数字 a が $10>|a|\geqq1$ になるように表す．たとえば，16.1 cm を 1.61×10 cm あるいは 1.61×10^{-1} m と表す．

質量 m と加速度 a の実験値が 3.4 kg と 2.4 m/s^2 で，どちらも有効数字が 2 桁の場合，両者の積は ma = 8.16 kg·m/s^2 となるが，物理的に意味がある有効数字は，3 桁の 8.16 ではなく，2 桁の 8.2 なので，ma = 8.2 kg·m/s^2 としなければならない．

本書は，物理現象や法則の物理的な意味の理解を主目的にするので，問題の解答などで，有効数字と不確かさについては気にしないことにする．

1.3 次　元

学習目標

ある物理量の単位が $m^a kg^b s^c$ と表されるとすると，$[L^a M^b T^c]$ をこの物理量の次元ということを覚える．式の左右両辺の次元が同じであることを理解する．

単位と密接な関係がある概念に**次元**（ディメンション）がある．1つの実数（x 座標）だけでその上の点を指定できる直線を1次元，x 座標と y 座標が必要な平面を2次元，x 座標，y 座標と z 座標が必要な空間を3次元といい，これらを $[L]$，$[L^2]$，$[L^3]$ と表す．この長さに関する次元という概念を質量，時間にも拡張する．力学に現れるすべての物理量の単位は，長さの単位 m，質量の単位 kg，時間の単位 s の3つで表せる．そこで，物理量 Y の単位が $m^a kg^b s^c$ だとすると，$[Y] = [L^a M^b T^c]$ をこの物理量 Y の次元 $[Y]$ の次元式という．L は length（長さ），M は mass（質量），T は time（時間）の頭文字である．たとえば，$[速度] = [LT^{-1}]$，$[力] = [LMT^{-2}]$ である．

計算の途中や結果にでてくる式 $A = B$ の左辺 A と右辺 B の次元はつねに同じでなければならない．等号「＝」は，その両辺の数値と単位がそれぞれ等しいことを意味しているからである．そこで，計算結果の式の両辺の次元が同じかどうかを調べることは，計算結果が正しいかどうかの1つのチェックになる．体積の計算結果の単位が m^2 になったり，速さの計算結果の単位が m になれば，どちらの計算にも誤りがあることは明らかである．

固有の名称をもつ組立単位が含まれている計算で，単位がわからなくなった場合は，表1.1の「他のSI単位による表し方」あるいは「SI基本単位による表し方」の欄を使って計算を行えばよい．

念のため注意するが，次元が異なる2つの量を足し合わすことはできない．次元が同じ2つの量を足し合わすことはできるが，異なった単位で示された2つの量の足し算を行う場合には，換算して2つの量の単位に同じものを使う必要がある．たとえば，$1.23\,m + 10\,cm = 1.23\,m + 0.10\,m = 1.33\,m$ である．

問2　速さの計算結果の単位が m になれば，どのような誤りが考えられるか．

問3　N/kg を SI 基本単位で表せ．

参考　単位のついた量の割り算の意味 — 単位時間あたりの移動距離とは

異なる次元の物理量の足し算や引き算はできないが，異なる次元の物理量の掛け算や割り算はできる．単位のついた量の割り算の意味を考えよう．

数式による速さの定義は，

$$\text{速さ} = \frac{\text{移動距離}}{\text{移動時間}}$$

であるが，文章による速さの定義は，「速さは単位時間あたりの移動距離」である．たとえば，50 メートルを 10 秒で走る小学生の速さを計算すると，

$$\text{速さ} = \frac{\text{移動距離}}{\text{移動時間}} = \frac{50\ \mathrm{m}}{10\ \mathrm{s}} = 5\ \mathrm{m/s}$$

となる$\left(\mathrm{m} \div \mathrm{s} = \dfrac{\mathrm{m}}{\mathrm{s}} = \mathrm{m/s}\ \text{である}\right)$．メートルを秒で割った m/s は何を意味するのであろうか．a を $b\,(b \neq 0)$ で割った $a \div b = \dfrac{a}{b}$ とは，b を掛ければ a になる数または量である．つまり，$\dfrac{a}{b}$ とは $\dfrac{a}{b} \times b = b \times \dfrac{a}{b} = a$ であるような数または量である．そこで，割り算の定義によれば，5 m/s は 1 s を掛けると 5 m になる量［$(5\ \mathrm{m/s}) \times (1\ \mathrm{s}) = 5\ \mathrm{m}$］なので，5 m/s とは，この速さで 1 s 走れば移動距離が 5 m になる速さである，したがって，5 m/s とは時間の単位である 1 s あたりの移動距離が 5 m の速さであることを意味する．

5 m/s の速さで 1 時間 (1 h) 走り続けられると仮定すれば，1 h = 3600 s なので，走行距離は $(5\ \mathrm{m/s}) \times (3600\ \mathrm{s}) = 18000\ \mathrm{m} = 18\ \mathrm{km}$ である．したがって，時間の単位に h を選ぶと，

$$\text{速さ} = \frac{\text{移動距離}}{\text{移動時間}} = \frac{18\ \mathrm{km}}{1\ \mathrm{h}} = 18\ \mathrm{km/h}$$

である．時間の単位には国際単位の秒 (s) 以外に，分 (min)，時 (h) などがあるので，速さの定義を，「速さは 1 秒あたりの移動距離」ではなく，「単位時間あたりの移動距離」だとするのである．

演習問題1

1. 単位について正しいのはどれとどれか．
   ① 速度の国際単位は m/s である．
   ② 速度の国際単位は m·s である．
   ③ 加速度の国際単位は m·s である．
   ④ 加速度の国際単位は m/s である．
   ⑤ 加速度の国際単位は $\mathrm{m/s^2}$ である．
2. 牛肉の値段が 5500 円/kg と表示されている．この意味を説明せよ．
3. $1.2\ \mathrm{kg/m^3}$ という 20 ℃で 1013 hPa の空気の密度は何を意味するか．
4. (1)　割り算の定義に基づいて，次の関係が成り立つことを説明せよ．

$$\frac{a}{b} \div \frac{c}{d} = \frac{a}{b} \times \frac{d}{c}$$

   (2)　つぎの計算をせよ．
   a. $\dfrac{1}{6} \div \dfrac{7}{5}$　　b. $\dfrac{3}{5} \div 0.75$　（分数で答えよ）
5. 電気抵抗が R_1 の抵抗器と R_2 の抵抗器を並列接続したときの合成抵抗 R は，

$$\frac{1}{R} = \frac{1}{R_1} + \frac{1}{R_2}$$

で与えられる（図1）．$R_1 = 2\ \Omega$，$R_2 = 3\ \Omega$ の場合の

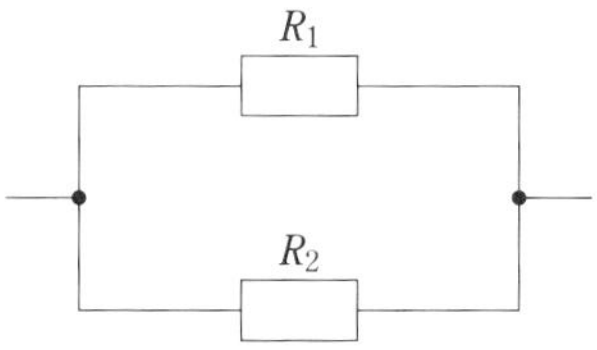

図 1

合成抵抗 R を求めよ．

6. **四則演算の規則** 複数の四則演算（足し算，引き算，掛け算，割り算）が含まれている場合の計算規則は次のようである．

(a) 括弧（ ）があればいちばん内側の括弧の中から優先的に計算していく．

(b) × と ÷ は ＋ と － より先に計算する．

(c) × と ÷，＋ と － はそれぞれ左から順に計算していく．

つぎの計算をせよ．

(1) $7\times\{(5-2)\times 3\div 0.5\}-5\times(6-4\div 2)$

(2) $\{1+(0.3-1.52)\}\div(0.1)^2$

(3) $6\times\{(5-2)\times 3\div 0.25\}-5\times(6-6\div 2)$

(4) $\{1+(0.12-1.52)\}\div(0.05)^2$

2 変数と関数

物理学では，質量や加速度や力のような物理量を記号で表す．そして，物理学の法則は，記号で表された物理量の間の数学的な関係として，数式で表される．したがって，記号で表された数式に慣れる必要がある．

物理量は，いろいろな値をとることができる変数として物理学の数式に現れ，これらの数式は，ある変数（物理量）が別の変数（物理量）の関数であることを示す．変数の関係を視覚的にわかりやすく表現するのが関数のグラフである．

そこで，物理学を学ぶ準備として，本章では変数と関数とグラフを学ぶ．

2.1 変数とは

学習目標

物理量はいろいろな値をとることができるので，数学では変数とよばれる量であることを理解する．

主な物理量はそれぞれ固有の記号で表されることを理解する．

物理学の数式に現れる記号には，

(1) いろいろな値をとることができる**変数**の記号

(2) 一定の数あるいは量を表す**定数**の記号，たとえば，円周率 π，真空中の光速 c

(3) 単位を表す単位記号，たとえば，m，kg，s

(4) 関数記号，たとえば，sin，cos や $f(x)$ の f

などがある．

物理学で重要な役割を果たす，時刻，位置，速度，加速度，面積，質量，力，仕事，仕事率（パワー），エネルギー，… などの物理量はいろいろな値をとることができるので，数学では**変数**とよばれる量である．本書では，これらの物理量を，それぞれ，t，x，v，a，A，m，F，W，P，E，… という記号で表す．数学では変数を表す記号として，おもに x と y を使い，他の記号をほとんど使わないのとは大きな違いである．その理由は，物理学では数式を見て，数式が表している物理量の関係を読み取る必要があるからである．そこで，各記号が表す物理量の日本語での名前を覚え，数式を見たら，数式を日本語の文章に翻訳して読むこ

とをお勧めする．たとえば，

ニュートンの運動方程式　$ma = F$

や

円の面積の公式　$A = \pi r^2$

を見たら，

「質量」×「加速度」は力に等しい

とか

円の面積は「円周率」×「半径の 2 乗」に等しい

と読むのである．なお，物理量の記号の多くは英語名の頭文字である．たとえば，m は mass（質量），a は acceleration（加速度），F は force（力），A は area（面積），r は radius（半径），t は time（時間），v は velocity（速度），W は work（仕事），P は power（パワー），E は energy（エネルギー）の頭文字である．

2.2 関数とは

学習目標

「A は L の関数である」という文章および $A = f(L)$ という式の意味を理解し，説明できるようになる．

自動販売機の現金挿入口に現金を入れ，希望する商品のボタンを押すと，商品とおつりが出てくる．つまり，現金と商品名を入力すると，商品とおつりが出力する．数学の関数も，自動販売機と同じように，何かを入力すると何かを出力する機能をもつ．物理学に出てくる関数の場合には，入れるものと出てくるものは単位のついた数値である．つまり物理学に出てくる**関数**は，ある物理量を表す記号のついた入力変数に単位のついた数値を入れると，あらかじめ定められている計算規則にしたがって計算を行い，別の物理量を表す記号のついた出力変数が単位のついた数値として答を出す機能をもっている．なお，数学では入力変数を独立変数，出力変数を従属変数という．

例として，正方形の面積の公式，

$$正方形の面積 = (一辺の長さ)^2 \qquad A = L^2 \tag{2.1}$$

を考えよう（図 2.1）．この関係は大きな正方形に対しても，小さな正方形に対しても，どのような正方形に対しても成り立つ．この関係の右辺に現れる変数 L は任意の正方形の一辺の長さを意味する．しかし，この関係を使って，正方形の面積を表す変数 A を計算するときには，具体的な正方形を選んで，その正方形の一辺の長さを L に代入しなければならない．たとえば，一辺の長さが 2 m だとすると

$$A = (2\ \mathrm{m}) \times (2\ \mathrm{m}) = 4\ \mathrm{m}^2 \tag{2.2}$$

となり，面積が $4\ \mathrm{m}^2$ であることがわかる．つまり，関係 (2.1) の「一

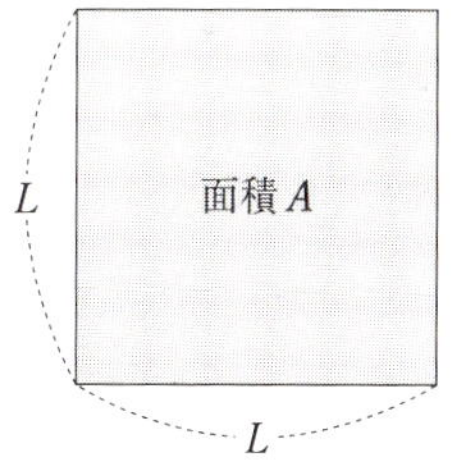

図 2.1　$A = L^2$

辺の長さ L」は「任意の値」(一般の値) を表すと同時に「特定の値」(たとえば 2 m) を表すという二重性をもつことに注意しよう．

変数 L のとりうる値の範囲（この場合は $L>0$）に含まれる任意の値の L に対して，変数 A の値が決まる場合，「変数 A は変数 L の**関数**である」という．変数 A と変数 L の間に関数関係があるともいう．そして，数学では，この関係を記号の式

$$A = f(L) \tag{2.3}$$

で表す．記号 f を関数記号という．f は関数を表す英語 function の頭文字である．

(2.3) 式のように表すと，(2.3) 式は数学的には「変数 L の値を決めれば，変数 A の値が決まり，変数 L の値が l ならば，変数 A の値は $f(l)$ である」ことを意味している．しかし，このままでは $f(l)$ の表している数値はわからない．$f(l)$ の数値を求めるための**計算規則**が必要である．正方形の場合の計算規則は

$$f(l) = l^2 \tag{2.4}$$

である．

関数 $A=f(L)$ で変数 L のとりうる値の範囲を**定義域**という．正方形の一辺の長さ L は正なので，この関数の定義域は $L>0$ である．この定義域を $(0, \infty)$ と記す．L が定義域のすべての値をとるとき，$A=f(L)$ のとりうる値の範囲を**値域**という．この関数の値域は $A=f(L)>0$ なので，やはり，$(0, \infty)$ である．定義域を $L \geqq 0$ だとすると，定義域も，値域も $[0, \infty)$ と記される．

参考　合成関数

変数 y が変数 z の関数

$$y = g(z) \tag{2.5}$$

で，変数 z が変数 x の関数

$$z = h(x) \tag{2.6}$$

だとする．変数 x の値が決まると，(2.6) 式によって変数 z の値が $z=h(x)$ と決まる．変数 z の値が決まると，この値を (2.5) 式に代入すると，変数 y の値が

$$y = g[h(x)] \tag{2.7}$$

と決まる．したがって，変数 y は変数 x の関数である．関数 $y=g[h(x)]$ を関数 $y=g(z)$ と関数 $z=h(x)$ の**合成関数**という．

たとえば，関数 $y=2x+1$ は，$y=g(z)=z+1$ と $z=h(x)=2x$ の**合成関数**であり，関数 $y=\sin(2x+1)$ は，$y=g(z)=\sin z$ と $z=h(x)=2x+1$ の**合成関数**である．

2.3 式に現れる未知の量と既知の量

学習目標

物理学の法則や公式には複数の物理量が現れることと，物理学の法則や公式は既知の物理量から未知の物理量を求める式であることを理解する．どの物理量が既知の量で，どの物理量が未知の量かは状況によって異なることを理解する．

式にはいくつかの変数が現れる．式を使うと，既知の量（わかっている量）から未知の量（わかっていない量）を求めることができる．どの量が既知の量でどの量が未知の量かは，そのときの状況によって異なる．たとえば，ある面積をもつ正方形の一辺の長さを求めたい場合には，正方形の面積の公式 $A = L^2$［(2.1)式］から得られる式，

$$\text{正方形の一辺の長さ} = \sqrt{\text{正方形の面積}} \qquad L = \sqrt{A} \tag{2.8}$$

を使えばよい．この式の，変数 A に，たとえば，$4\ \mathrm{m}^2$ という値を入れると，変数 L の値が求められ，$2\ \mathrm{m}$ であることがわかる．この場合，「変数 L は変数 A の関数である」という．なお，正数 A の平方根とよばれる $\sqrt{A}$ とは，2 乗すれば A になる正数である．つまり，

$$(\sqrt{A})^2 = A \qquad \text{かつ} \qquad \sqrt{A} > 0 \tag{2.9}$$

例 1　電圧 V，電流 I，抵抗 R の関係を表すオームの法則

$$V = RI \qquad \text{（温度は一定）} \tag{2.10}$$

は，抵抗 R と電流 I がわかっているときには，未知量の電圧 V を求める式である．しかし，電圧 V と電流 I がわかっているときには，(2.10) 式を変形した

$$R = \frac{V}{I} \qquad \text{（温度は一定）} \tag{2.11}$$

は未知量の抵抗 R を求める式であり，電圧 V と抵抗 R がわかっているときには，(2.10) 式を変形した

$$I = \frac{V}{R} \qquad \text{（温度は一定）} \tag{2.12}$$

は未知量の電流 I を求める式である．これらの 3 つの式は同等である．

問 1　質量 m，加速度 $\boldsymbol{a}$，力 $\boldsymbol{F}$ の関係を表すニュートンの運動方程式 $m\boldsymbol{a} = \boldsymbol{F}$ は，どういう場合に，何から何を求める式か．

2.4 物理学での関数の表し方と数学での関数の表し方

学習目標

記号 b で表される物理量の時間的変化を表す式 $b = b(t)$ は「時刻 t の値が決まれば，物理量 b の値が決まり，時刻 t の値が特定の値 t の

ときに，物理量 b の値は $b(t)$ である」という意味であることを理解する．

x 軸に沿って直線運動している物体の時刻 t での位置を $x(t)$ とすれば，物体の位置 x の時間的変化は，

$$x = x(t) \tag{2.13}$$

という式で表せる．この $x = x(t)$ という式は，

（1）　時刻 t の値が決まれば位置 x の値が決まり，

（2）　時刻 t の値が特定の値 t のときに，位置 x の値は $x(t)$ である，いいかえれば，時刻 t の値が特定の値 t_1 のときの位置 x の値は $x(t_1)$ である，

ことを意味する．

ところで，$x = x(t)$ という式だけでは，計算規則がわからないので，x の数値は計算できない．しかし，物体の直線運動を表す関数のすべてを $x = x(t)$ という式で形式的に表せるので，直線運動での速度や加速度の定義などの一般的な議論には便利な式である．

ここでは $x = x(t)$ と表したが，数学では関数を表す関数記号には f を使って，

$$x = f(t) \tag{2.14}$$

と表すことが多い．しかし，物理学にはいろいろな物理量が現れる．そこで，本書では，原則として，物理量の時間的変化を表す関数の関数記号として物理量の記号を使うことにする．たとえば，直線運動している物体の速度 v が時刻 t の関数であることを

$$v = v(t) \tag{2.15}$$

と表す．

なお，$f(x)$ の計算規則が与えられていると，x の値が決まれば $f(x)$ の値が決まるので，数学では関数 $f(x)$ とか，x の関数 $f(x)$ ということがある．指数関数 e^x や三角関数 $\sin x$ はその例である．

参考　プログラミング言語の変数と関数

現在使われている多くのプログラミング言語には変数と関数が登場する．数学の関数 $y = f(x)$ を深く理解するには，コンピュータに対して，次のような手順で $y = f(x)$ という計算を行わせている事実を理解するのが助けになる．

(1)　コンピュータ・プログラムに変数を登場させるには，記号 `x`, `y`, `a`, `b`,… が変数であることを宣言する．そうすると，メモリーに `x`, `y`, `a`, `b`,… などの名前のついた領域（数値の入れ物）が確保される．

(2)　つぎに，関数 `f(x)` の計算規則を明示して関数の定義を行う．

(3)　つづいて，変数 `x` と変数 `y` には `y=f(x)` という関数関係があることを明示する．

(4)　変数 `x` という数値の入れ物に，`x=5` という形で，外部から数値

5 を入力すると，

(5)　コンピュータは，定義されている計算規則にしたがって f(5) を計算し，

(6)　y=f(x) という指示にしたがって，変数 y という数値の入れ物に数値 f(5) を入れる．

(7)　この数値を外部に出力する．

プログラミング言語の場合，関数 f(x) の f は関数を区別する「関数の呼び名」である．

2.5　関数 $y = f(x)$ のグラフによる表現

学習目標

$y = f(x)$ という関数の計算規則が与えられた場合，そのグラフが描けるようになる．

変数 x が特定の値 x の場合に変数 y の値は $f(x)$ だという事実を，図 2.2 のように，xy 平面上の点 $(x, f(x))$ に印をつけて表すことができる（高校数学では「変数 x が特定の値 a の場合に変数 y の値は $f(a)$ だという事実を，xy 平面上の点 $(a, f(a))$ に印をつけて表すことができる」と表現する）．変数 x の値を変化させていくと，印をつけた点 $(x, f(x))$ の位置は 1 本の曲線上を移動していく．この曲線が $y = f(x)$ を表す曲線，つまり，関数 $y = f(x)$ のグラフである．

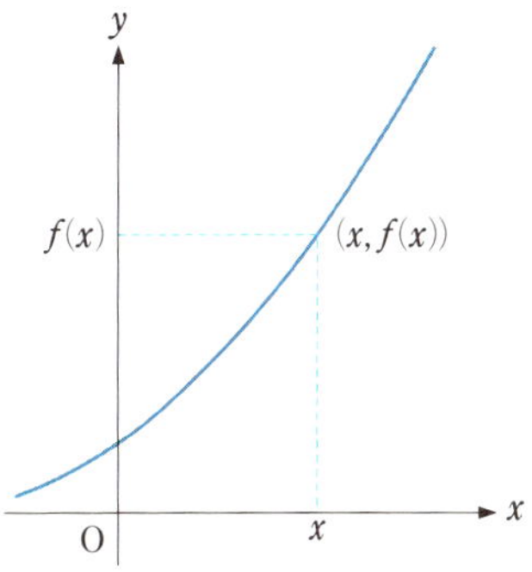

図 2.2　$y = f(x)$ のグラフ

2.2 節で，ある量を表す変数 x は，その量の一般の値を表すとともに，その量の特定の値を表すと述べた．図 2.2 の横軸（x 軸）の右端の x は変数が x であることを意味しており，変数の一般の値を表しているといえる．これに対して x 軸上の点 x は変数 x の特定の値を表している．

例 2　自由落下運動の落下時間 t と落下速度 v

物体を手で持って，初速度がないようにそっと放したときの物体の運動を自由落下運動という．空気の抵抗が無視できる場合には，物体の落下速度 v は落下時間 t に比例して増加する．つまり，時刻 t での速度 v の計算規則 $v(t)$ は

$$v(t) = gt \qquad (g \text{ は定数}) \tag{2.16}$$

である．したがって，速度 v と時間 t の関数関係は

$$v = gt \qquad (g \text{ は定数}) \tag{2.17}$$

である．物体の速度が時間に比例して増加していく様子を表す比例定数の g は**重力加速度**とよばれ，

$$g \approx 10\ \mathrm{m/s^2} \tag{2.18}$$

である．g は gravity（重力）の頭文字である．$g \approx 10\ \mathrm{m/s^2}$ という式は，g はほぼ $10\ \mathrm{m/s^2}$ に等しいことを意味する．簡単のために，この例の式の計算では $g = 10\ \mathrm{m/s^2}$ とする．

静止していた物体が，$t=0$ に運動し始めてから

1 秒後 ($t=1$ s) の速度は $v=(10\ \mathrm{m/s^2})\times(1\ \mathrm{s})=10\ \mathrm{m/s}$

2 秒後 ($t=2$ s) の速度は $v=(10\ \mathrm{m/s^2})\times(2\ \mathrm{s})=20\ \mathrm{m/s}$

3 秒後 ($t=3$ s) の速度は $v=(10\ \mathrm{m/s^2})\times(3\ \mathrm{s})=30\ \mathrm{m/s}$

……………

である．したがって，横軸に時刻 t，縦軸に速度 v を選び，グラフ上の点(0 s, 0 m/s)，(1 s, 10 m/s)，(2 s, 20 m/s)，(3 s, 30 m/s)，… を連ねた線を描けば，(2.17) 式のグラフが得られる (図 2.3)．横軸の記号 t [s] は単位に s を選んだ落下時間 t の数値部分を意味し，縦軸の記号 v [m/s] は単位に m/s を選んだ速度 v の数値部分を意味する．

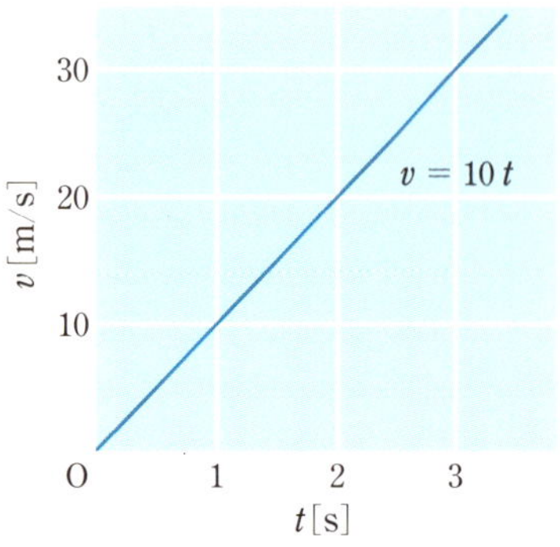

図 2.3　$v=gt$ ($g=10\ \mathrm{m/s^2}$)

上で行った式 $v=gt$ の計算では，数値の部分の掛け算と単位の部分の掛け算の両方を行った．しかし，電卓では数値部分の計算しかできない．そこで，v と t は速度と時刻の数値部分のみを表すとして，(2.17) 式の数値部分の掛け算を

$$v=10t \tag{2.19}$$

と表すのが便利である．これが図 2.3 の直線の横に記した式 $v=10t$ の意味である．(2.17) 式と (2.19) 式で，v と t の表しているものが異なっていることに注意すること．

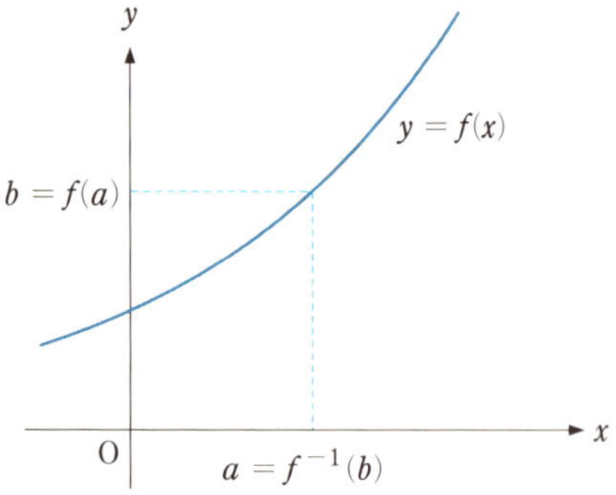

図 2.4　$f^{-1}[f(a)]=f^{-1}(b)=a$, $f[f^{-1}(b)]=f(a)=b$

参考　逆関数

$y=f(x)$ という式を x について解いた式を $x=f^{-1}(y)$ と記す．ここで y は独立変数となるから x とおき，関数 $f^{-1}(x)$ を関数 $f(x)$ の**逆関数**という．

$y=2x+1$ という式を x について解くと $x=\dfrac{y-1}{2}$ なので，

関数 $f(x)=2x+1$ の逆関数は $f^{-1}(x)=\dfrac{x-1}{2}$

$y=x^2\ (x\geqq 0)$ という式を x について解くと $x=\sqrt{y}\ (y\geqq 0)$ なので，

関数 $f(x)=x^2\ (x\geqq 0)$ の逆関数は $f^{-1}(x)=\sqrt{x}\ (x\geqq 0)$

$y=\mathrm{e}^x$ という式を x について解いたものを $x=\log_{\mathrm{e}} y$ と記すので，

指数関数 $f(x)=\mathrm{e}^x$ の逆関数は対数関数 $f^{-1}(x)=\log_{\mathrm{e}} x$

である．

このように定義された関数 $f^{-1}(x)$ を，関数 $f(x)$の逆関数とよぶ理由は，

$$x=f^{-1}[f(x)] \tag{2.20}$$

$$x=f[f^{-1}(x)] \tag{2.21}$$

という関係が存在するからである (図 2.4)．

図 2.5 からわかるように，関数 $y=f(x)$ のグラフとその逆関数 $y=f^{-1}(x)$ のグラフは直線 $y=x$ に関して対称である．

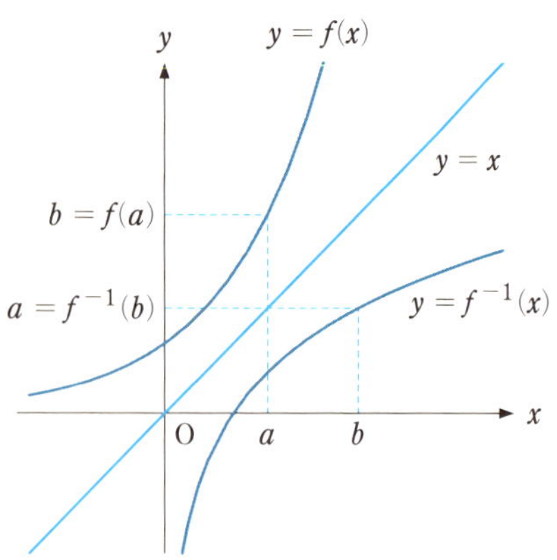

図 2.5　$y=f(x)$ と $y=f^{-1}(x)$ は直線 $y=x$ に関して対称である．

演 習 問 題 2

1. 教師数を記号 T，学生数を記号 S で表すとき
   (1) $T=8S$ を日本語で表せ（T は teacher，S は student の頭文字）．
   (2) 「学生数は教師数の 8 倍である」を式で表せ．
2. 円の半径を r，円周を L，円周率を π で表すとき，$L=2\pi r$ を日本語で表せ．
3. 陸上競技の 200 m 走のスタートラインは外側のコースほど前に出ている（図 1）．コースの幅を 0.80 m とすると，1 つ外側のコースのスタートラインは何メートル前に出せばよいか．**ヒント**：この間隔 L はコースの半円部分の長さの差によって生じる．コースの幅を d，いちばん内側のコースの半円部分の半径を r とおいて考えよ．

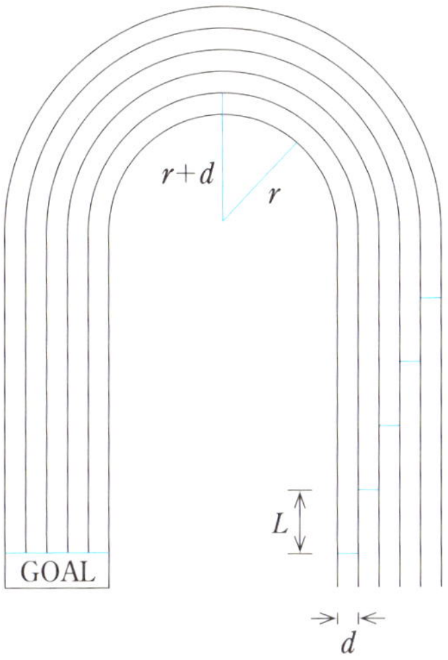

図 1

4. (1) $f(x)=x-1$，$g(x)=x^2$ のとき $g[f(x)]$ と $f[g(x)]$ を求めよ．$g[f(x)]$ と $f[g(x)]$ は同じか．
   (2) $f(x)=7x-3$ のときに，$f(3)$，$f[f(3)]$，$f[f(x)]$ を求めよ．
5. **グラフの移動** 関数 $y=f(x)$ を表す曲線を $+y$ 軸方向（上方）に a だけ平行移動して得られる曲線に対する関数は

$$y=f(x)+a \tag{1}$$

である（図 2），

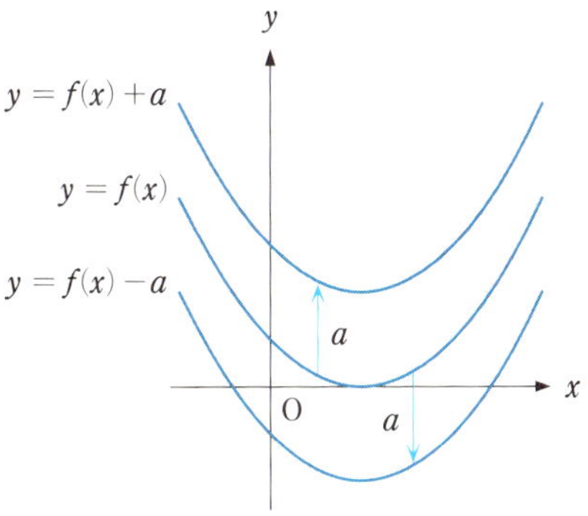

図 2　y 軸方向の平行移動（$a>0$）の場合

(1) 関数 $y=f(x)$ を表す曲線を $+x$ 軸方向（右方）に b だけ平行移動して得られる曲線に対する関数は

$$y=f(x-b) \tag{2}$$

であることを示せ（図 3）．

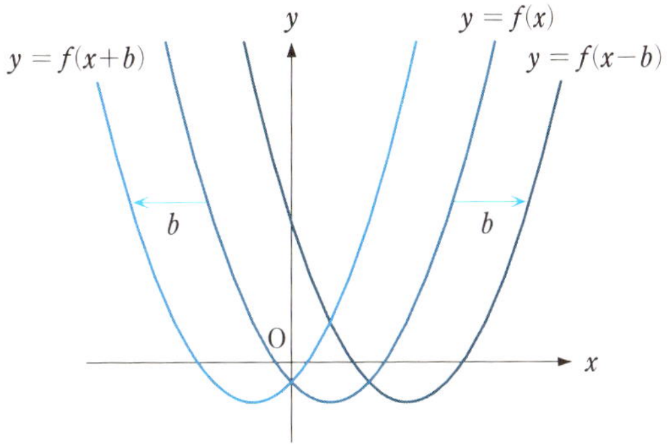

図 3　x 軸方向の平行移動（$b>0$ の場合）

(2) $y=f(x)$ を表す曲線を時刻 $t=0$ から $+x$ 軸方向（右方）に速さ v で移動させるとき，時刻 t での曲線に対する関数は

$$y=f(x-vt) \tag{3}$$

であることを示せ．

6. 関数 $y=2x+1$，$y=x^2$ を表す曲線を次のように平行移動して得られる曲線に対する関数を求めよ．
   (1) $+y$ 軸方向に 1
   (2) $-y$ 軸方向に 2
   (3) $+x$ 軸方向に 2
   (4) $-x$ 軸方向に 2

3 運動 —— 速度と加速度

「速い」という言葉は，同じ時間に遠くまで行くことや，同じ距離を短い時間で行くことを定性的に表す．物理学では「平均速度」，「瞬間速度」という定量的な表現を使う．また，「速くなる」，［遅くなる］という言葉を定量的にしたのが「加速度」である．速度，加速度という概念の誕生は微分，つまり，変化率という概念の誕生と密接に結びついている．

この章では，直線運動の学習を通じて，物体の速度，加速度と微分を理解する．適切なグラフを描いて，グラフから物体の速度と加速度を読み取ることも重要な学習目標である．

3.1 速　さ

学習目標

移動距離，時間，平均の速さの関係を理解し，これらの関係を自由に使えるようになる．

速さのいろいろな単位の関係を理解する．

等速運動する物体の移動時間と移動距離の関係を図に示し，グラフから物体の速さを読み取る方法を学ぶ．

平均の速さ　物体の運動状態を表す量に**速さ**（スピード）がある．「平均の速さ $\bar{v}$」は「移動距離 d」÷「時間 t」，つまり，

$$\bar{v} = \frac{d}{t} \qquad \text{平均の速さ} = \frac{\text{移動距離}}{\text{時間}} \tag{3.1}$$

である．本書では，$d \div t$ を $\dfrac{d}{t}$ あるいは d/t と書く．(3.1) 式の両辺に「時間 t」を掛けると，

$$d = \bar{v}t \qquad \text{移動距離} = \text{平均の速さ} \times \text{時間} \tag{3.2}$$

であることがわかる．また，(3.2) 式の両辺を「平均の速さ $\bar{v}$」で割ると，距離 d を平均の速さ $\bar{v}$ で移動するのにかかる時間 t は

$$t = \frac{d}{\bar{v}} \qquad \text{時間} = \frac{\text{移動距離}}{\text{平均の速さ}} \tag{3.3}$$

であることもわかる．

速さの単位　長さの単位には km, m, cm などがあり，1 km = 1000 m, 1 m = 100 cm という関係がある．時間の単位には時（hour，記号 h），分（minute，記号 min），秒（second，記号 s）などがあり，1 h = 60 min, 1 min = 60 s などの関係がある．「速さの単位」は「長さの単位」÷「時間の単位」なので，長さの単位に km，時間の単位に h を選んだ場合の速さの単位は km/h，長さの単位に m，時間の単位に min を選んだ場合の速さの単位は m/min である．国際単位系では，長さの単位はメートル（m），時間の単位は秒（s）なので，国際単位系での速さの単位は m/s である．

例 1　**速さの単位の換算**　1 km = 1000 m, 1 h = 3600 s なので，

$$1\ \text{km/h} = \frac{1000\ \text{m}}{3600\ \text{s}} = \frac{1}{3.6}\ \text{m/s} \qquad 1\ \text{m/s} = 3.6\ \text{km/h} \qquad (3.4)$$

等速運動　速さが一定な運動，つまり等しい時間に等しい距離を通過する運動を等速運動という．速さが v_0 の等速運動の場合，平均の速さは常に一定の速さ v_0 なので，(3.2) 式から，任意の移動時間 t に対して，その間の移動距離 d は，

$$d = v_0 t \qquad \text{移動距離 = 速さ×時間} \qquad \text{(等速運動)} \qquad (3.5)$$

である．つまり，一定の速さで移動する物体の移動距離 d は時間 t に比例する．なお，「移動距離が時間に比例する」とは，時間が 2 倍になれば移動距離は 2 倍になり，時間が 3 倍になれば移動距離は 3 倍になり，…，時間が n 倍になれば移動距離は n 倍になり，… を意味する．ここで n は任意の正の実数である．

例 2　速さ $v_0 = 3$ m/s の等速運動の場合，(3.5)式は

$$d = (3\ \text{m/s})t$$

となるので，

$$t = 0\ \text{sでは，} d = (3\ \text{m/s})\times(0\text{s}) = 0\ \text{m}$$
$$t = 1\ \text{sでは，} d = (3\ \text{m/s})\times(1\text{s}) = 3\ \text{m}$$
$$t = 2\ \text{sでは，} d = (3\ \text{m/s})\times(2\text{s}) = 6\ \text{m}$$
$$t = 3\ \text{sでは，} d = (3\ \text{m/s})\times(3\text{s}) = 9\ \text{m}$$

……

そこで，横軸に時間 t，縦軸に移動距離 d を選んで，(t, d) = (0 s, 0 m)，(1 s, 3 m)，(2 s, 6 m)，(3 s, 9 m)，… などの点を記し，これらの点を連ねる線を描くと，原点 O を通る直線になる（図 3.1）．これが $d = (3\ \text{m/s})t$ という式を表すグラフである．

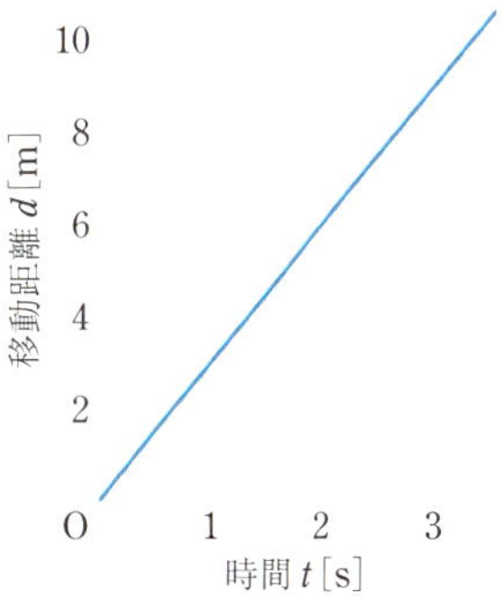

図 3.1　速さ 3 m/s の等速運動

道路で水平方向に 1 m 進んだら道路が鉛直上方に a m（a メートル）高くなるとき（図 3.2），この道路の**勾配**は $\frac{a\ \text{m}}{1\ \text{m}} = a$ であるという．$a < 0$ なら，道路は下がっていく．図 3.1 の直線は右に 1 s 進むと，上に 3 m 上昇するので，この直線の勾配は $\frac{3\ \text{m}}{1\ \text{s}} = 3$ m/s である．つまり，

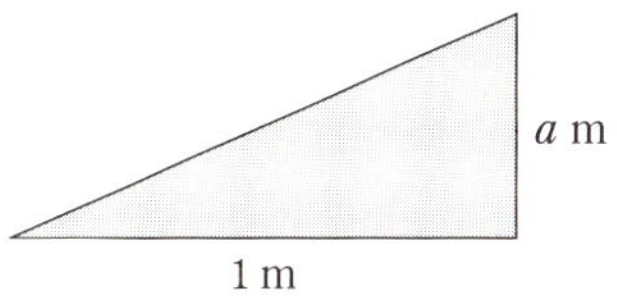

図 3.2　道路の勾配は a

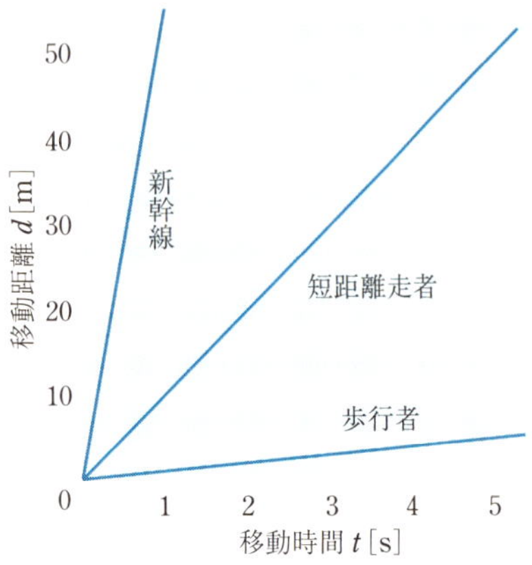

図 3.3　移動距離-移動時間図（等速運動の場合）

この直線の勾配はこの直線が表す物体の速さである．

図 3.1 のような，移動距離と時間の関係を示す図を描いて，物体の運動を表すと，等速運動の場合は，直線になり，この直線の傾き(勾配)が等速運動の速さ v_0 を表すことがわかった．傾きが急な場合には運動は速く，傾きが小さい場合には運動は遅い．また，直線が水平な場合には物体は静止しつづける．時間と移動距離のいくつかの例を図 3.3 に示す．

3.2　直線運動する物体の位置と速度と導関数

学習目標

変位を理解し，平均の速さと平均速度の違いを理解する．

限りなく短い時間での平均速度としての速度（瞬間速度）の定義を理解するとともに，関数を微分して導関数を求めるとはどういう操作かを理解する．

直線運動する物体の位置の時間的変化（時刻と物体の位置の関係）を x-t 図に表すと，速度が x-t 線の接線の勾配に等しいことを理解し，x-t 図を見て運動の様子，とくに速度の変化を説明できるようになる．

これまでの速さの議論では，物体の運動の道筋は曲線でもよかったが，これから以後，本章では，物体が一直線上を運動する場合だけを考える．

直線上の位置　　物体の運動とは位置が時刻とともに変化することであるから，運動を表すには物体の位置を表すことが必要である．物体が直線に沿って運動する場合，その直線を座標軸（x 軸）に選び，原点 O と長さの単位（1 cm, 1 m, 1 km など）と座標軸の正の向きと負の向きを定める（図 3.4），そうすると，位置座標が，$x = 3\,\mathrm{m}$ のように，位置は，「数字」×「単位」として表される．

物体の位置は時間とともに変化するので，時刻 t での物体の位置（x 座標）を $x(t)$ と記す．物体の位置の時間的な変化は，横軸に時刻 t，縦軸に位置 x を選んで，関数

$$x = x(t) \tag{3.6}$$

を描くと，図示できる．この図を**位置-時刻図**あるいは **x-t 図**とよび，物体の運動の様子を表す線を **x-t 線**という．

図 3.4　座標軸（x 軸）（単位が m の場合）　この場合，-1 は $x = -1\,\mathrm{m}$ を意味する．

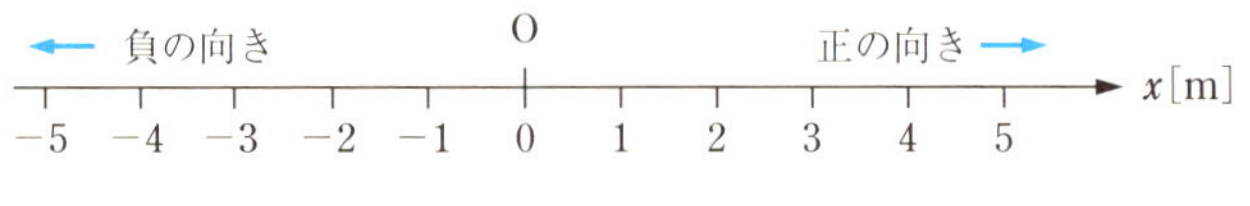

問 1　図 3.5 に示されている自動車 M の運動を言葉で説明せよ．
問 2　図 3.6 に示されている自動車 N の運動を言葉で説明せよ．

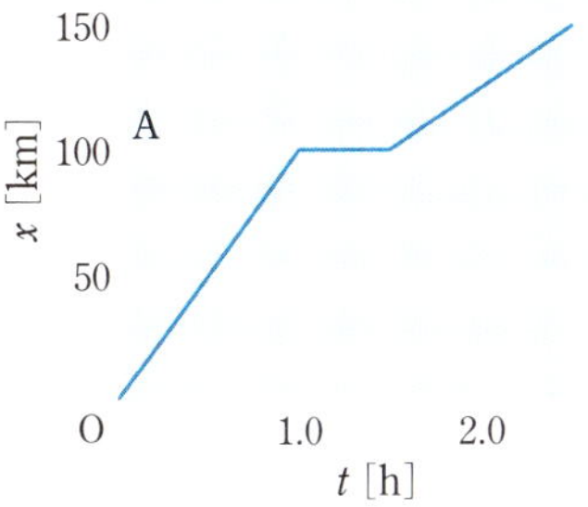

図 3.5　自動車 M の運動

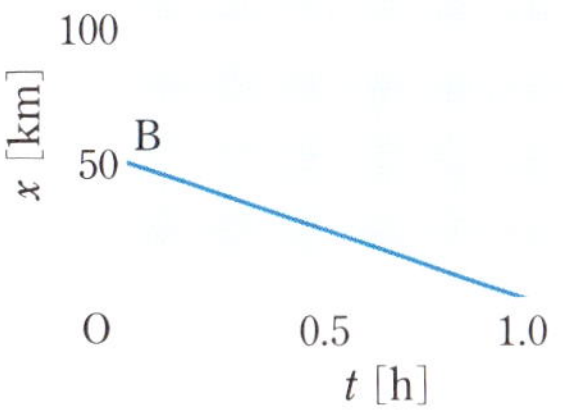

図 3.6　自動車 N の運動

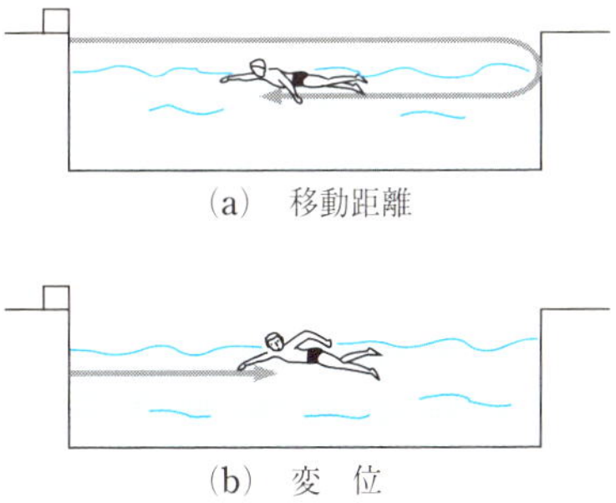

図 3.7　移動距離と変位

直線運動での変位　物体の移動した距離が移動距離である［図 3.7(a)］．競泳では，選手が泳いだ往復の移動距離の合計が重要であるが，物体（選手）の現在の位置を考える場合には，移動距離よりも，最初の位置からの正味の変化が重要である．図 3.7(b) の矢印のような，最初の位置を始点とし現在の位置を終点とする有向線分で表される位置の変化を表す量を**変位**という．

例 3　長さ 50 m のプールを 1 分あたり 100 m，つまり，$v_0 = 100$ m/min の一定の速さで 200 m 泳いだ場合の x-t 図は図 3.8 のようになる．

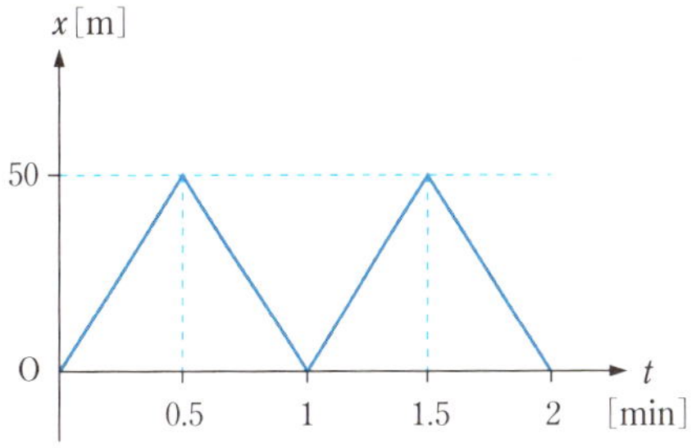

図 3.8　50 メートル・プールを一定の速さで泳ぐ人の x-t 図

時刻 t に位置が $x = x(t)$ の点 P にあった物体が，それから時間 Δt が経過した，時刻 $t+\Delta t$ に位置が $x = x(t+\Delta t)$ の点 P′ に移動したときには，時間 Δt に位置が

$$\Delta x = x(t+\Delta t) - x(t) \tag{3.7}$$

だけ変化する．この位置の変化 Δx を，時刻 t から時刻 $t+\Delta t$ までの物体の**変位**という（図 3.9）．物体が x 軸の正の向きに移動すれば，変位 Δx はプラス（正）であり，負の向きに移動すれば，変位 Δx はマイナス（負）である．Δx は変位を表すひとまとまりの量であり，Δ（デルタと読む）と x の積ではないことに注意すること．また，Δt も 2 つの時刻の間隔を表すひとまとまりの量であり，Δ と t の積ではない．Δt は短い時間間隔であっても，長い時間間隔であっても構わない．

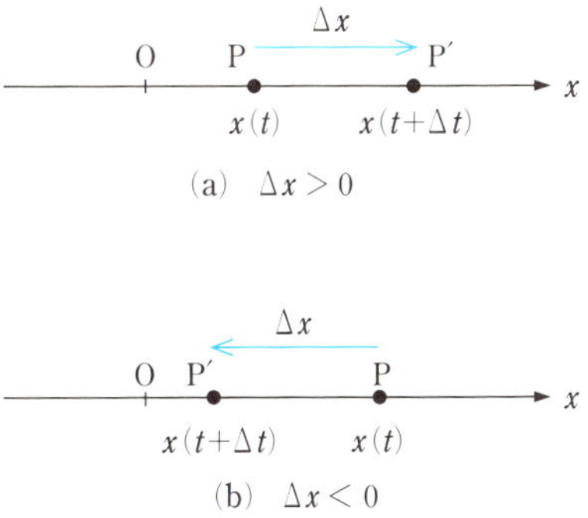

図 3.9　変位 $\Delta x = x(t+\Delta t) - x(t)$

直線運動での平均速度　直線運動の場合，x 軸の正の向きに進む物体の速さと負の向きに進む物体の速さを区別するために速度を使う．「平均の速さ」＝「移動距離」÷「時間」であるが，平均速度を

$$\text{平均速度} = \frac{\text{変位}}{\text{時間}} \tag{3.8}$$

と定義する．時刻 t から時刻 $t+\Delta t$ までの時間 Δt での物体の平均速度 $\bar{v}$ は，

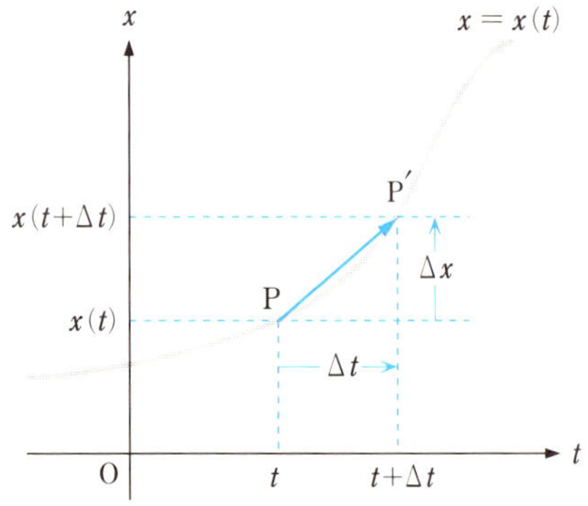

図 3.10　x-t 線．有向線分 $\overrightarrow{PP'}$ の勾配 $\frac{\Delta x}{\Delta t}$ は時間 Δt での平均速度である．

$$\bar{v} = \frac{\Delta x}{\Delta t} = \frac{x(t+\Delta t)-x(t)}{\Delta t} \tag{3.9}$$

である．平均速度 $\bar{v} = \frac{\Delta x}{\Delta t}$ は，図 3.10 の有向線分 $\overrightarrow{PP'}$ の勾配に等しい．

物体が x 軸の正の向きに移動すれば，変位 $\Delta x > 0$ なので，平均速度は正 ($\bar{v} > 0$) で，有向線分 $\overrightarrow{PP'}$ は右上がりである．物体が x 軸の負の向きに移動すれば変位 $\Delta x < 0$ なので，平均速度は負 ($\bar{v} < 0$) であり，$\overrightarrow{PP'}$ は右下がりである．$\overrightarrow{PP'}$ の傾きが急なほど，物体は速い．

直線運動での速度（瞬間速度）と導関数　時刻 t と時刻 $t+\Delta t$ の間の時間 Δt を限りなく短くする場合の平均速度 $\bar{v} = \frac{\Delta x}{\Delta t}$ の極限値を

$$\lim_{\Delta t \to 0}\frac{\Delta x}{\Delta t} = \lim_{\Delta t \to 0}\frac{x(t+\Delta t)-x(t)}{\Delta t} \tag{3.10}$$

と記し，これを時刻 t での**速度**あるいは**瞬間速度**とよび，$v(t)$ という記号で表す．すなわち，時刻 t での速度は

$$v(t) = \lim_{\Delta t \to 0}\frac{x(t+\Delta t)-x(t)}{\Delta t} \tag{3.11}$$

で定義される．数学では (3.11) 式で定義された関数 $v(t)$ を関数 $x(t)$ の**導関数**とよび，関数 $x(t)$ の導関数を求めることを，関数 $x(t)$ を t で微分するという（なお，数学では，関数 $f(x)$ の導関数を $f'(x)$ と記すので，数学の記法では $v(t)$ ではなく，$x'(t)$ と記すことになる）．

数学では，$\lim_{\Delta t \to 0}\frac{\Delta x}{\Delta t}$ を $\frac{\mathrm{d}x}{\mathrm{d}t}$ と記し，$\frac{\mathrm{d}x}{\mathrm{d}t}$ を x の t に関する導関数とよ

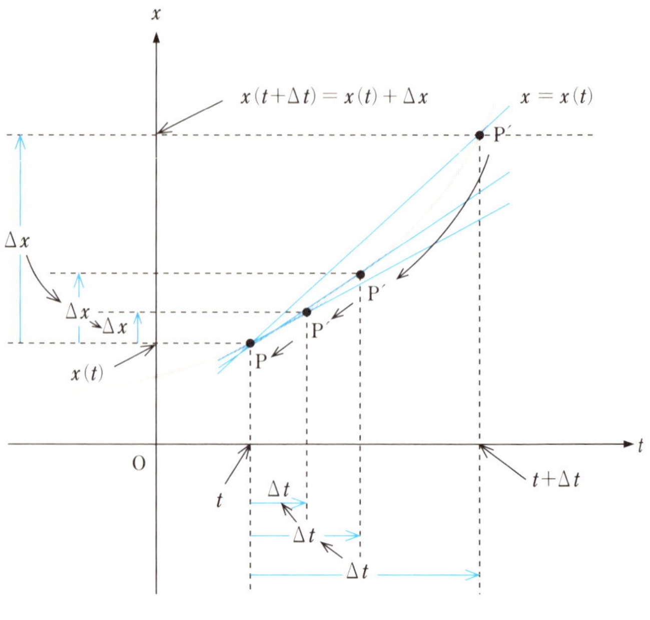

図 3.11　位置-時刻図 (x-t 図) と速度．t 軸上の記号 t と $t+\Delta t$ は特定の時刻 t とそれから時間 Δt が経過した時刻 $t+\Delta t$ を表す．有向線分 $\overrightarrow{PP'}$ の向きの $\Delta t \to 0$ の極限は，時刻 t での x-t 線の接線の向きである．この接線の勾配が時刻 t での速度である．

ぶ．物理学では，物理量である速度の記号を v，時刻 t の関数としての速度を $v = v(t)$ と記すので，

$$v = \frac{dx}{dt} = v(t) \tag{3.12}$$

となる(なお，速さを v あるいは $v(t)$と記すことがあるので，速さと区別するために，x 軸に沿っての直線運動の速度を v_x あるいは $v_x(t)$ と記すことがある)．

時間 Δt を短くしていくと，$\Delta t \to 0$ の極限で x-t 図の有向線分 $\overrightarrow{PP'}$ は x-t 線の点 P での接線に重なる (図 3.11)．つまり，速度 $v(t)$ は x-t 線の時刻 t での接線の勾配に等しい．接線が右上がりなら $v(t) > 0$ で，x 軸の正の向きへの運動であり，右下がりなら $v(t) < 0$ で，x 軸の負の向きへの運動であり，接線が水平ならば，その時刻での瞬間速度 $v(t)$ は 0 である (図 3.12)．x-t 線が直線でない場合には，物体の速さは一定でない．

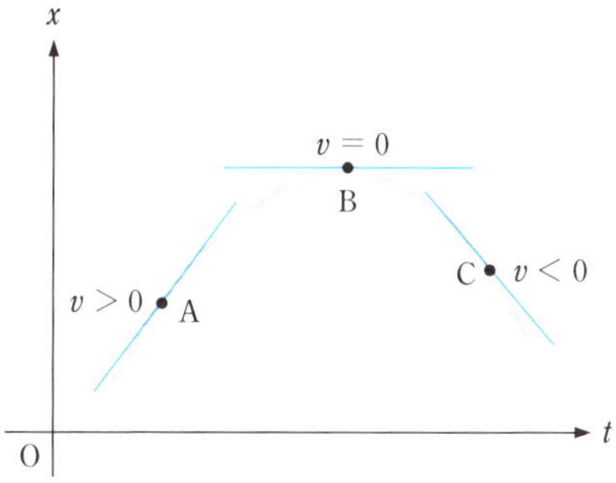

図 3.12　x-t 線の勾配と速度

例 4　ある自動車が時刻 $t = 0$ に発進した直後の位置の変化は

$$x(t) = (0.4\ \mathrm{m/s^2})t^2 \tag{3.13}$$

という式で表される (図 3.13)．

時刻 t と $t+\Delta t$ の間の平均速度 $\bar{v}$ は，

$$\bar{v} = \frac{\Delta x}{\Delta t} = \frac{x(t+\Delta t)-x(t)}{\Delta t} = \frac{(0.4\ \mathrm{m/s^2})(t+\Delta t)^2-(0.4\ \mathrm{m/s^2})t^2}{\Delta t}$$

$$= \frac{(0.4\ \mathrm{m/s^2})[(t^2+2t\cdot\Delta t+(\Delta t)^2)-t^2]}{\Delta t}$$

$$= \frac{(0.4\ \mathrm{m/s^2})(2t\cdot\Delta t+(\Delta t)^2)}{\Delta t} = (0.4\ \mathrm{m/s^2})(2t+\Delta t) \tag{3.14}$$

である．したがって，

$$v(t) = \lim_{\Delta t\to 0}\frac{\Delta x}{\Delta t} = \lim_{\Delta t\to 0}(0.4\ \mathrm{m/s^2})(2t+\Delta t) = (0.8\ \mathrm{m/s^2})t \tag{3.15}$$

たとえば，時刻 $t = 1\ \mathrm{s}$ での速度は，この式の t に $1\ \mathrm{s}$ を代入して，

$$v(1\ \mathrm{s}) = 0.8\ \mathrm{m/s}$$

であることがわかる．

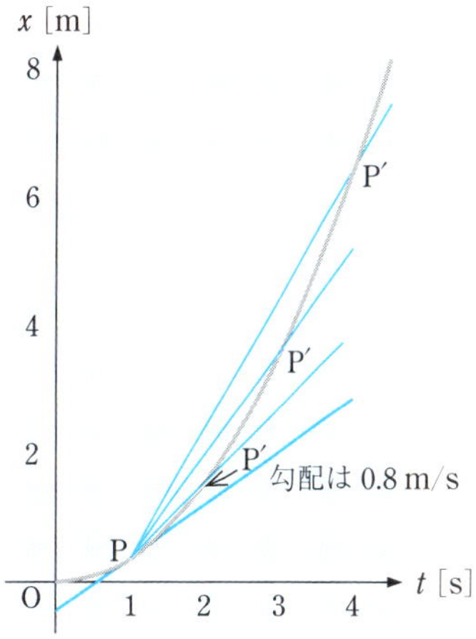

図 3.13　$x(t) = (0.4\ \mathrm{m/s^2})t^2$
x-t 線の点 P(1 s, 0.4 m) での接線の勾配は 0.8 m/s

問 3　位置の変化が図 3.12 の x-t 線で表される物体の運動の様子は，時間とともにどのように変化するかを言葉で説明せよ．

問 4　$+x$ 方向に運動している物体がある．次のそれぞれの場合の x-t 線を定性的に描け．

(1)　加速している場合．

(2)　減速している場合．

(3)　等速度運動 (速度が一定の運動) をしている場合．

例 5　**定数 c の導関数は** 0　$x = c$ (c は定数) の場合 (図 3.14)

$$\frac{dx}{dt} = \lim_{\Delta t\to 0}\frac{x(t+\Delta t)-x(t)}{\Delta t} = \lim_{\Delta t\to 0}\frac{c-c}{\Delta t} = 0$$

$$\therefore\quad \frac{d}{dt}c = 0 \quad (c\ \text{は定数}) \tag{3.16}$$

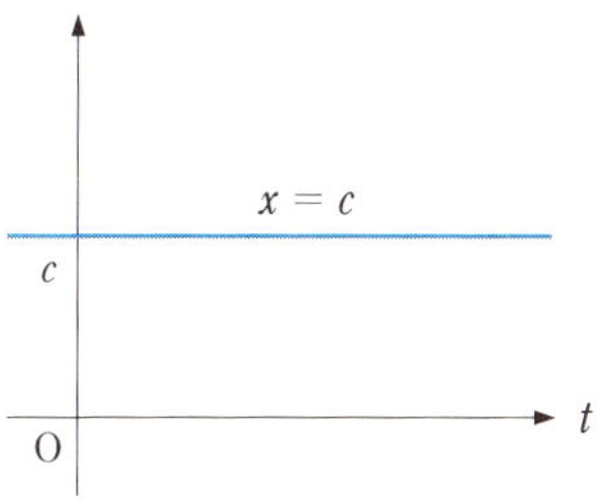

図 3.14　$x = c$

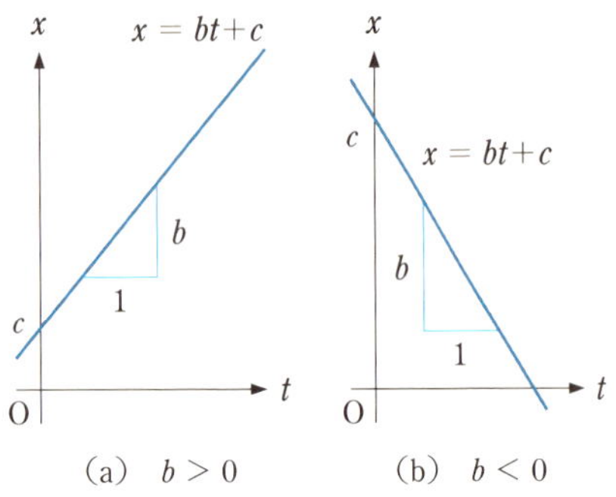

図 3.15　1次関数 $x = bt+c$

$x = c$ は x 座標が c の点に静止している物体を表すので，速度 $v = \dfrac{dx}{dt} = 0$ なのは当然である．ここで $\dfrac{d}{dt}c = 0$ と記したが，$\dfrac{dc}{dt} = 0$ と記してもよい．

例 6　**1次関数** $x = bt+c$ $(b, c$ は定数$)$ **の導関数は定数** b (図 3.15).

$$\frac{dx}{dt} = \lim_{\Delta t \to 0} \frac{[b(t+\Delta t)+c]-[bt+c]}{\Delta t} = \lim_{\Delta t \to 0} \frac{b\cdot\Delta t}{\Delta t} = \lim_{\Delta t \to 0} b = b$$

$$\therefore \quad \frac{d}{dt}(bt+c) = b \quad (b, c \text{ は定数}) \tag{3.17}$$

$x = bt+c$ は速度 $v = \dfrac{dx}{dt}$ が b で，$t = 0$ での位置が c の等速直線運動を表す．

例 7　**2次関数** $x = at^2+bt+c$ $(a, b, c$ は定数$)$ **の導関数は** $2at+b$

$$\frac{dx}{dt} = \lim_{\Delta t \to 0} \frac{[a(t+\Delta t)^2+b(t+\Delta t)+c]-[at^2+bt+c]}{\Delta t}$$

$$= \lim_{\Delta t \to 0} \frac{2at\cdot\Delta t+a(\Delta t)^2+b\cdot\Delta t}{\Delta t}$$

$$= \lim_{\Delta t \to 0} (2at+b+a\cdot\Delta t) = 2at+b$$

$$\therefore \quad \frac{d}{dt}(at^2+bt+c) = 2at+b \quad (a, b, c \text{ は定数}) \tag{3.18}$$

$x = at^2+bt+c$ が表す運動は，時刻 $t = 0$ での速度が b，位置が c で，速度が時間とともに一定の割合 $2a$ で増加する直線運動である $[v(t) = 2at+b]$．

$a>0$ の場合の2次曲線 $x = at^2+bt+c$ は下に凸な曲線であり [図 3.16(a)]，変数 t が $-\infty$ から増加して $+\infty$ になる間に，グラフの勾配 $2at+b$ はマイナス → 0 → プラスと変化する [図 3.16(c)]．x-t 線の最低点の t 座標は勾配が 0 になる $2at+b = 0$ の解の

$$t = -\frac{b}{2a} \tag{3.19}$$

である．

$a < 0$ の場合は上に凸な曲線であり [図 3.16(b)]，変数 t が $-\infty$ から増加して $+\infty$ になる間に，グラフの勾配 $2at+b$ はプラス → 0 → マイナスと変化する [図 3.16(d)]．x-t 線の最高点 (頂点) の t 座標は，やはり，(3.19) 式で与えられる．なお，グラフの最高点 (関数の極大値)，最低点 (極小値) と導関数の関係については，付録 A.4 参照．

問 5　$t = 0$ に鉛直上方に投げ上げられた物体が最高点に到達するまでの x-t 図は，図 3.16(b) の $0 \leqq t \leqq -\dfrac{b}{2a}$ の部分と同じ形である．

(1)　定数 b は $t = 0$ での速度，つまり投げ上げたときの初速度であることを説明せよ．

(2)　c は $t = 0$ での位置，つまり投げ上げたときの位置 (高さ) であるこ

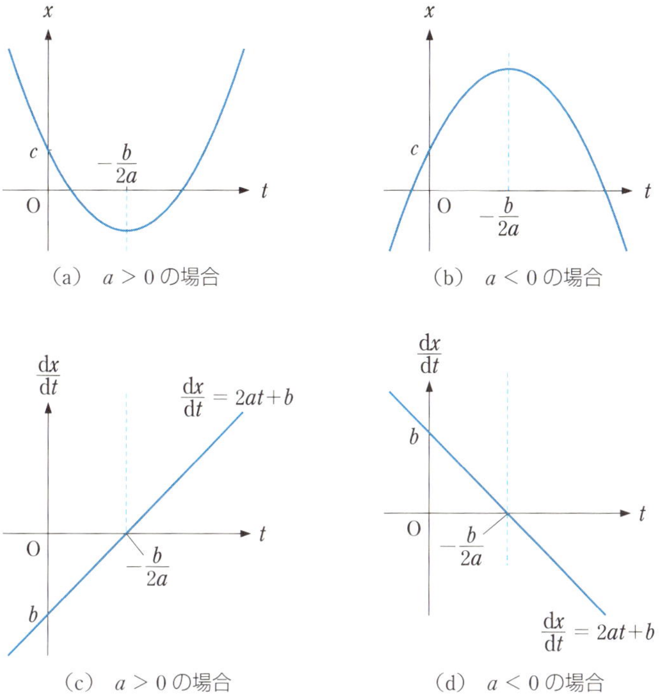

図 3.16　2 次関数 $x=at^2+bt+c$ と $\dfrac{dx}{dt}=2at+b$

とを説明せよ．

(3)　最高点での速度を求めよ．

参考　連続な関数の極限値

関数 $x=f(t)$ を表すグラフの線が途切れずにつながっている場合，この関数は**連続**であるという．変数 t の値を，a 以外の値をとりながら，限りなく a に近づけていく操作を，記号 $t\to a$ で表す．$t\to a$ は，a より大きい方から限りなく a に近づけていく場合の $t\to a+0$ と，a より小さい方から限りなく a に近づけていく場合の $t\to a-0$ の両方を含む．

$t\to a$ で $f(t)$ の値が一定の値 p に近づけば（p に収束すれば），p を $t\to a$ のときの関数 $f(t)$ の**極限値**といい，

$$\lim_{t\to a} f(t)=p \tag{3.20}$$

と記す．$\lim\limits_{t\to a}$ の lim は極限値（limit）を意味する記号である．$f(t)$ が連続な関数であれば，

$$\lim_{t\to a} f(t)=f(a) \tag{3.21}$$

である（図 3.17）．

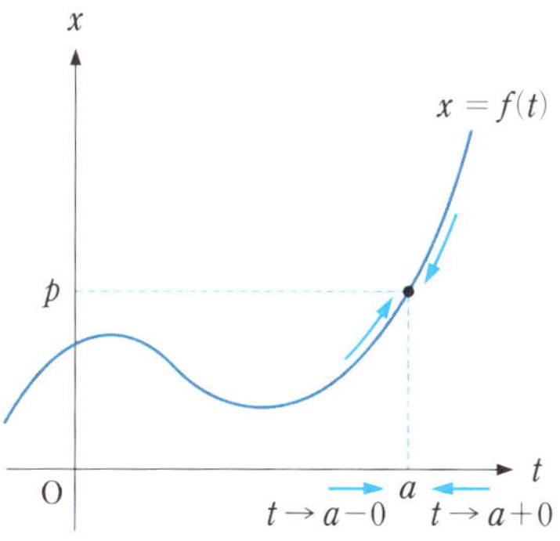

図 3.17　極限 $t\to a$

3.3 直線運動する物体の加速度と 2 次導関数

学習目標

直線運動する物体の加速度とはどのような物理量かを理解する.

加速度は速度の導関数で，位置の 2 次導関数であることを理解する.

v-t 図から加速度が読み取れるようになる.

自動車を運転していて，アクセルを踏んだり，ブレーキを踏んだりすると，自動車の速度が変化する．物体の速度が時間とともに変化する割合，つまり，単位時間あたりの速度の変化を**加速度**という．加速度にも平均加速度（記号 $\bar{a}$）と瞬間加速度（記号 a）がある．瞬間加速度を単に加速度という．

平均加速度　平均加速度の定義は，「速度の変化」÷「時間」である．時刻 t と時刻 $t+\Delta t$ の間の速度の変化は $\Delta v = v(t+\Delta t)-v(t)$ なので，時間 Δt での**平均加速度** $\bar{a}$ は

$$\text{平均加速度} = \frac{\text{速度の変化}}{\text{時間}} \qquad \bar{a} = \frac{\Delta v}{\Delta t} = \frac{v(t+\Delta t)-v(t)}{\Delta t} \tag{3.22}$$

である．国際単位系での速度の単位は m/s，時間の単位は s なので，国際単位系での加速度の単位は $\mathrm{m/s^2}$ である $[(\mathrm{m/s})\div\mathrm{s} = \mathrm{m/s^2}]$.

例 8　静止していた自動車が 10 秒間で時速 36 km，つまり，$36\ \mathrm{km/h} = 36\times\dfrac{1000\ \mathrm{m}}{3600\ \mathrm{s}} = 10\ \mathrm{m/s}$ にまで加速されるときには，この自動車の平均加速度 $\bar{a}$ は

$$\bar{a} = \frac{(10\ \mathrm{m/s})-0}{10\ \mathrm{s}} = 1.0\ \mathrm{m/s^2}$$

である．つまり，速度は 1 秒あたり 1.0 m/s の割合で増加する.

例 9　速度 20 m/s で運動していた自動車が 5 秒間で静止するときの平均加速度 $\bar{a}$ は

$$\bar{a} = \frac{0-(20\ \mathrm{m/s})}{5\ \mathrm{s}} = -4.0\ \mathrm{m/s^2}$$

である．つまり，速度は 1 秒あたりに 4.0 m/s の割合で減少する.

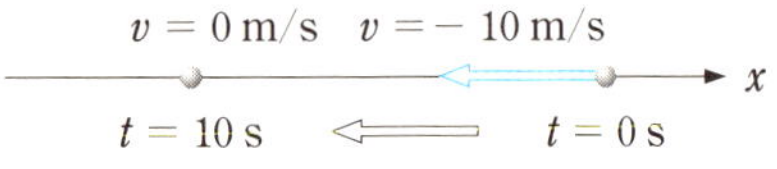

(a)　$\bar{a} = 1.0\ \mathrm{m/s^2} > 0$ で，速さが減少

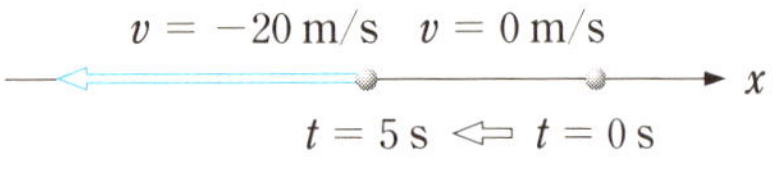

(b)　$\bar{a} = -4.0\ \mathrm{m/s^2} < 0$ で，速さが増加

図 3.18

運動には向きがあり，速度には正負の符号があるので，$\bar{a} > 0$ でも速さが増加するとは限らないし，$\bar{a} < 0$ でも速さが減少するとは限らない（図 3.18).

加速度　時刻 t と時刻 t に限りなく近い時刻 $t+\Delta t$ との間での平均加速度 $\bar{a} = \dfrac{\Delta v}{\Delta t}$ の値を時刻 t での**加速度**といい，$a(t)$ という記号で表す.

$$a(t) = \lim_{\Delta t \to 0} \frac{v(t+\Delta t) - v(t)}{\Delta t} \tag{3.23}$$

である．したがって，加速度 a は速度 v の導関数，

$$a = \frac{\mathrm{d}v}{\mathrm{d}t}$$

であるが，速度 v は位置 x の導関数なので，加速度 a は次のように表される．

$$a = \frac{\mathrm{d}v}{\mathrm{d}t} = \frac{\mathrm{d}}{\mathrm{d}t}\left(\frac{\mathrm{d}x}{\mathrm{d}t}\right) \equiv \frac{\mathrm{d}^2x}{\mathrm{d}t^2} \qquad \therefore \quad a = \frac{\mathrm{d}^2x}{\mathrm{d}t^2} \tag{3.24}$$

ある関数の導関数をもう 1 回微分して得られる導関数を **2 次導関数**という．したがって，加速度 a は位置 x の 2 次導関数である．なお，$\mathrm{A} \equiv \mathrm{B}$ は A を B と定義するという意味である．

直線運動の速度 v，加速度 a には大きさ（絶対値）$|v|$，$|a|$ に正負の符号がついている．そこで，速度 v，加速度 a を図示するときに，図 3.19 のように，長さがそれぞれ $|v|$，$|a|$ に等しく，正のときには $+x$ 方向，負のときには $-x$ 方向を向いた矢印 $\boldsymbol{v}$, $\boldsymbol{a}$ を使うとわかりやすい．この向きのある矢印 $\boldsymbol{v}$, $\boldsymbol{a}$ は，6.1 節で学ぶ速度 $\boldsymbol{v}$，加速度 $\boldsymbol{a}$ というベクトル記号の直線運動の場合になっている．

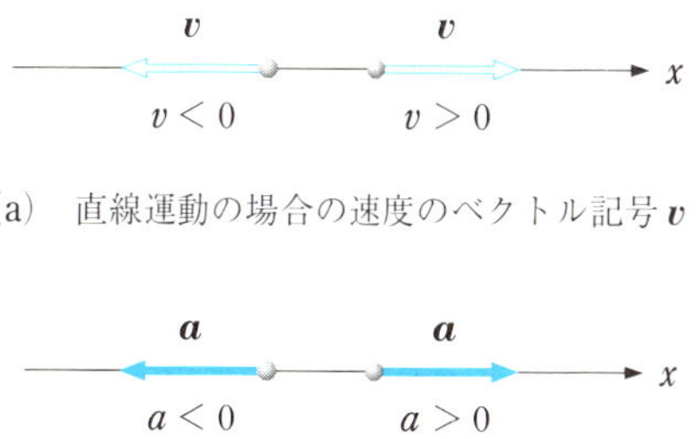

(a)　直線運動の場合の速度のベクトル記号 $\boldsymbol{v}$

(b)　直線運動の場合の加速度のベクトル記号 $\boldsymbol{a}$

図 3.19

例題 1　手に持っている物体からそっと手を放すとき，空気の抵抗が無視できる場合には，物体が落下し始めてからの落下時間 t と落下距離 x に

$$x = \frac{1}{2}gt^2 \quad (g \text{ は定数，} g \approx 9.8\ \mathrm{m/s^2}) \tag{3.25}$$

という関係がある．物体の速度 v と加速度 a を求めよ．

解　例 7 で $a = g$，$b = 0$，$c = 0$ の場合なので，

$$v = \frac{\mathrm{d}x}{\mathrm{d}t} = \frac{\mathrm{d}}{\mathrm{d}t}\left(\frac{1}{2}gt^2\right) = gt$$

$$a = \frac{\mathrm{d}v}{\mathrm{d}t} = \frac{\mathrm{d}}{\mathrm{d}t}(gt) = g \tag{3.26}$$

この場合の加速度 a は $g \approx 9.8\ \mathrm{m/s^2}$ で一定であり，落下速度 v は落下時間 t に比例して増加する．加速度 g を**重力加速度**という（図 1.1）．なお，この場合のように，加速度が一定の運動を**等加速度運動**という．

例 10　1 次関数 $x = bt+c$（b, c は定数）の 2 次導関数は 0

$$\frac{\mathrm{d}^2}{\mathrm{d}t^2}(bt+c) = \frac{\mathrm{d}}{\mathrm{d}t}\left(\frac{\mathrm{d}}{\mathrm{d}t}(bt+c)\right) = \frac{\mathrm{d}}{\mathrm{d}t}b = 0 \quad (b, c \text{ は定数}) \tag{3.27}$$

つまり，等速直線運動の加速度は 0 である．

例 11　2 次関数 $x = at^2+bt+c$（a, b, c は定数）の 2 次導関数は $2a$

$$\frac{\mathrm{d}^2}{\mathrm{d}t^2}(at^2+bt+c) = \frac{\mathrm{d}}{\mathrm{d}t}\left(\frac{\mathrm{d}}{\mathrm{d}t}(at^2+bt+c)\right) = \frac{\mathrm{d}}{\mathrm{d}t}(2at+b) = 2a \tag{3.28}$$

この運動は，加速度が $2a$ の等加速度直線運動である．

速度 v を縦軸に，時刻 t を横軸に選んで物体の速度の時間的な変化

$$v = v(t) \tag{3.29}$$

を描いた図を**速度-時刻図**あるいは ***v-t* 図**といい，(3.29) 式を表す線を ***v-t* 線**という．v-t 線の勾配は加速度である．

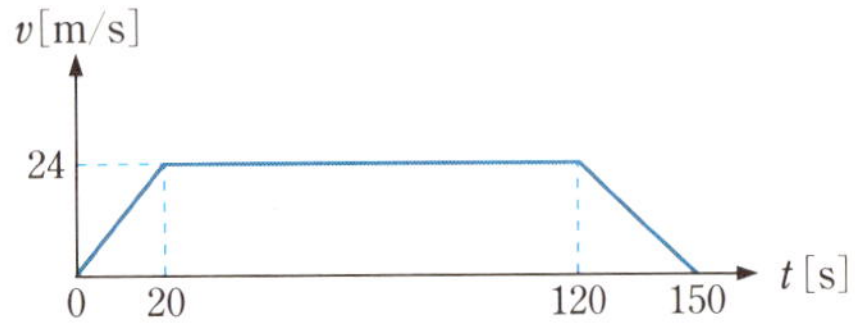

図 3.20　v-t 図

図 3.20 は電車の速度が時間とともに変化する様子を表す v-t 図である．

$0 < t < 20$ s では，グラフが右上がりなので，速度が増加している．平均加速度は

$$\bar{a} = \frac{(24 \text{ m/s})-0}{20 \text{ s}} = 1.2 \text{ m/s}^2$$

$20 \text{ s} < t < 120 \text{ s}$ では，グラフが水平なので，速度が一定で $v = 24$ m/s，平均加速度は 0 である．

$120 \text{ s} < t < 150 \text{ s}$ では，グラフが右下がりなので，速度が減少している．平均加速度は

$$\bar{a} = \frac{0-(24 \text{ m/s})}{30 \text{ s}} = -0.8 \text{ m/s}^2$$

v-t 図から物体の速度が変化する様子がわかり，v-t 線の勾配から加速度が求められる．

問 6　例題 1 の場合の v-t 図を描け．

参考　本書の学習に必要な導関数

本書の学習に必要な導関数と導関数に関する公式を以下に示す．覚えてほしい．

変数のべき乗の導関数　$$\frac{d}{dt} t^m = mt^{m-1} \quad (m \text{ は任意の実数}) \tag{3.30}$$

正弦関数の導関数　$$\frac{d}{dt} \sin t = \cos t \tag{3.31}$$

余弦関数の導関数　$$\frac{d}{dt} \cos t = -\sin t \tag{3.32}$$

指数関数の導関数　$$\frac{d}{dt} e^t = e^t \tag{3.33}$$

対数関数の導関数　$$\frac{d}{dt} \log_e |t| = \frac{1}{t} \quad (t \neq 0) \tag{3.34}$$

関数の定数倍の導関数　$$\frac{d}{dt}(cf(t)) = c\frac{df(t)}{dt} \quad (c \text{ は定数}) \tag{3.35}$$

関数の和の導関数　$$\frac{d}{dt}(f(t)+g(t)) = \frac{df(t)}{dt}+\frac{dg(t)}{dt} \tag{3.36}$$

関数の積の導関数　$$\frac{d}{dt}(f(t)\cdot g(t)) = f(t)\frac{dg(t)}{dt}+g(t)\frac{df(t)}{dt} \tag{3.37}$$

合成関数の導関数

$$\frac{d}{dt} f(g(t)) = f'(g(t))g'(t) \quad \left(f'(u) = \frac{df(u)}{du},\ g'(t) = \frac{dg(t)}{dt}\right) \tag{3.38}$$

$$\frac{d}{dt} f(t+c) = f'(t+c) \quad \left(f'(u) = \frac{df(u)}{du}\right) \tag{3.39}$$

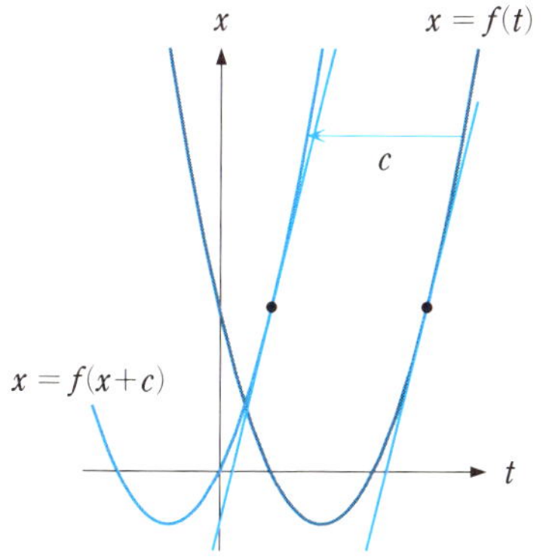

図 3.21　$\frac{\mathrm{d}}{\mathrm{d}t}f(t+c) = f'(t+c)$　$\frac{\mathrm{d}}{\mathrm{d}t}f(t) = f'(t)$

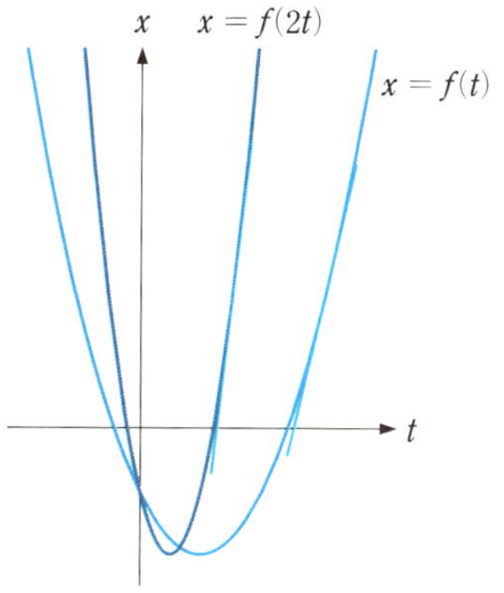

図 3.22　$\frac{\mathrm{d}}{\mathrm{d}t}f(2t) = 2f'(2t)$　$\frac{\mathrm{d}}{\mathrm{d}t}f(t) = f'(t)$

$$\frac{\mathrm{d}}{\mathrm{d}t}f(ct) = cf'(ct) \quad \left(f'(u) = \frac{\mathrm{d}f(u)}{\mathrm{d}u}\right) \tag{3.40}$$

$$\frac{\mathrm{d}}{\mathrm{d}t}f(at+c) = af'(at+c) \quad (a, c \text{ は定数}) \tag{3.41}$$

関数 $x = f(t)$ を表すグラフを横軸の負の方向に定数 c だけ平行移動したグラフは，関数 $x = f(t+c)$ を表すグラフである．(3.39) 式は，このグラフの勾配は，元の関数 $x = f(t)$ を表すグラフの対応する場所での勾配 $f'(t+c)$ に等しいことを意味する（図 3.21）．

関数 $x = f(t)$ を表すグラフを横軸方向に $\frac{1}{c}$ 倍に縮尺したグラフは，関数 $x = f(ct)$ を表すグラフである．(3.40) 式は，このグラフの勾配は，元の関数 $x = f(t)$ を表すグラフの対応する場所での勾配の c 倍の $cf'(ct)$ に等しいことを意味する（図 3.22）．

例 12

$$\frac{\mathrm{d}}{\mathrm{d}t}(c\mathrm{e}^{\lambda t}) = c\lambda\mathrm{e}^{\lambda t} \quad (c, \lambda \text{ は定数}) \tag{3.42}$$

$$\frac{\mathrm{d}}{\mathrm{d}t}(A\sin(\omega t+\beta)) = A\omega\cos(\omega t+\beta) \quad (A, \omega, \beta \text{ は定数}) \tag{3.43}$$

$$\frac{\mathrm{d}}{\mathrm{d}t}(A\cos(\omega t+\beta)) = -A\omega\sin(\omega t+\beta) \quad (A, \omega, \beta \text{ は定数}) \tag{3.44}$$

$$\frac{\mathrm{d}}{\mathrm{d}t}((x+a)^n) = n(x+a)^{n-1} \quad (a, n \text{ は定数}) \tag{3.45}$$

演習問題3

演習問題は A, B に分かれている．問題 B は問題 A よりも少し難しい．

A

1. (1) 速度の国際単位を記せ．
(2) 加速度の国際単位を記せ．

2. 120 km 離れた 2 点間を 90 km/h でドライブする時間と 60 km/h でドライブする時間の差を求めよ．

3. 通学の際に自宅から 900 m 離れた駅まで徒歩で 10 分かかったとする．この人の平均の速さを求めよ．単位は m/min と m/s で答えよ．

4. 東海道新幹線の「こだま」には，東京-新大阪を各駅に停車して，4時間12分で走行するものがある．東京-新大阪間の距離を営業キロ数の 552.6 km として，この「こだま」の平均の速さを求めよ．速さの単位として，km/h と m/s の両方の場合を求めよ．

5. 速さの国際単位は m/s であるが，電車や自動車の速さを表す場合には km/h を使う方が便利である．

警官が，制限速度 40 km/h の道路の距離 200 m の2点間の車の通過時間を測定して，速度制限違反の車を摘発している．通過時間が30秒の車は速度制限違反だろうか．

6. x 軸上を運動する物体の位置が図1(a)～(f)に示されている．机の角の上で手を動かして，おのおのの場合を示してみよ．

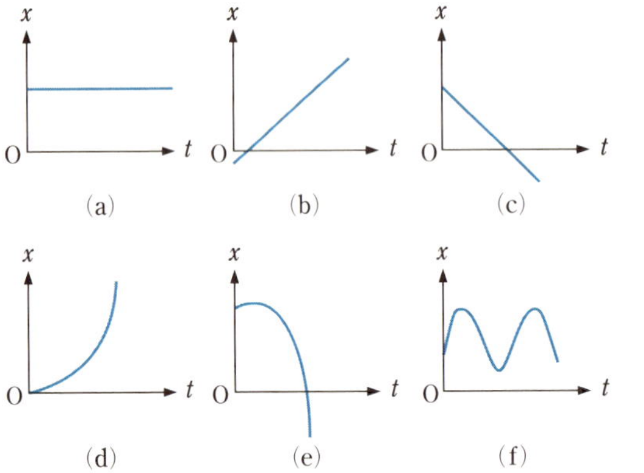

図 1

7. (1) 問1の車 M と問2の車 N の x-t 線を1つの図に描くと1点で交わる．連立方程式

$$x = (100\ \text{km/h})t$$
$$x = 50\ \text{km} - (50\ \text{km/h})t$$

を解いて，交点の t と x の値を求めよ．交点はどのような点か．

(2) この連立方程式から単位記号を省いて，

$$x = 100\,t$$
$$x = 50 - 50\,t$$

と表すと，x と t は何を表すか．

8. 停車していた電車が発車30秒後に速度が 18 m/s になった．平均加速度を求めよ．

9. ある「こだま」は駅を発車後，198 km/h の速さに達するまでは，速さが1秒あたり 0.25 m/s の割合で一様に加速される．速さが $198\ \text{km/h} = 198 \times \dfrac{1}{3.6}\ \text{m/s} = 55\ \text{m/s}$ になるまでの時間を求めよ．

B

1. 次の説明文を読み，図2を参照して次の問に答えよ．

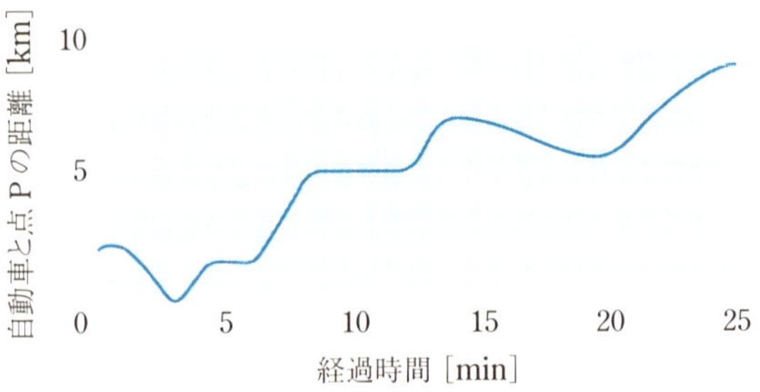

図 2

3.00 pm に自動車は点 A を出発し，直線道路を通って 3.25 pm に点 B に到着した．車は2点 A, B の中間にある点 P を通過する．図の縦軸は点 P と自動車の距離を示す．なお，車は途中で方向転換しない．

(1) 点 P を通過したのは3時何分か．

(2) 車のスピードが最高だったのはいつか．

(3) 2点 A, B 間の車の運転状況を時間の経過順に説明せよ．

2. x 軸に沿って初速度 v_0，加速度 a_0 の等加速度直線運動をする物体の位置 $x(t)$ は図3のようになることを説明せよ．ここで，$t=0$ での位置 $x_0 = 0$ とした．

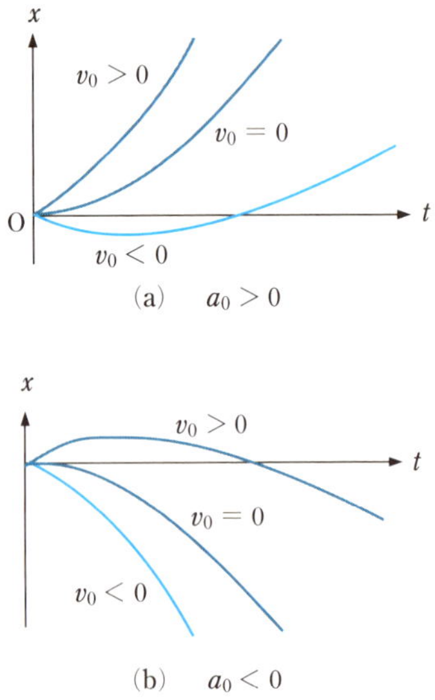

図 3

3. x 軸上を運動する質点の速度が

$$v = V_0(b-t), \qquad v = V_0(b-t)^2 \quad (b\text{ は定数})$$

の2つの場合について，加速度 a を計算せよ．

4 いろいろな力と運動の法則

力が作用すると物体の運動状態が変化する．本章では，まず，いろいろな力とその性質について学び，続いて，ニュートンの運動の法則を学ぶ．物体に作用する力がわかっているときに，運動方程式を解いて，物体の運動を決める問題は次章以降で学ぶ．

4.1 力

学習目標

日常生活で親しんでいる，静止している物体に作用する場合の，手の筋力，地球の重力，摩擦力，垂直抗力などを例にして，力の表し方，2つ以上の力の合力の求め方（平行四辺形の規則），などを理解する．摩擦力（接触している2物体が相対運動を妨げる向きに作用しあう力）の性質と摩擦力と垂直抗力の関係，それに空気や水の抵抗を理解する．

力　力は2つの物体が作用しあう*．その結果，それぞれの物体は運動状態を変えたり，変形したりする．つまり，力とは，物体の運動状態を変化させたり，変形させたりする原因になる作用である．歴史的には，力は手でものを押したり引いたりするときの筋肉の感覚からでた言葉である．

*日本語では，力が働く，力を及ぼす，力を加える，力を受けるなどの表現が多く使われるが，英語では act（作用する）という単語が多用されるので，本書では「力は物体に作用する」という表現を多用する．

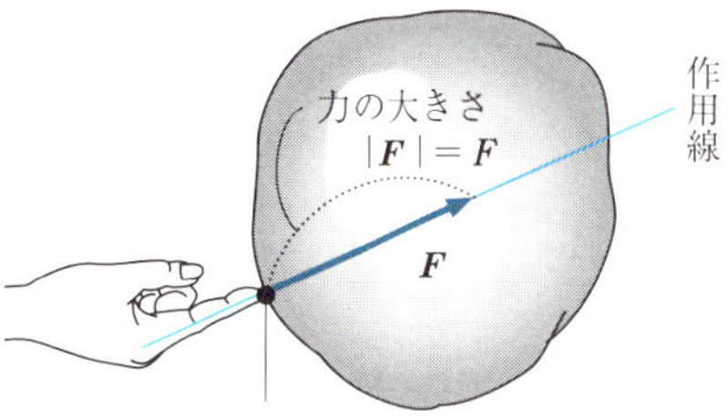

図 4.1　力の作用点と作用線

力の表し方　力を表すには，力の**大きさ**と**向き**および力が物体に作用する点（**作用点**）を示す必要がある．力を図示する場合，作用点を始点とし，力の方向を向き，長さが力の大きさに比例する矢印を描く（図4.1）．本書では力を記号で表すときは，$\boldsymbol{F}$ のように太文字を使い，力 $\boldsymbol{F}$ の大きさを F あるいは $|\boldsymbol{F}|$ と記す．力の作用点を通り力の方向を向いている直線を**力の作用線**という．広がった物体に対しては，その各部分に重力が作用する．しかし，硬い物体（剛体）の場合，その合力が重心に作用すると見なせる（図4.2）．

地表付近では，すべての物体には質量に比例する地球の重力が働くので，質量が 1 kg の物体に働く重力の大きさを力の実用単位として使い，**1 キログラム重**（記号 kgw）あるいは **1 重力キログラム**（記号 kgf）という．たとえば，質量 50 kg の物体に働く重力の大きさは 50 kgw である．なお，力の国際単位は4.2節で学ぶニュートン（記号 N）である．

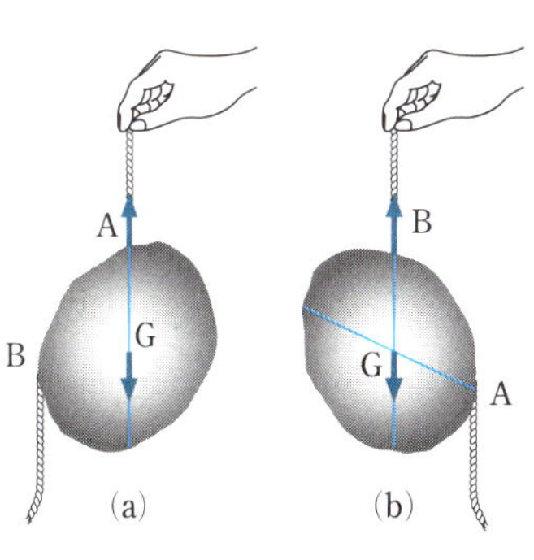

図 4.2　剛体の各部分に作用する重力の合力は重心 G に作用するので，重心は支点の真下にある．

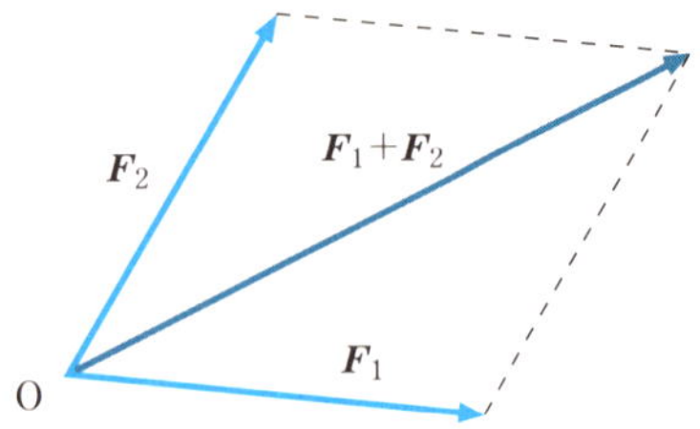

図 4.3　2つの力 $\boldsymbol{F}_1$, $\boldsymbol{F}_2$ の合力
$\boldsymbol{F}=\boldsymbol{F}_1+\boldsymbol{F}_2$（平行四辺形の規則）

合力　いくつかの力が1つの物体に作用しているとき，これらの力と同じ効果を与える1つの力をこれらの力の**合力**という．実験によると，作用線が交わる2つの力 $\boldsymbol{F}_1$ と $\boldsymbol{F}_2$ の合力 $\boldsymbol{F}$ は，$\boldsymbol{F}_1$ と $\boldsymbol{F}_2$ を相隣る2辺とする平行四辺形の対角線に対応する力である（図 4.3）．この**平行四辺形の規則**にしたがう合力 $\boldsymbol{F}$ を

$$\boldsymbol{F}=\boldsymbol{F}_1+\boldsymbol{F}_2 \tag{4.1}$$

と表す．逆に，力 $\boldsymbol{F}$ と同じ作用を及ぼす2つの力 $\boldsymbol{F}_1$ と $\boldsymbol{F}_2$ を $\boldsymbol{F}$ の**分力**という．

1つの物体に作用する3つ以上の力 $\boldsymbol{F}_1, \boldsymbol{F}_2, \cdots, \boldsymbol{F}_N$ の作用線が1点で交わるときには，図 4.4 に示すように平行四辺形の規則を繰り返し使えば，これらの力と同じ作用をする合力

$$\boldsymbol{F}=\boldsymbol{F}_1+\boldsymbol{F}_2+\cdots+\boldsymbol{F}_N \tag{4.2}$$

が求められる．

問 1　質量 10 kg の荷物を1人で持つときには 10 kgw の力を作用しなければならないが，この荷物を図 4.5 のように2人で持つときには，それぞれは何 kgw の力を作用しなければならないか．$\cos 60°=\dfrac{1}{2}$ を使え．

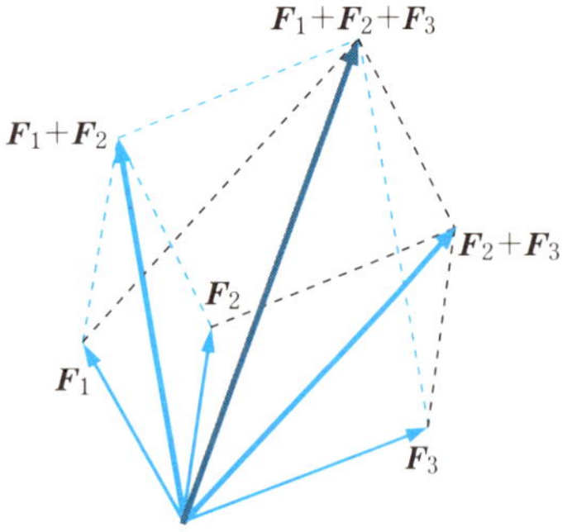

図 4.4　3つの力 $\boldsymbol{F}_1, \boldsymbol{F}_2, \boldsymbol{F}_3$ の合力
$\boldsymbol{F}_1+\boldsymbol{F}_2+\boldsymbol{F}_3$

3つの力 $\boldsymbol{F}_1, \boldsymbol{F}_2, \boldsymbol{F}_3$ の合力を求めるには，まず2つの力 $\boldsymbol{F}_1, \boldsymbol{F}_2$ の合力を平行四辺形の規則を使って求め，つぎに，この合力 $\boldsymbol{F}_1+\boldsymbol{F}_2$ と力 $\boldsymbol{F}_3$ の合力を，平行四辺形の規則を使って，$(\boldsymbol{F}_1+\boldsymbol{F}_2)+\boldsymbol{F}_3$ として求めればよい．2つの力 $\boldsymbol{F}_2, \boldsymbol{F}_3$ の合力の $\boldsymbol{F}_2+\boldsymbol{F}_3$ をまず求め，つぎに力 $\boldsymbol{F}_1$ と合力 $\boldsymbol{F}_2+\boldsymbol{F}_3$ の合力を $\boldsymbol{F}_1+(\boldsymbol{F}_2+\boldsymbol{F}_3)$ として求めても同じ結果が得られる．このようにして求めた3つの力 $\boldsymbol{F}_1, \boldsymbol{F}_2, \boldsymbol{F}_3$ の合力を $\boldsymbol{F}_1+\boldsymbol{F}_2+\boldsymbol{F}_3$ と記す．

物体の1点に作用する力のつり合い　力は，大きさと向きが等しくても，物体のどの点に作用するかによって，効果が違う．しかし，2つ以上の力 $\boldsymbol{F}_1, \boldsymbol{F}_2, \cdots$ が静止している物体の1点に作用するとき，あるいは力の作用線が1点で交わるとき，その合力が $\boldsymbol{0}$，すなわち，

$$\boldsymbol{F}_1+\boldsymbol{F}_2+\cdots=\boldsymbol{0} \tag{4.3}$$

ならば，物体は静止しつづける（図 4.6）．このとき，これらの力は**つり合っている**という．いくつかの力が，広がった物体の異なる点に作用する場合にも，静止している物体が静止し続けるために (4.3) 式は満たされなければならない．しかし，この場合には，(4.3) 式が満たされていても，物体が回転しはじめる場合があるので，(4.3) 式は力のつり合いの十分条件ではない（9.2 節参照）．

問 2　ぐにゃぐにゃになった針金を両手で持って引っ張っても，なかなか真っ直ぐに伸びない．しかし，図 4.7 のように両端を固定して中央を強く引くと簡単に真っ直ぐにすることができる．その理由を述べよ．

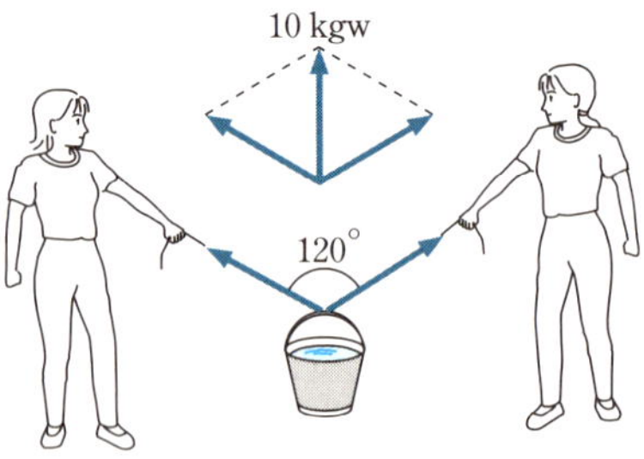

図 4.5

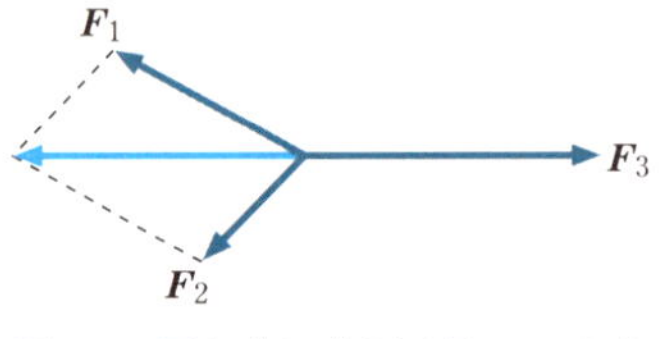

図 4.6　同じ点に作用する3つの力 $\boldsymbol{F}_1, \boldsymbol{F}_2, \boldsymbol{F}_3$ がつり合う条件
$\boldsymbol{F}_1+\boldsymbol{F}_2+\boldsymbol{F}_3=\boldsymbol{0}$

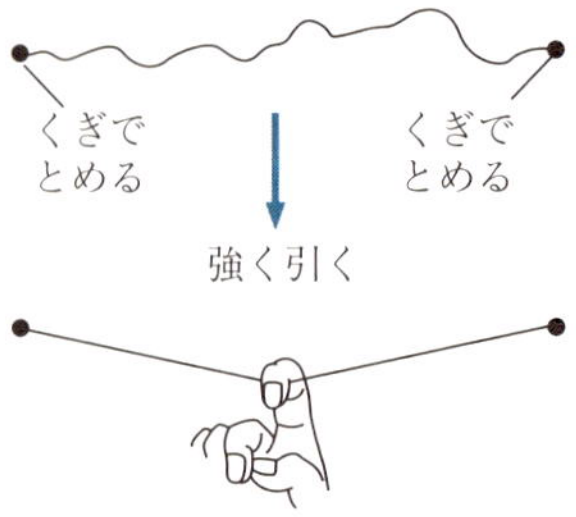

図 4.7

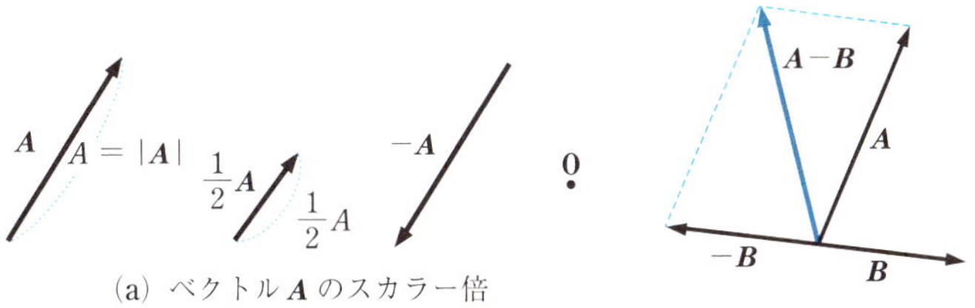

(a) ベクトル $\boldsymbol{A}$ のスカラー倍

(b) $\boldsymbol{A}-\boldsymbol{B}=\boldsymbol{A}+(-\boldsymbol{B})$

図 4.8 ベクトル

ベクトル　力のように**大きさ**と**方向**をもち，和(足し算)が平行四辺形の規則にしたがう量を**ベクトル**という．本書ではベクトルを $\boldsymbol{A}$ のように太文字で表し，その大きさを $|\boldsymbol{A}|$ あるいは A と記す．ベクトルに対して，長さ，質量，温度，気圧のように，大きさはもつが方向をもたない量を**スカラー**という．このように物理量にはスカラー量とベクトル量がある．

ベクトル $\boldsymbol{A}$ にスカラー k を掛けた $k\boldsymbol{A}$ は，大きさが $\boldsymbol{A}$ の大きさ $|\boldsymbol{A}|$ の $|k|$ 倍の $|k||\boldsymbol{A}|$ で，$k>0$ なら $\boldsymbol{A}$ と同じ向き，$k<0$ なら $\boldsymbol{A}$ と逆向きのベクトルである(図 4.8)．したがって，$-\boldsymbol{A}=(-1)\boldsymbol{A}$ は，$\boldsymbol{A}$ と同じ大きさをもち，$\boldsymbol{A}$ と逆向きのベクトルである．大きさが 0 のベクトルを零(ゼロ)ベクトルとよび，$\boldsymbol{0}$ と記す．(4.3) 式の右辺の $\boldsymbol{0}$ は零ベクトルである．

ベクトル $\boldsymbol{A}$ からベクトル $\boldsymbol{B}$ を引き算するには，$\boldsymbol{A}$ に $-\boldsymbol{B}$ を加えればよい [図 4.8 b]．

ベクトルの成分　ベクトル $\boldsymbol{F}$ を表す矢印を平行移動して，矢印の始点を直交座標系 O-xyz の原点 O に一致させたとき，矢印の終点の座標を F_x, F_y, F_z とする(図 4.9)．このとき，ベクトル $\boldsymbol{F}$ の大きさと方向は F_x, F_y, F_z によって指定されるので，ベクトル $\boldsymbol{F}$ を，

$$\boldsymbol{F}=(F_x, F_y, F_z) \tag{4.4}$$

と表し，F_x, F_y, F_z をベクトル $\boldsymbol{F}$ の x 成分，y 成分，z 成分という．

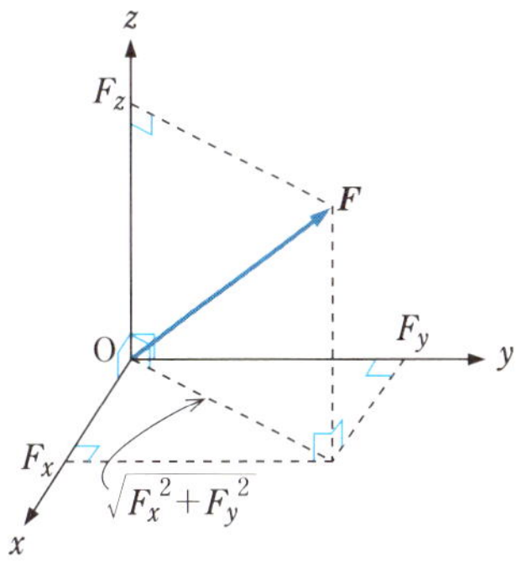

図 4.9 直交座標系 O-xyz とベクトル $\boldsymbol{F}=(F_x, F_y, F_z)$,
$F=|\boldsymbol{F}|=\sqrt{F_x^2+F_y^2+F_z^2}$

平面ベクトル　ベクトル $\boldsymbol{F}$ が xy 平面に平行な場合には，$F_z=0$ なので，ベクトル $\boldsymbol{F}$ を

$$\boldsymbol{F}=(F_x, F_y) \tag{4.5}$$

と略して表す(図 4.10)．

「直角三角形の斜辺の長さ」の 2 乗
=「直角をはさむ辺の長さ」の 2 乗の和

というピタゴラスの定理(3 平方の定理)

$$F^2=F_x^2+F_y^2$$

を使うと，ベクトル $\boldsymbol{F}$ の長さ F は次のように表される．

$$F=|\boldsymbol{F}|=\sqrt{F_x^2+F_y^2} \tag{4.6}$$

ベクトル $\boldsymbol{F}$ と $+x$ 軸のなす角を θ とすると，$\boldsymbol{F}$ の成分は

$$F_x=F\cos\theta, \qquad F_y=F\sin\theta \tag{4.7}$$

と表される(図 4.10)．

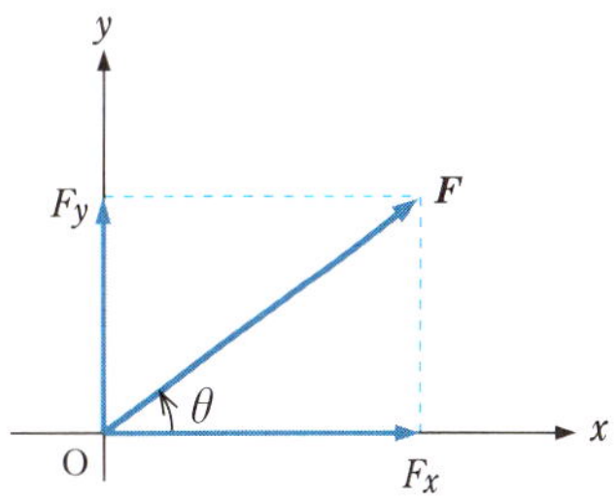

図 4.10 $F=|\boldsymbol{F}|=\sqrt{F_x^2+F_y^2}$,
$F_x=F\cos\theta, F_y=F\sin\theta$

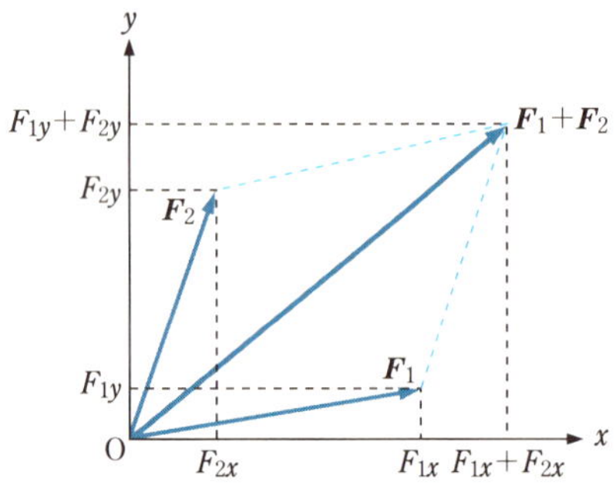

図 4.11　$\boldsymbol{F} = \boldsymbol{F}_1 + \boldsymbol{F}_2$
$(F_x = F_{1x}+F_{2x},\ F_y = F_{1y}+F_{2y})$

ベクトル $\boldsymbol{F}_1 = (F_{1x}, F_{1y})$ と $\boldsymbol{F}_2 = (F_{2x}, F_{2y})$ の和の成分は，

$$\boldsymbol{F}_1 + \boldsymbol{F}_2 = (F_{1x}+F_{2x},\ F_{1y}+F_{2y}) \tag{4.8}$$

のように，ベクトルの成分の和であることが図 4.11 を見ればわかる．したがって，力のつり合いの式，$\boldsymbol{F}_1 + \boldsymbol{F}_2 + \cdots = \boldsymbol{0}$［(4.3) 式］を成分に分けて表すと，力の成分ごとのつり合いの式になる．

$$F_{1x}+F_{2x}+\cdots = 0, \qquad F_{1y}+F_{2y}+\cdots = 0, \tag{4.9}$$

ベクトル $\boldsymbol{F}$ にスカラー k を掛けた $k\boldsymbol{F}$ を成分で表すと，

$$k\boldsymbol{F} = (kF_x,\ kF_y) \tag{4.10}$$

である．

なお，本書では，直線運動と平面運動しか扱わない．

垂直抗力　　われわれは地面の上には立てるが，水面や泥沼の上には立てない．その理由は，われわれに作用する重力につり合う力を地面は作用するのに，水面や泥沼は作用しないからである．この場合に地面がわれわれに作用する力のように，2 つの物体が接触しているときに，接触面を通して面に垂直に相手の物体に作用する力を**垂直抗力**という（図 4.12）．

静止摩擦力　　水平な床の上の物体を水平方向の力 $\boldsymbol{f}$ で押すと，力 $\boldsymbol{f}$ が小さい間は物体は動かない．物体の運動を妨げる向きに床が物体に力 $\boldsymbol{F}$ を作用するからである（図 4.13）．接触している 2 物体が，たがいに接触面に平行で，相対運動を妨げる向きに，作用し合う力を**摩擦力**という．接触面で物体が滑っていない場合の摩擦力を**静止摩擦力**という．床の上の物体が静止していると，物体に水平方向に働く力のつり合いの条件から，人間が物体を押す力 $\boldsymbol{f}$ と床が物体に及ぼす静止摩擦力 $\boldsymbol{F}$ は大きさが等しく，反対向きである．つまり，$\boldsymbol{F} = -\boldsymbol{f}$ である．

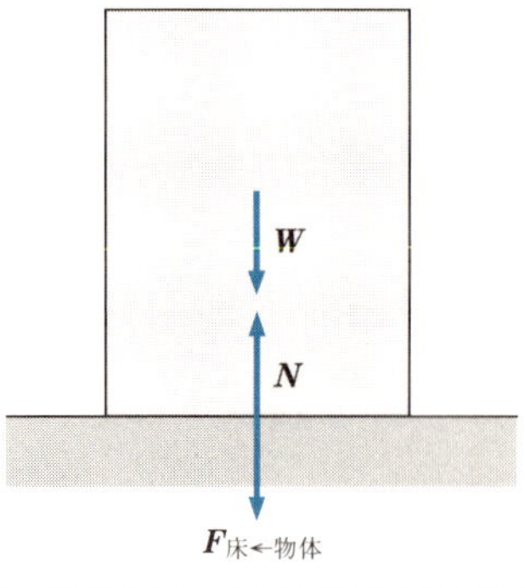

図 4.12　床の上の物体には，地球の重力 $\boldsymbol{W}$ と床からの垂直抗力 $\boldsymbol{N}$ が働く．物体は静止しているので，外力の和 $\boldsymbol{W}+\boldsymbol{N} = \boldsymbol{0}$（$\boldsymbol{N} = -\boldsymbol{W}$）．つまり，下向きの重力 $\boldsymbol{W}$ と上向きの垂直抗力 $\boldsymbol{N}$ の強さは等しい．しかし，$\boldsymbol{W}$ と $\boldsymbol{N}$ は，4.2 節で学ぶ作用と反作用の関係にはない．床から物体に作用する垂直抗力 $\boldsymbol{F}_{物体\leftarrow床} = \boldsymbol{N}$ の反作用として，物体は床に力 $\boldsymbol{F}_{床\leftarrow物体} = -\boldsymbol{N}$ を作用する．$\boldsymbol{F}_{床\leftarrow物体} = -\boldsymbol{N} = \boldsymbol{W}$ である．

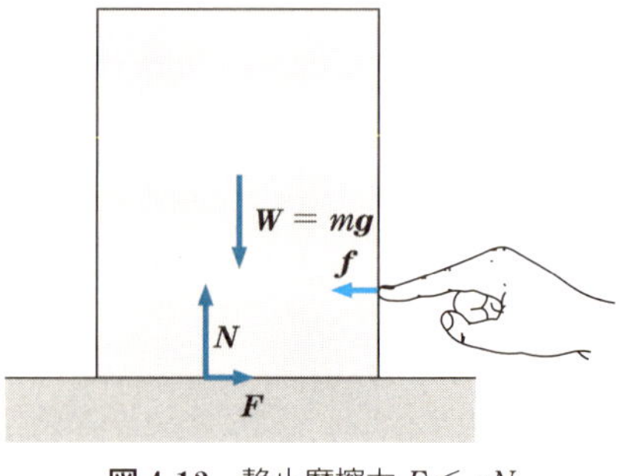

図 4.13　静止摩擦力 $F \leqq \mu N$
物体は静止しているので，手の押す力の大きさ f と静止摩擦力の大きさ F は等しい．$f = F$
床は物体との接触面全体に垂直抗力を作用するが，この場合には左側の方の垂直抗力は右側の方の垂直抗力より大きいので，垂直抗力 $\boldsymbol{N}$ の矢印を中央より左側に描いた（9.2 節参照）．

物体を押す力 $\boldsymbol{f}$ の大きさをある限度の大きさ $F_{\max}$ 以上に大きくすると，物体は動きはじめる．この限度の静止摩擦力の大きさ $F_{\max}$ を**最大摩擦力**という．最大摩擦力 $F_{\max}$ は垂直抗力の大きさ N にほぼ比例する*．

$$F_{\max} = \mu N \tag{4.11}$$

比例定数の μ を**静止摩擦係数**という．μ は接触する 2 物体の材質，粗さ，乾湿，塗油の有無などの状態によって決まる定数で，接触面の面積が変わってもほとんど変化しない．

静止摩擦係数は，多くの場合，1 より小さい．そのため，物体を水平方向に移動させるには，物体をもち上げて運ぶより，引きずって移動させる方が楽である．しかし，静止摩擦係数が 1 より大きければ，もち上げて運ぶ方が楽である．

物理学では，摩擦力が働く面を粗い面，摩擦力が無視できる面をなめらかな面という．

*垂直抗力（normal force）の大きさを表す記号のイタリック体の N と力の単位記号である立体の N を混同しないこと．

動摩擦力　床の上を動いている物体と床の間のように，速度に差がある 2 つの物体の間には，速度の差を減らすような摩擦力が接触面に沿って働く．この摩擦力を**動摩擦力**という（図 4.14）．実験によれば，動摩擦力の大きさ F は垂直抗力の大きさ N にほぼ比例する．

$$F = \mu' N \tag{4.12}$$

比例定数 μ' を**動摩擦係数**という．μ' は接触している 2 物体の材質，粗さ，乾湿，塗油の有無などの状態によって決まり，接触面の面積や滑る速さにはほとんど無関係な定数である．同じ 1 組の面では，一般に動摩擦係数 μ' は静止摩擦係数 μ より小さい．

$$\mu > \mu' > 0 \tag{4.13}$$

水平な床の上を滑っている物体がやがて静止するのは動摩擦力のためである．

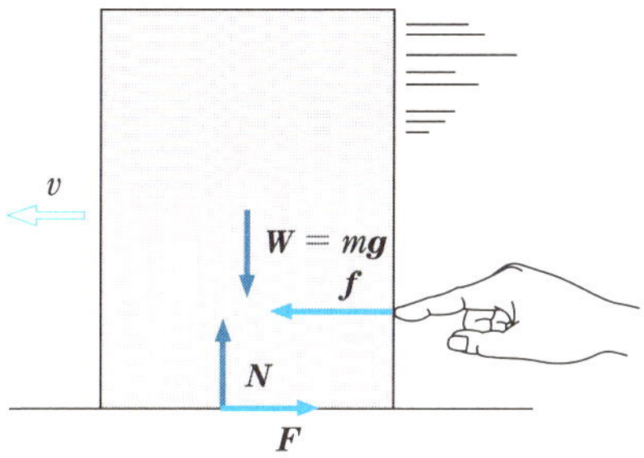

図 4.14　動摩擦力 $F = \mu' N$
物体が加速されている場合には，$f > F$ であるが，物体が等速運動している場合，空気の抵抗が無視できれば，$f = F$ である（4.2 節参照）．

表 4.1 にいくつかの場合の摩擦係数を示す．

機械を運転するときには，機械を摩耗させる摩擦は望ましくない．しかし，毛織物の毛糸がほどけないのも，ひもを結ぶとき結び目がほどけないのも，摩擦のためである．釘が木材から抜けないのも，ナットがボ

表 4.1　摩擦係数

I	II	静止摩擦係数		動摩擦係数	
		乾燥	塗油	乾燥	塗油
鋼鉄	鋼鉄	0.7	0.05～0.1	0.5	0.03～0.1
鋼鉄	鉛	0.95	0.5	0.95	0.3
ガラス	ガラス	0.94	0.35	0.4	0.09
テフロン	テフロン	0.04	—	0.04	—
テフロン	鋼鉄	0.04	—	0.04	—

固体 I が固体 II の上で静止または運動する場合

ルトからはずれないのも，摩擦のためである．このように摩擦は日常生活にとって必要不可欠である．

例題 1　図 4.15 のような水平面と角 θ をなす斜面の上に，物体が静止していて，これ以上斜面を傾けると物体は滑り出す．このときの斜面に平行な方向と斜面に垂直な方向の力のつり合いの式を求めよ．また，このとき $\mu = \tan\theta$ という関係があることを示せ．

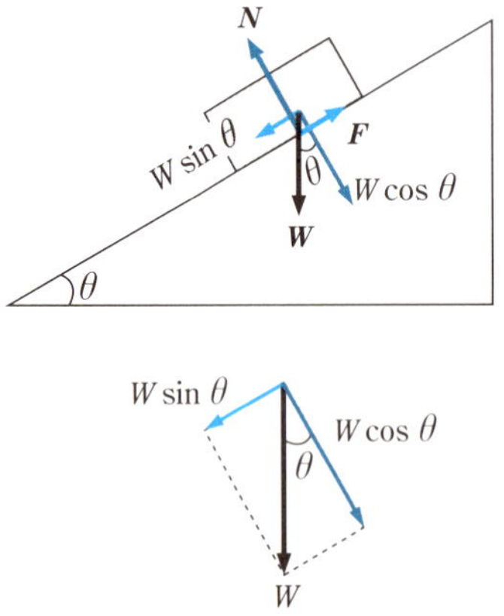

図 4.15

解　この物体に作用する重力を $\boldsymbol{W}$，垂直抗力を $\boldsymbol{N}$，静止摩擦力を $\boldsymbol{F}$ とする．鉛直下向きの重力 $\boldsymbol{W}$ は斜面に垂直な成分 $W\cos\theta$ と斜面に平行な成分 $W\sin\theta$ に分解されるので，つり合いの式は

$$N = W\cos\theta, \qquad F = W\sin\theta \tag{4.14}$$

である．F は最大摩擦力なので，

$$F = \mu N \tag{4.15}$$

である．(4.14)，(4.15) 式から

$$\mu = \frac{F}{N} = \frac{W\sin\theta}{W\cos\theta} = \frac{\sin\theta}{\cos\theta} = \tan\theta \tag{4.16}$$

という条件が導かれる．$\theta = 30°$ なら $\mu = 0.58$，$\theta = 45°$ なら $\mu = 1.0$ である．

例題 2　(1)　図 4.16 (a) のように，水平面から角 θ の方向に綱でそりを引く．そりが動き始めるときの綱を引く力の大きさ F を，角 θ，静止摩擦係数 μ，そりと乗客に作用する重力の大きさ W で表せ．

(2)　$\theta = 30°$，$\mu = 0.25$，そりと乗客の質量の和が 60 kg の場合の F は何 kgw か．

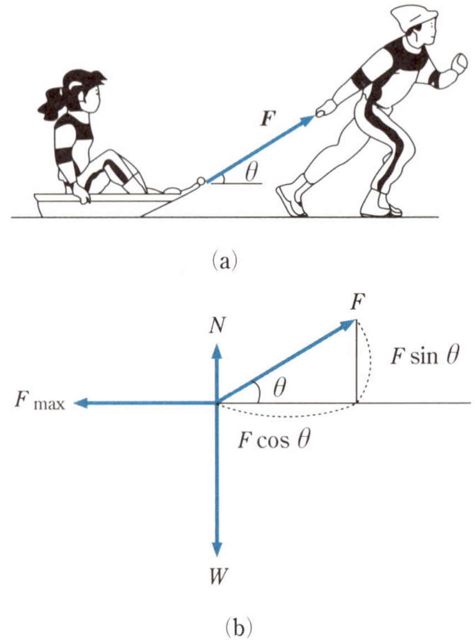

図 4.16

解　(1)　そりと乗客に働く外力は，引き手の力 $\boldsymbol{F}$，垂直抗力 $\boldsymbol{N}$，最大摩擦力 $\boldsymbol{F}_{\max}$($F_{\max} = \mu N$)，重力 $\boldsymbol{W}$ である．外力がつり合う条件から［図 4.16 (b)］

鉛直方向：$W = N + F\sin\theta$

$\therefore\ \ N = W - F\sin\theta$

水平方向：$F\cos\theta = F_{\max} = \mu N$

$= \mu(W - F\sin\theta)$

$$\therefore\ \ F = \frac{\mu W}{\cos\theta + \mu\sin\theta} \tag{4.17}$$

(2)　$$F = \frac{0.25W}{\dfrac{\sqrt{3}}{2} + 0.25 \times \dfrac{1}{2}} = 0.25 \times 60\ \text{kgw}$$

$= 15\ \text{kgw}$

空気や水の抵抗力　身のまわりの運動では，空気の抵抗を無視できない場合が多い．空気や水の抵抗とは，空気中や水中で物体の運動を妨げる向きに働く力をさす．

液体中や気体中を運動する物体 (固体) の受ける抵抗力は複雑である

が，速さ v が十分に小さな間は抵抗力の大きさ F が v に比例するので，

$$F = bv \quad (b \text{ は定数}) \tag{4.18}$$

と表される．抵抗力の大きさが速さ v に比例する抵抗を**粘性抵抗**という．気体や液体による粘性力が原因だからである．

半径 R の球状の物体に対する粘性抵抗の大きさは

$$F = 6\,\pi\eta Rv \tag{4.19}$$

と表される．これを**ストークスの法則**という．η は粘度とよばれ，気体あるいは液体ごとに決まっている定数である．

密度 ρ の液体や気体の中を運動する物体の速さ v が増加し，運動物体の後方に渦ができるようになると，運動物体の受ける抵抗力の大きさ F は速さ v の 2 乗に比例し，

$$F = \frac{1}{2}C\rho Av^2 \tag{4.20}$$

と表される（演習問題 8 の B5 参照）．A は運動物体の断面積で，抵抗係数 C は球の場合は約 0.5，流線形だともっと小さくなる．この速さの 2 乗に比例して大きくなる抵抗を**慣性抵抗**という．自動車が高速で走る場合に空気から受ける抵抗は慣性抵抗である．

問 3　正面から見た断面積が $2\ \mathrm{m^2}$ で，速さが 20 m/s（= 72 km/h）の自動車に作用する空気の慣性抵抗を推定せよ．空気の密度を $1.2\ \mathrm{kg/m^3}$ とせよ．速さが 10 m/s になれば，慣性抵抗は何倍になるか．

4.2 運動の法則

学習目標

ニュートンの運動の 3 法則（慣性の法則，運動の法則，作用反作用の法則）とはどのような法則なのかを十分に理解し，内容を説明できるようになる．

最初の法則は，力が作用していない物体の運動に関する法則である．

運動の第 1 法則　力の作用を受けなければ，あるいはいくつかの力が作用していても合力が 0 ならば，物体は一定の速度で運動をつづける．つまり，静止している物体は静止状態をつづけ，運動している物体は等速直線運動をつづける．

この法則は日常経験と矛盾するように思われる．たとえば，床の上の物体を押すのをやめると，物体はすぐに停止するので，多くの人は，力が働かなくなると物体はすぐに停止すると思う．しかし，押すのをやめると，物体が停止するのは，力が作用しないからではない．運動を妨げる摩擦力が作用するからである．

雨滴が一定の速さで落下している場合を考えてみよう．雨滴には，落

下させようとする下向きの地球の重力だけが作用しているのではない．その他に，落下を妨げる上向きの空気の抵抗力が作用していて，それらの合力は **0** なのである．

昔の人の中には，矢が弓から放たれた後，力が作用しなくなっても飛び続けるのを見て，物体は同じ速度で運動し続けようとする**慣性**をもつと考えた人たちがいた．そこで，運動の第1法則は**慣性の法則**ともよばれる．

次の法則は，力が作用する物体の運動に関する法則である．第1法則は，物体の運動状態が変化しているときには物体に力が作用し，その合力が **0** でないことを意味する．

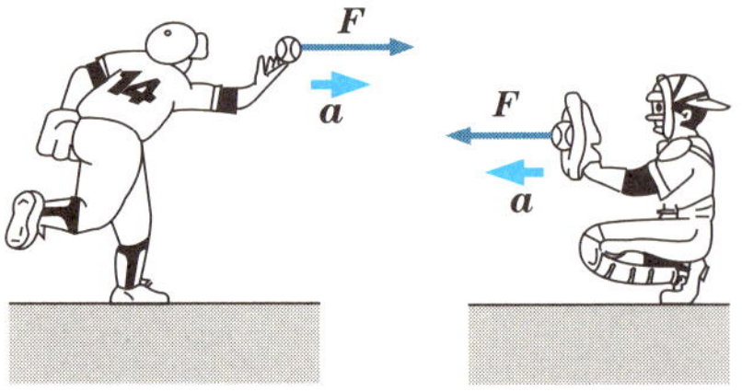

(a) 手でボールを投げる．　(b) 手でボールを受け止める．

図 4.17　物体の加速度 $\boldsymbol{a}$ は物体に作用する力 $\boldsymbol{F}$ と同じ向きで，大きさは比例する．

たとえば，野球のボールを投げたり，受け止めるには，手がボールに力 $\boldsymbol{F}$ を及ぼさなければならない．手がボールに及ぼす力 $\boldsymbol{F}$ の向きはボールの加速度 $\boldsymbol{a}$ の向きと同じ向きであり（図 4.17），加速度の大きさは力の強さに比例する．直線運動の加速度を表すベクトル記号 $\boldsymbol{a}$ は 3.3 節で説明した（図 3.19 参照）．

地面を同じ速さで転がっている砲丸投げの砲丸と野球のボールを同じ強さの力で止めようとすると，質量の大きな砲丸投げの砲丸はなかなか停止させられない．同じ強さの力を作用する場合，加速度の大きさは質量に反比例する．

力と加速度と質量の定量的関係を示したのが，運動の第2法則で，**運動の法則**ともよばれる．

運動の第2法則　　物体の加速度 $\boldsymbol{a}$ は，物体に作用している力（いくつかの力が作用している場合はその合力）$\boldsymbol{F}$ と同じ方向を向き，加速度の大きさは力の大きさに比例し，物体の質量 m に反比例する．

この法則はすべての運動に対して成り立つが，平面運動の加速度 $\boldsymbol{a}$ は 6.1 節で説明するので，平面運動に対する第2法則の適用は第6章で学ぶ．

物体の質量は，物体の慣性，つまり速度の変化しにくさの度合いを示す各物体に固有の量で，国際単位はキログラム（記号 kg）である．

物体の質量を m，加速度を $\boldsymbol{a}$，物体に作用する力を $\boldsymbol{F}$ とすると，言葉で表された運動の第2法則は数式として

$$\boldsymbol{a} = \text{比例定数} \times \frac{\boldsymbol{F}}{m} \tag{4.21}$$

と表せる．質量の単位に kg，加速度の単位に $\mathrm{m/s^2}$，力の単位に「質量 1 kg の物体に働いて 1 $\mathrm{m/s^2}$ の加速度を生じさせる力の大きさ」であるニュートン $\mathrm{N = kg \cdot m/s^2}$ を使えば，比例定数は1になるので，これらの単位を使う国際単位系では，運動の第2法則は

$$\text{質量} \times \text{加速度} = \text{力} \qquad m\boldsymbol{a} = \boldsymbol{F} \tag{4.22}$$

と表される（問4参照）．(4.22) 式を**ニュートンの運動方程式**という．

$\boldsymbol{ma}$ は $\boldsymbol{a}$ と同じ向きを向いたベクトル量なので，$\boldsymbol{ma} = \boldsymbol{F}$ という式は加速度 $\boldsymbol{a}$ と力 $\boldsymbol{F}$ は同じ向きを向いていることを示す（図 4.18）.

問 4 (1)「A は B に比例し，A は C に反比例する」という文章は，C が一定のとき，$A =$ 定数 $\times B$，B が一定のとき，$A = \dfrac{\text{定数}}{C}$ を意味する．このとき，

$$A = \text{定数} \times \frac{B}{C}$$

が成り立つことを示せ.

(2) 質量の単位に kg，加速度の単位に $\mathrm{m/s^2}$，力の単位に $\mathrm{N} = \mathrm{kg \cdot m/s^2}$ を使う国際単位系では，(4.21) 式の比例定数は 1 になることを示せ.

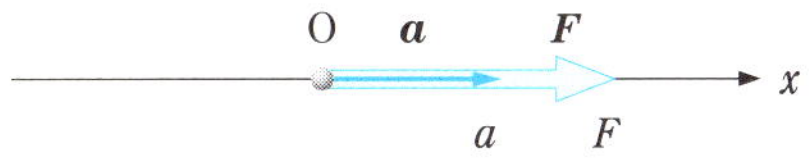

(a) $a > 0$，$F > 0$ の場合

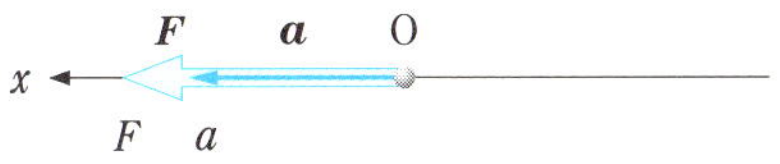

(b) $a < 0$，$F < 0$ の場合

図 4.18 直線運動の運動方程式 $\boldsymbol{ma} = \boldsymbol{F}$
物体の加速度 $\boldsymbol{a}$ は力 $\boldsymbol{F}$ と同じ方向を向く．直線運動の場合には，x 方向成分の $ma_x = F_x$ を $ma = F$ と記して，これを運動方程式とよぶことが多い.

物体の大きさと回転が無視でき，物体の質量が 1 点に集中し，すべての力がこの点に作用していると考えてよい場合がある．このように広がりがなく，質量をもつ点であると近似的に考えた物体を**質点**という．質点の運動はニュートンの運動方程式によって完全に決まる.

広がっている物体の場合には，(4.22) 式は重心の運動方程式である．つまり，加速度 $\boldsymbol{a}$ は物体の重心の加速度である．この場合，右辺の力 $\boldsymbol{F}$ は，この物体に作用するすべての力が重心に作用するとしたときのベクトル和である．広がった物体の重心の運動は (4.22) 式で決まるが，重心のまわりの回転運動については回転運動の法則が存在する．本書では，重心のまわりの回転運動については扱わない.

直線運動の運動方程式　x 軸に平行な力 F の作用を受けている物体の x 軸に沿っての直線運動の場合には，3.3 節で学んだように加速度は $a = \dfrac{\mathrm{d}^2x}{\mathrm{d}t^2}$ なので，(4.22) 式は

$$ma = F \quad \text{あるいは} \quad m\frac{\mathrm{d}^2x}{\mathrm{d}t^2} = F \tag{4.23}$$

と表せる（図 4.18）．(4.23) 式の力 F は力 $\boldsymbol{F}$ の x 方向成分の F_x を意味していて，$|\boldsymbol{F}|$ ではない．平面運動の運動方程式については 6.1 節参照.

例 1　質量 30 kg の物体に力が働いて，物体が $4\ \mathrm{m/s^2}$ の加速度で運動している．物体に働いている力 F は

$$F = ma = (30\ \mathrm{kg}) \times (4\ \mathrm{m/s^2}) = 120\ \mathrm{kg \cdot m/s^2} = 120\ \mathrm{N}$$

力と加速度は同じ向きである.

例 2　4 kg の物体に $16\ \mathrm{N} = 16\ \mathrm{kg \cdot m/s^2}$ の力が作用すると，加速度 a は

$$a = \frac{F}{m} = \frac{16\ \mathrm{kg \cdot m/s^2}}{4\ \mathrm{kg}} = 4\ \mathrm{m/s^2} \tag{4.24}$$

加速度と力は同じ向きである.

例 3　静止していた質量が 2 kg の物体に 20 N の力が 3 秒間作用したあとの速度は

$$v = at = \frac{Ft}{m} = \frac{(20\ \mathrm{kg{\cdot}m/s^2})\times(3\ \mathrm{s})}{2\ \mathrm{kg}} = 30\ \mathrm{m/s} \tag{4.25}$$

速度と力は同じ向きである．

例 4　一直線上を速度 15 m/s で走っている質量 30 kg の物体を 3 秒間で停止させるには，どれだけの力を加えればよいだろうか．

$$加速度\ a = \frac{0-15\ \mathrm{m/s}}{3\ \mathrm{s}} = -5\ \mathrm{m/s^2} \tag{4.26}$$

なので，力 F は

$$F = ma = (30\ \mathrm{kg})\times(-5\ \mathrm{m/s^2}) = -150\ \mathrm{kg{\cdot}m/s^2} = -150\ \mathrm{N}$$

負符号は，力の向きと運動の向きが逆であることを示す．

質量と重力　運動の法則に現れる質量は物体の慣性の大きさを表す量であるが，質量は重力を生じさせる原因になるものでもある．質量の国際単位は kg である．歴史的に 1 kg は 4 ℃の水 1 L の質量として定義されたが，現在では国際度量衡局にあるキログラム原器の質量として定義されている．

地表付近の空中で物体が落下するのは，地球が物体に引力を作用するからである．この引力を**重力**という．実験によれば，空気抵抗が無視できるときには，重力による落下運動の加速度である重力加速度は物体によらず一定で，その大きさは

$$g \approx 9.8\ \mathrm{m/s^2} \tag{4.27}$$

である*．ニュートンの運動方程式(4.22)によると，物体に働く重力 $\boldsymbol{W}$ は物体の質量 m と鉛直下向きの重力加速度 $\boldsymbol{g}$ の積の $m\boldsymbol{g}$ なので，重力の大きさ W は

$$W = mg \tag{4.28}$$

である(図 4.19)．質量が 1 kg の物体に働く重力の大きさである 1 キログラム重 1 kgw は

$$1\ \mathrm{kgw} \approx (1\ \mathrm{kg})\times(9.8\ \mathrm{m/s^2}) = 9.8\ \mathrm{kg{\cdot}m/s^2} = 9.8\ \mathrm{N}$$

である．逆に，1 N ≈ 0.102 kgw なので，1 N は約 100 g の物体に働く重力の大きさである．

なお，工学で使われる 1 重力キログラム 1 kgf は，ヨーロッパでの標準重力加速度 $g = 9.80665\ \mathrm{m/s^2}$ の土地で，1 kg の物体に作用する重力の大きさと定義されているので，

$$1\ \mathrm{kgf} = 9.80665\ \mathrm{N} \tag{4.29}$$

である．

*$A \approx B$ は A と B が近似的に等しいこと，あるいは数値的にほぼ等しいことを表す．

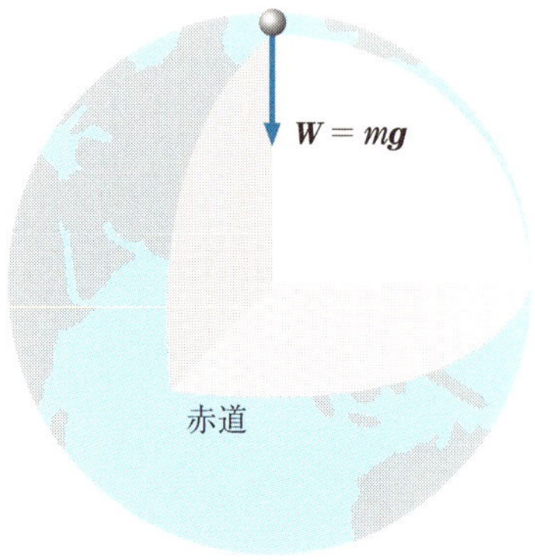

図 4.19　質量 m の物体に働く地球の重力 $\boldsymbol{W} = m\boldsymbol{g}$

運動の第 3 法則(作用反作用の法則)　力は 2 つの物体の間に作用し，

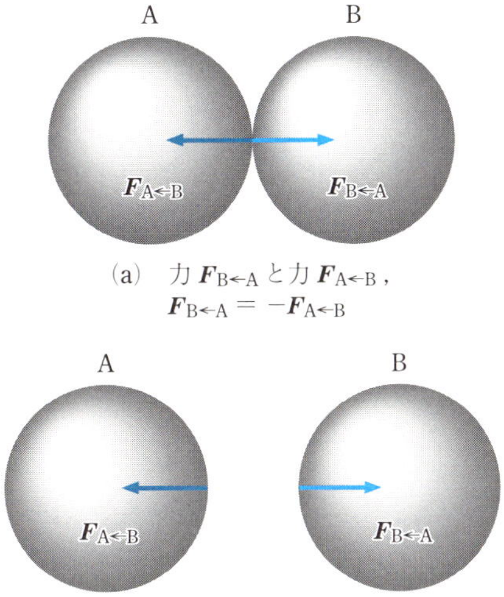

(a) 力 $\boldsymbol{F}_{B\leftarrow A}$ と力 $\boldsymbol{F}_{A\leftarrow B}$，$\boldsymbol{F}_{B\leftarrow A} = -\boldsymbol{F}_{A\leftarrow B}$

(b) 物体 B が物体 A に作用する力 $\boldsymbol{F}_{A\leftarrow B}$　(c) 物体 A が物体 B に作用する力 $\boldsymbol{F}_{B\leftarrow A}$

図 4.20

物体 A が物体 B に力を作用しているときには，逆に物体 B も物体 A に力を作用している．たとえば，指で机を押しているときには，机は指を押し返えしている．このような 2 物体間に作用する力の関係を表すのが**運動の第 3 法則**である．一方を作用とよべば，他方を反作用とよぶので，**作用反作用の法則**ともよばれる．

運動の第 3 法則　力は 2 つの物体の間に作用する．物体 A が物体 B に力 $\boldsymbol{F}_{B\leftarrow A}$ を作用しているときには，物体 B も物体 A に力 $\boldsymbol{F}_{A\leftarrow B}$ を作用しており，2 つの力はたがいに逆向きで，大きさは等しい (図 4.20).

$$\boldsymbol{F}_{B\leftarrow A} = -\boldsymbol{F}_{A\leftarrow B} \tag{4.30}$$

われわれが道路で前に歩きはじめられるのは，足が路面を後ろに押すと (作用)，路面が足を前に押し返すからである (反作用)．この場合には足が路面を押さないと，路面は足を押し返さないが，反作用は作用のしばらく後に生じるのではなく，作用と反作用は同時に起こることに注意しよう．路面が滑りやすいと，路面による反作用が生じないので，足は路面に作用を及ぼせない．

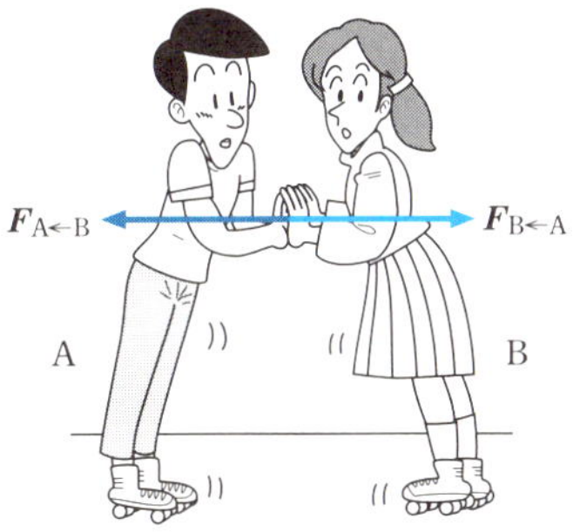

図 4.21

問 5　図 4.21 のローラースケートをはいた 2 人が押し合うと，どのような運動が生じるか．路面はローラースケートに水平方向の力を作用しないものとする．

例題 3　内力と外力　図 4.22 (a) のように水平でなめらかな床の上の台車 A, B を連結し，台車 A を $F = 40\ \mathrm{N}$ の力で引っ張る．A と B の共通の加速度 $\boldsymbol{a}$ の大きさ a を求めよ．台車 A, B の質量は $m_\mathrm{A} = 10.0\ \mathrm{kg}$，$m_\mathrm{B} = 6.0\ \mathrm{kg}$ とする．

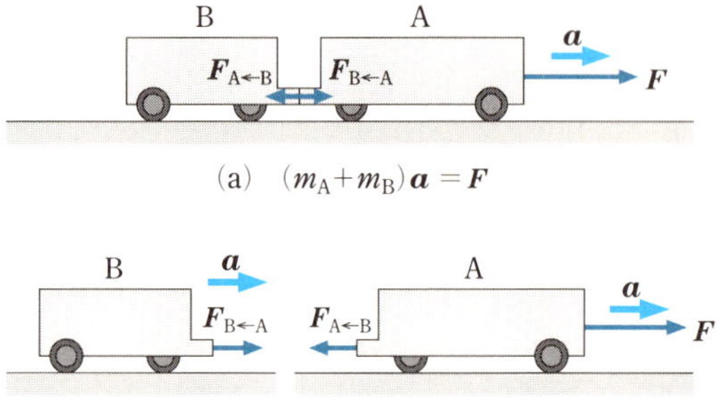

(a)　$(m_\mathrm{A}+m_\mathrm{B})\boldsymbol{a} = \boldsymbol{F}$

(b)　$m_\mathrm{B}\boldsymbol{a} = \boldsymbol{F}_{\mathrm{B \leftarrow A}}$　　(c)　$m_\mathrm{A}\boldsymbol{a} = \boldsymbol{F}+\boldsymbol{F}_{\mathrm{A \leftarrow B}}$

図 4.22

解　2 台の台車には鉛直方向に重力と床の垂直抗力が働くが，これらの力はつり合っている．

台車 A の水平方向の運動方程式は

$$m_\mathrm{A}\boldsymbol{a} = \boldsymbol{F}+\boldsymbol{F}_{\mathrm{A \leftarrow B}}\quad [\text{図 4.22 (c)}]$$

台車 B の水平方向の運動方程式は

$$m_\mathrm{B}\boldsymbol{a} = \boldsymbol{F}_{\mathrm{B \leftarrow A}}\quad [\text{図 4.22 (b)}]$$

この 2 式の左右両辺をそれぞれ加え，作用反作用の法則 $\boldsymbol{F}_{\mathrm{A \leftarrow B}}+\boldsymbol{F}_{\mathrm{B \leftarrow A}} = \boldsymbol{0}$ を使うと，

$$m_\mathrm{A}\boldsymbol{a}+m_\mathrm{B}\boldsymbol{a} = (m_\mathrm{A}+m_\mathrm{B})\boldsymbol{a} = \boldsymbol{F}$$

となるので，台車の加速度の大きさ a は，

$$a = \frac{F}{m_\mathrm{A}+m_\mathrm{B}} = \frac{40\ \mathrm{N}}{16.0\ \mathrm{kg}} = 2.5\ \mathrm{m/s^2}$$

この $(m_\mathrm{A}+m_\mathrm{B})\,\boldsymbol{a} = \boldsymbol{F}$ という水平方向の運動方程式は，2 つの台車を質量 $m_\mathrm{A}+m_\mathrm{B}$ の 1 まとまりの物体と考えた場合，2 つの台車に外部から作用する水平方向の力が $\boldsymbol{F}$ だけである事実からただちに導ける [図 4.22 (a)]．

2 つの台車 A, B がたがいに及ぼしあう力の $\boldsymbol{F}_{\mathrm{A \leftarrow B}}$ と $\boldsymbol{F}_{\mathrm{B \leftarrow A}}$ は打ち消しあう．この場合の $\boldsymbol{F}_{\mathrm{A \leftarrow B}}$ と $\boldsymbol{F}_{\mathrm{B \leftarrow A}}$ のように，物体系の構成要素の間に働く力を**内力**といい，物体系の外部から物体系の構成要素に働く力を**外力**という．物体系の全体としての運動は外力だけで決まり，内力は無関係である．

問 6　次の場合，乗り物は動くか．

(1)　止まっている自動車のフロントガラスを乗客が内側から押す場合．

(2)　屋上から横に伸びている棒に滑車がついていて，ロープがかかっている．その一端をかごに固定し，もう一方の端をかごにシートベルトで固定されている乗客が引っ張る場合 (図 4.23)．

図 4.23

演習問題4

A

1. 図1の3つの力の合力を求めよ．

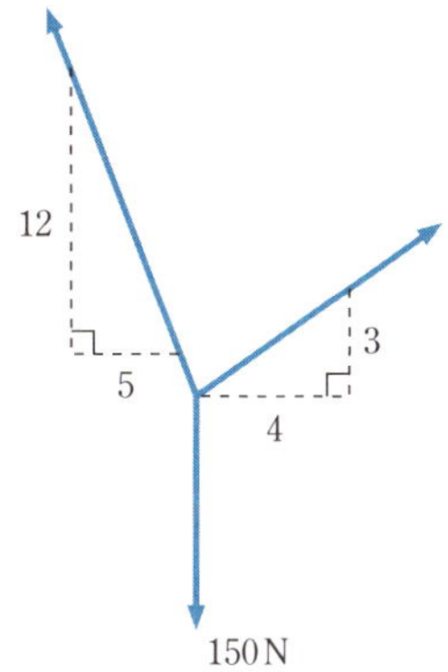

図1

2. 質量2 kgの金属の球を細い金属の線で吊ってある．金属の線が球に作用する力は何Nか．

3. 質量 m の本が机の上に置いてある．次の問に答えよ．
　(1) 本が机を押す力の大きさはいくらか．
　(2) 机が本を押す力の大きさはいくらか．
　(3) 本に働く力の合力はいくらか．

4. 図2のように荷物を中央にぶらさげた針金の一端を固定し，他端を強く引く場合，いくら強く引いても針金を一直線にできない理由を述べよ．

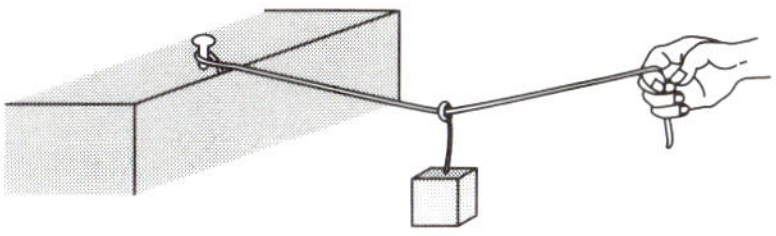

図2

5. 次の問に答えよ．
　(1) 物体が自由落下するときの加速度を何というか．空気の抵抗が無視できるとする．
　(2) 物体にいくつかの力が作用するとき，それと同じ効果をもつ1つの力を何というか．
　(3) 箱を水平な床の上で滑らせる場合，押すのをやめるとやがて停止する．なぜか．

6. 質量20 kgの物体に力が作用して，物体は5 m/s^2 の加速度で運動している．物体に働く力の大きさはいくらか．

7. 質量2000 kgの自動車が質量500 kgのトレーラーを引いて，加速度が1 m/s^2 の加速をしている．自動車がトレーラーを引く力は何Nか．

8. 2 kgの物体に12 Nの力が作用すると加速度はいくらになるか．

9. 一直線上を30 m/sの速さで走っている質量20 kgの物体を6秒間で停止させるには，平均どれだけの力を加えればよいか．

10. 静止していた質量が2 kgの物体に20 Nの力が3秒間作用したときの物体の速さを求めよ．

11. まっすぐな道路を走っている質量1000 kgの自動車が5秒間に20 m/sから30 m/sに一様に加速された．
　(1) 加速されている間の自動車の加速度はいくらか．
　(2) このとき働いた力の大きさはいくらか．

12. 作用反作用の法則を使って，図3のボートが進む理由を説明せよ．

図3

13. 大人と子供が押し合い，大人が前進しているときにも作用反作用の法則が成り立つ．おかしくないか（図4）．

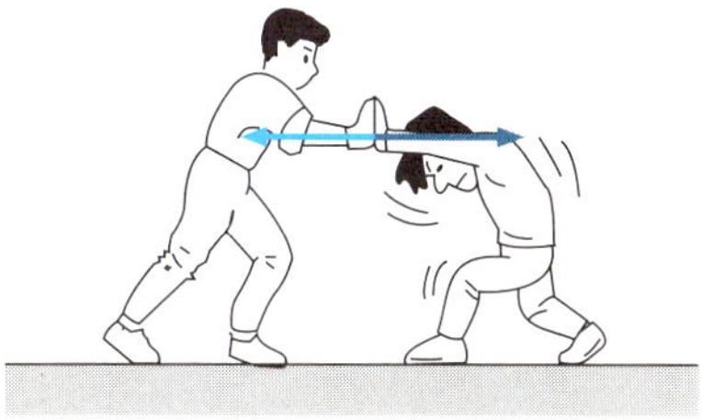

図4

14. 図5の(a)と(b)では，台車はどちらが速く動くか．(a)では400 gの台車をばね秤の値が100 gになるように一定の力で水平に引き続ける．(b)では400 gの台車と100 gのおもりを，軽い滑車にかけた糸で結ぶ．

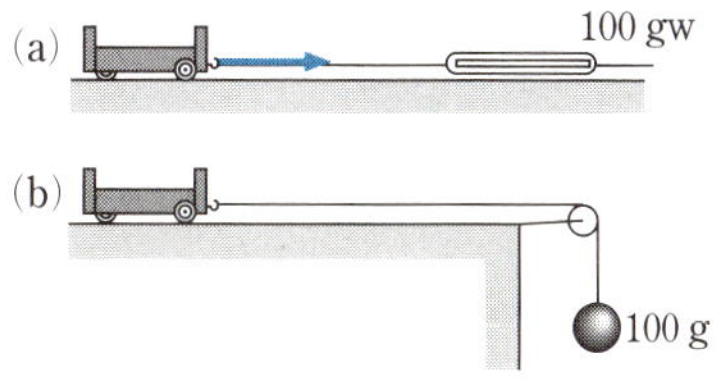

図5

15. 質量 M のエレベーターが質量 m の人を乗せて，ロープから張力 T を受けて上昇している．加速度はいくらか．

B

1. 図6に示すように摩擦のある水平面上に一直線状に置かれた物体 A, B, C に対して，A の一端を水平な力で押すとき，正しいのはどれとどれか．

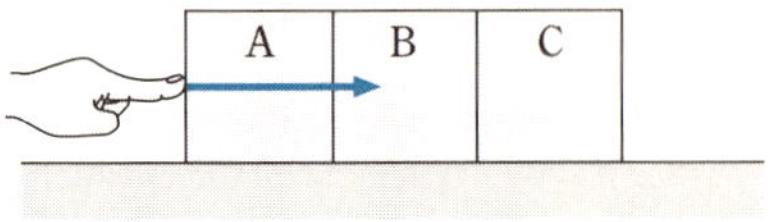

図6

① A が B を押す力と B が A を押す力とは同じ大きさである．
② B が C を押す力と C が B を押す力とは同じ大きさである．
③ A が B を押す力と B が C を押す力とは同じ大きさである．
④ A が B を押す力は B が A を押す力より大きい．
⑤ A が B を押す力は B が C を押す力より大きい．

2. 等速直線運動している物体に作用する外力の和は **0** である．したがって，例題2のそりが動きだし，一定な速度で動いているときの綱の張力の大きさ F は，(4.17) 式の静止摩擦係数 μ を動摩擦係数 μ' で置き換えた式で与えられる．綱を引く力の大きさ F は角 θ によって異なる．F が最小になる場合は，角 θ がどのような条件を満たす場合か．**ヒント**：F の分母の $\cos\theta+\mu'\sin\theta$ が最大になる角 θ の場合である．

3. 同じ力をもつ2人の人間が1本のロープを引き合ったとき，ロープが切れた．これと同じロープの一端を壁に固定し，他端を引っ張ってロープを切ろうとするとき，この人間と同じ力を持つ人が何人必要か．

4. 天井から糸でおもりを吊り下げ，さらにそのおもりの下に上と同じ糸をつける (図7)．下の糸を急に強く引くと下の糸が切れ，糸を引く力をゆっくりと強くしていくと上の糸が切れる．この事実を説明せよ．

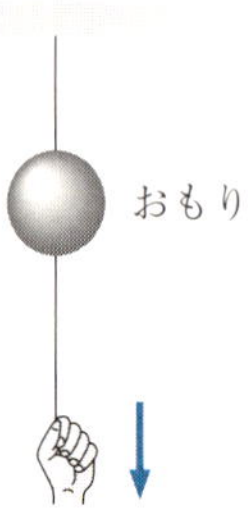

図7

5. 図8の質量 m_A と m_B の物体を結ぶひもに作用する張力 S は，落下している物体 A に働く重力 m_Ag より大きいか，小さいか．m_B が大きくなると，張力 S は大きくなるか，小さくなるか．

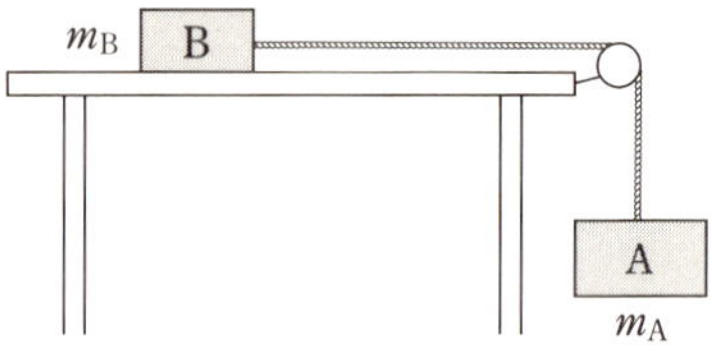

図8

6. 質量 m が 0.2 kg の3つの球 A, B, C を図9のように糸でつなぎ，糸の上端を持って力 9.0 N で引き上げた．3つの球の加速度 a と糸の張力 S_{AB}，S_{BC} を求めよ．ここでは糸の質量と伸びは無視できるものとせよ．

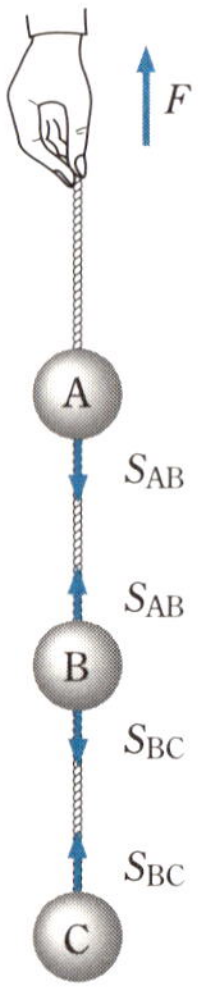

図9

7. 質量の単位に kg，加速度の単位に m/s^2，力の単位に kgw を選べば，(4.21) 式の比例定数は $(9.8\ m/s^2)/(kgw)$ となり，ニュートンの運動方程式は

$$m\boldsymbol{a} = [9.8\ \mathrm{N/kgw}]\boldsymbol{F}$$

となることを示せ．

8. 太さ (断面積) A が一定で長さが L の棒の両端に力 F を加えて引っ張るとき，棒の伸び ΔL は，引っ張る力の大きさ F と棒の長さ L にそれぞれ比例し，棒の断面積 A に反比例する (図10)．ΔL を F, L, A で表せ．

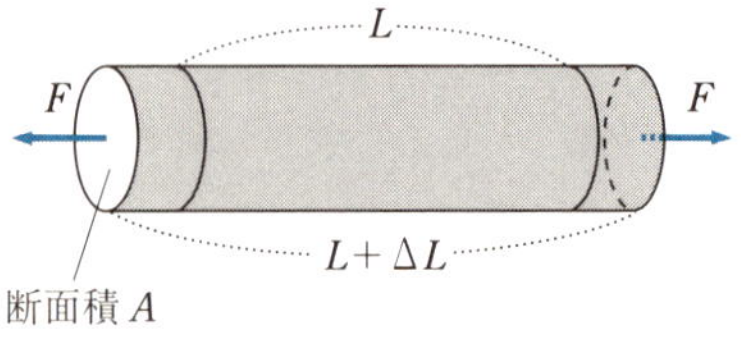

図10

5 力と運動 —— 微分方程式を解く

既知の力 F の作用を受けている物体が，どのような直線運動を行うのかを調べるには，直線運動の運動方程式

$$m\frac{\mathrm{d}^2x}{\mathrm{d}t^2}=F \tag{5.1}$$

を解けばよい．(5.1) 式のように，未知の導関数（微分）を含む方程式を**微分方程式**という．微分方程式に含まれる最高次の導関数の次数をその微分方程式の**階数**という．(5.1) 式は，位置座標 $x(t)$ の 2 次導関数を含むので，2 階の微分方程式である．

微分方程式を満たす関数を求めることを，微分方程式を解くといい，微分方程式を満たす関数を**解**という．運動方程式 (5.1) の解 $x(t)$ は力 F の作用を受けている物体の運動を表す．

本章では，微分方程式を解くために必要な積分を学びながら，積分を利用した微分方程式の解き方を学ぶ．微分方程式の解き方は，第 7 章でも学ぶ．

5.1 微分方程式 $\dfrac{\mathrm{d}^2x}{\mathrm{d}t^2}=f(t)$ の解き方 1 —— 不定積分を利用する方法

学習目標

$\int f(t)\,\mathrm{d}t$ とは t で微分すれば $f(t)$ になる変数 t の関数の集合であるという不定積分の定義を覚え，不定積分を利用して $\dfrac{\mathrm{d}^2x}{\mathrm{d}t^2}=f(t)$ というタイプの微分方程式を解けるようになる．

2 階の微分方程式である直線運動の運動方程式を解くときに現れる 2 個の任意定数は，ある時刻（たとえば，運動を開始した時刻）での物体の位置と速度の任意性に対応することを理解する．

既知の力 F が $F=mf(t)$ という形の場合には，運動方程式 (5.1) は

$$\frac{\mathrm{d}^2x}{\mathrm{d}t^2}=f(t) \tag{5.2}$$

という形になる．関数 $f(t)$ は時刻 t の既知の関数で，$f(t)=$ 一定の場合を含む．なお，一般の場合の力 F は，時刻 t のほか，物体の位置 x や速度 v にも依存する．この節と，次の節では，微分方程式 (5.2) の解き

方を学ぶ．微分方程式 (5.2) を解くとは，t で 2 回微分すると $f(t)$ になる関数 $x(t)$ を求めることを意味する．そこで，まず，t で 1 回微分すれば $f(t)$ になる関数の集まりを表す不定積分を学ぶ．

不定積分　t で微分すると $f(t)$ になる変数 t の関数を，関数 $f(t)$ の**原始関数**という．たとえば，

$$\frac{\mathrm{d}}{\mathrm{d}t}t^2 = 2t$$

なので，t^2 は $2t$ の原始関数である．しかし，

$$\frac{\mathrm{d}}{\mathrm{d}t}(t^2+1) = 2t, \qquad \frac{\mathrm{d}}{\mathrm{d}t}(t^2-3) = 2t$$

なので，t^2 ばかりでなく t^2+1 と t^2-3 も $2t$ の原始関数である．

関数 $F(t)$ が関数 $f(t)$ の原始関数だとすると，つまり，

$$\frac{\mathrm{d}}{\mathrm{d}t}F(t) = f(t) \tag{5.3}$$

だとすると，任意の定数 C に対して，

$$\frac{\mathrm{d}}{\mathrm{d}t}(F(t)+C) = \frac{\mathrm{d}}{\mathrm{d}t}F(t)+\frac{\mathrm{d}}{\mathrm{d}t}C = \frac{\mathrm{d}}{\mathrm{d}t}F(t) = f(t) \tag{5.4}$$

なので，$F(t)+C$ も関数 $f(t)$ の原始関数である．そこで，関数 $f(t)$ の無数にある原始関数をまとめて，関数 $f(t)$ の**不定積分**といい，記号

$$\int f(t)\,\mathrm{d}t \tag{5.5}$$

で表す．

不定積分 $\int f(t)\,\mathrm{d}t$ を求めるには，$f(t)$ の 1 つの原始関数 $F(t)$ を探して，任意定数 C を加えればよい．つまり，$\dfrac{\mathrm{d}}{\mathrm{d}t}F(t) = f(t)$ ならば，

$$\int f(t)\,\mathrm{d}t = F(t)+C \quad (C\text{は任意定数}) \tag{5.6}$$

である．関数 $f(t)$ の不定積分を求めることを，関数 $f(t)$ を**積分する**といい，変数 t を積分変数，$f(t)$ を被積分関数という．積分記号 $\int$ はインテグラルと読む．なお，定義によって，

$$\frac{\mathrm{d}}{\mathrm{d}t}\left(\int f(t)\,\mathrm{d}t\right) = f(t) \tag{5.7}$$

である．以下，この章では $F(t)$ は $f(t)$ の原始関数だとする（力 $\boldsymbol{F}$ とは無関係である）．

導関数の性質 (3.35), (3.36) から，不定積分の次の性質が導かれる．

$$\int cf(t)\,\mathrm{d}t = c\int f(t)\,\mathrm{d}t \quad (c\text{ は定数}) \tag{5.8}$$

$$\int (f(t)+g(t))\,\mathrm{d}t = \int f(t)\,\mathrm{d}t + \int g(t)\,\mathrm{d}t \tag{5.9}$$

理工学で使われるいくつかの関数の不定積分を表 5.1 に示す．

表 5.1　不定積分（C は定数）

$\int b\,dt = bt+C$　（b は定数）

$\int at\,dt = \frac{1}{2}at^2+C$　（a は定数）

$\int (at+b)\,dt = \frac{1}{2}at^2+bt+C$　（a, b は定数）

$\int t^n\,dt = \frac{1}{n+1}t^{n+1}+C$　（n は -1 以外の実数）

$\int e^t\,dt = e^t+C$

$\int Ae^{\lambda t}\,dt = \frac{A}{\lambda}e^{\lambda t}+C$　（A, λ は定数）

$\int Ae^{-\lambda t}\,dt = -\frac{A}{\lambda}e^{-\lambda t}+C$　（A, λ は定数）

$\int \frac{1}{t}\,dt = \log_e|t|+C$

$\int \frac{a}{t+b}\,dt = a\log_e|t+b|+C$　（a, b は定数）

$\int \sin t\,dt = -\cos t+C$

$\int \cos t\,dt = \sin t+C$

$\int A\sin(\omega t+\beta)\,dt = -\frac{A}{\omega}\cos(\omega t+\beta)$　（A, ω, β は定数）

$\int A\cos(\omega t+\beta)\,dt = \frac{A}{\omega}\sin(\omega t+\beta)+C$　（A, ω, β は定数）

微分方程式 $\frac{dx}{dt}=f(t)$ の解き方　まず，微分すれば関数 $f(t)$ になるすべての関数 $x(t)$ を求めることを指示する微分方程式

$$\frac{dx}{dt}=f(t) \tag{5.10}$$

の解を求める．微分すれば $f(t)$ になる関数 $x(t)$ の集合は $f(t)$ の不定積分なので，

$$x(t) = \int f(t)\,dt = F(t)+C \quad (C\text{ は任意定数}) \tag{5.11}$$

例 1　一定の速度 v_0 で直線運動する物体の位置 $x(t)$ に対する微分方程式

$$\frac{dx}{dt} = v_0 \quad (v_0\text{ は定数}) \tag{5.12}$$

の解を求めよう．v_0t は定数 v_0 の原始関数なので，

$$x(t) = v_0t+C \quad (C\text{ は任意定数}) \tag{5.13}$$

である．$t=0$ のとき，この式は $x(0)=C$ となるので，(5.13) 式を

$$x(t) = v_0t+x(0) \tag{5.14}$$

と表すことができる．この場合には，任意定数 C は時刻 $t=0$ での物体の位置 $x(0)$ の任意性に対応していることがわかった．

微分方程式 $\dfrac{\mathrm{d}^2x}{\mathrm{d}t^2}=f(t)$ の解き方

例 2　一定の加速度 a で等加速度直線運動を行う物体の位置 $x(t)$ に対する微分方程式

$$\frac{\mathrm{d}^2x}{\mathrm{d}t^2}=\frac{\mathrm{d}v}{\mathrm{d}t}=a\quad (a\text{ は定数}) \tag{5.15}$$

の解を求めよう．定数 a の原始関数の 1 つは at なので，微分すれば a になる関数 $v(t)$ は

$$v(t)=\int a\,\mathrm{d}t=at+C_1\quad (C_1\text{ は任意定数}) \tag{5.16}$$

である．$v=\dfrac{\mathrm{d}x}{\mathrm{d}t}$ なので．(5.16) 式は

$$\frac{\mathrm{d}x}{\mathrm{d}t}=at+C_1\quad (C_1\text{ は任意定数}) \tag{5.17}$$

という微分方程式である．(5.17) 式は微分すれば $at+C_1$ になるすべての関数を求めることを指示している．$\dfrac{1}{2}at^2+C_1t$ は $at+C_1$ の原始関数なので，(5.17) 式の解は，

$$x(t)=\int(at+C_1)\,\mathrm{d}t=\frac{1}{2}at^2+C_1t+C_2\quad (C_1, C_2\text{ は任意定数}) \tag{5.18}$$

である．この解は，$\dfrac{\mathrm{d}^2x}{\mathrm{d}t^2}=a$ を満たす 1 つの解 $\dfrac{1}{2}at^2$ と右辺を 0 とおいた (5.15) 式 $\dfrac{\mathrm{d}^2x}{\mathrm{d}t^2}=0$ の解で 2 つの任意定数 C_1, C_2 を含む C_1t+C_2 の和であることに注目しよう．

(5.16) 式と (5.18) 式で，$t=0$ とおくと，

$$C_1=v(0),\qquad C_2=x(0) \tag{5.19}$$

が得られる．(5.19) 式を使うと，(5.16) 式と(5.18) 式は次のようになる．

$$v(t)=at+v(0),\qquad x(t)=\frac{1}{2}at^2+v(0)t+x(0) \tag{5.20}$$

準備が整ったので，例 2 と同じ手順で，

$$\frac{\mathrm{d}^2x}{\mathrm{d}t^2}=f(t) \tag{5.21}$$

の解を求めよう．(5.21) 式を積分すると，

$$v(t)=\frac{\mathrm{d}x}{\mathrm{d}t}=\int f(t)\,\mathrm{d}t=F(t)+C_1\quad (C_1\text{ は任意定数}) \tag{5.22}$$

が導かれる．この微分方程式を積分すれば，(5.21) 式の解

$$x(t)=\int(F(t)+C_1)\,\mathrm{d}t=\int F(t)\,\mathrm{d}t+C_1t\quad (C_1\text{ は任意定数}) \tag{5.23}$$

が得られる．$F(t)$ の原始関数の 1 つを $G(t)$ とすれば，(5.21) 式の解

(5.23) は

$$x(t) = G(t)+C_1t+C_2 \quad (C_1, C_2 \text{ は任意定数}) \tag{5.24}$$

と表される．微分方程式 (5.21) の一般の解は，1 つの解 $G(t)$ と右辺を 0 とおいた (5.21) 式 $\dfrac{d^2x}{dt^2}=0$ の解である 2 つの任意定数 C_1, C_2 を含む C_1t+C_2 の和である．

任意定数 C_1, C_2 の値は基準の時刻での位置と速度の値で指定できる．(5.22) 式と (5.24) 式で $t=0$ とおくと，

$$v(0) = F(0)+C_1 \qquad \therefore \quad C_1 = v(0)-F(0) \tag{5.25}$$

$$x(0) = G(0)+C_2 \qquad \therefore \quad C_2 = x(0)-G(0) \tag{5.26}$$

が導かれる．2 階の微分方程式を 2 回積分して求めた解に現れる 2 つの任意定数は，時刻 $t=0$ での物体の位置 $x(0)$ と速度 $v(0)$ の任意性に対応していることがわかる．運動方程式が任意の値の $x(0)$ と $v(0)$ の現象を記述できるのは，2 階の微分方程式だからである．

この節の応用問題として，演習問題 5A の 2, 3, 5B の 2 を解くことをお勧めする．

微分方程式の一般解と特殊解　微分方程式の解で，微分方程式の階数と同じ個数の独立な任意定数を含むものを**一般解**という．微分方程式の一般解の任意定数に特定の値を与えて得られる関数も微分方程式の解で，この解を**特殊解**という．微分方程式の解の任意定数を定める条件を**初期条件**という．

2 階の微分方程式である運動方程式 (5.1) にしたがう物体の運動は，ある時刻，たとえば $t=0$ における物体の位置 $x(0)$ と速度 $v(0)$ を与えれば，完全に決まる．初期条件 $x(0)$，$v(0)$ を与えれば，その後の運動が完全に決まることを**因果律**という．因果律とは，原因と結果の間に一定の関係が存在するという原理である．

5.2　微分方程式 $\dfrac{d^2x}{dt^2}=f(t)$ の解き方 2 ── 定積分を利用する方法

学習目標

定積分 $\int_{t_A}^{t_B} f(t)\,dt$ は区間 $[t_A, t_B]$ での関数 $f(t)$ のグラフと t 軸に挟まれた領域の面積に等しいという定義，および $\dfrac{dF(t)}{dt}=f(t)$ ならば $\int_{t_A}^{t_B} f(t)\,dt = F(t_B)-F(t_A)$ であるという定理から導かれる速度と変位の関係と加速度と速度の変化の関係を覚える．

直線運動する物体の速度 $v(t)$ がわかっているとき，定積分あるいはグラフから物体の変位（位置の変化）を計算できるようになる．

定積分　前節で，微分方程式

$$\frac{dx}{dt} = f(t) \tag{5.27}$$

の解は，$f(t)$ の不定積分であり，$F(t)$ が $f(t)$ の原始関数であれば，

$$x(t) = \int f(t)\,dt = F(t)+C \quad (C\text{ は任意定数}) \tag{5.28}$$

であることを学んだ．

(5.28) 式から，2つの時刻 t_A と t_B の間での関数 $x(t)$ の変化 $x(t_B)-x(t_A)$ は

$$x(t_B)-x(t_A) = F(t_B)-F(t_A) \tag{5.29}$$

であることが導かれる．任意定数 C は，打ち消し合うので，現れない．

$x(t)$ が (5.27) 式を満たす場合，$x(t_B)-x(t_A)$ を $f(t)$ から求める方法として，これから説明する定積分を使う方法がある．時間 t_B-t_A を N 個の等しい長さの微小時間に分割すると，変化 $x(t_B)-x(t_A)$ は各微小時間での微小変化の和に等しい（図 5.1）．したがって，長さが $\Delta t = \frac{t_B-t_A}{N}$ の i 番目の微小時間 $[t_{i-1}, t_i]$ での微小変化 $x(t_i)-x(t_{i-1})$ を Δx_i と記すと，

$$x(t_B)-x(t_A) = \Delta x_1+\Delta x_2+\Delta x_3+\cdots+\Delta x_N \equiv \sum_{i=1}^{N} \Delta x_i \tag{5.30}$$

である．$\sum_{i=1}^{N}$ は「添え字 i について，1 から N までの和をとる」という記号である．

導関数の定義によって，

$$\frac{\Delta x_i}{\Delta t} = \frac{x(t_i)-x(t_i-\Delta t)}{\Delta t} = \frac{x(t_i)-x(t_{i-1})}{\Delta t} \fallingdotseq f(t_i)$$

である．したがって，$\Delta x_i = x(t_i)-x(t_{i-1})$ は

$$\Delta x_i \fallingdotseq f(t_i)\Delta t \tag{5.31}$$

である．(5.31) 式を (5.30) 式に代入すると，

$$\begin{aligned} x(t_B)-x(t_A) &\fallingdotseq f(t_1)\Delta t+f(t_2)\Delta t+\cdots+f(t_N)\Delta t \\ &= \sum_{i=1}^{N} f(t_i)\Delta t \end{aligned} \tag{5.32}$$

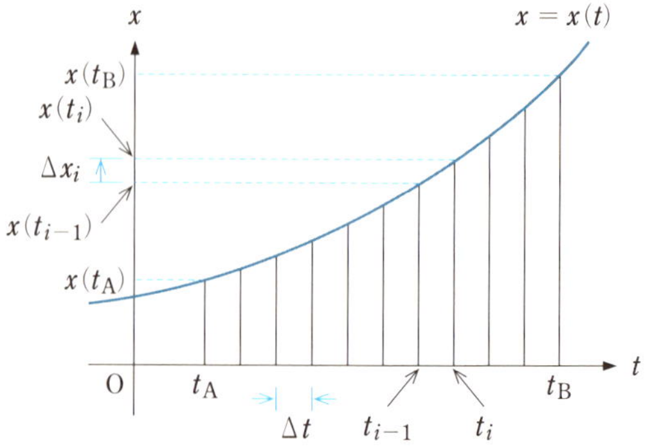

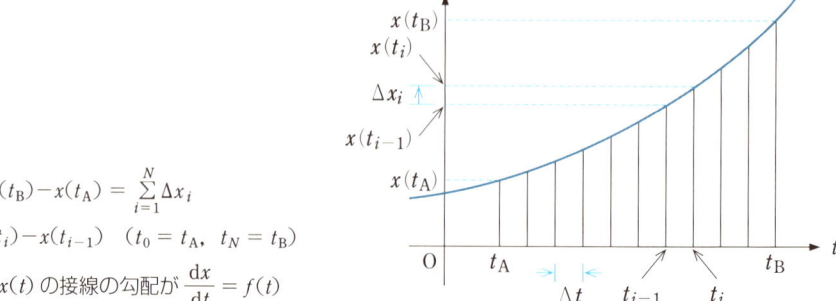

図 5.1　$x(t_B)-x(t_A) = \sum_{i=1}^{N} \Delta x_i$

$\Delta x_i = x(t_i)-x(t_{i-1}) \quad (t_0 = t_A,\ t_N = t_B)$

曲線 $x = x(t)$ の接線の勾配が $\frac{dx}{dt} = f(t)$

となる．微小区間（時間）の数 N を限りなく大きくし，時間間隔 Δt を限りなく小さくしていくと，(5.31) 式の左辺と右辺の比は限りなく 1 に近づき，$x(t_B)-x(t_A)$ は $N\to\infty$ での (5.32) 式の右辺の極限値に等しくなる（≒ が = になる）．そこで，関数 $f(t)$ の区間 $[t_A, t_B]$ での**定積分**を

$$\int_{t_A}^{t_B} f(t)\,dt = \lim_{N\to\infty}\sum_{i=1}^{N} f(t_i)\Delta t \tag{5.33}$$

と定義すると，$x(t_B)-x(t_A)$ は，

$$x(t_B)-x(t_A) = \int_{t_A}^{t_B} f(t)\,dt \tag{5.34}$$

と定積分によって表される．

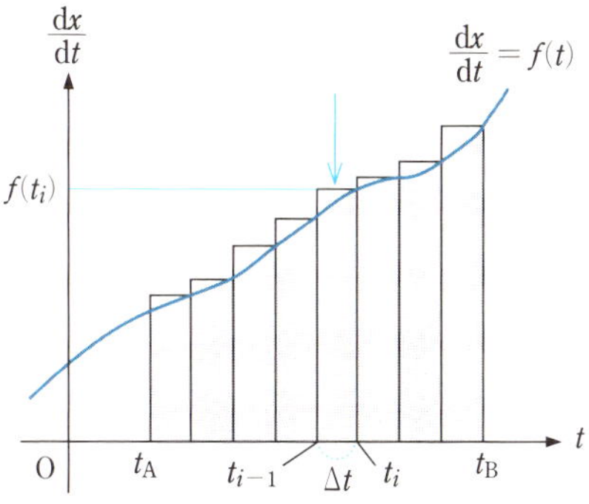

図 5.2 $\int_{t_A}^{t_B} f(t)\,dt = \lim_{N\to\infty}\sum_{i=1}^{N} f(t_i)\Delta t$

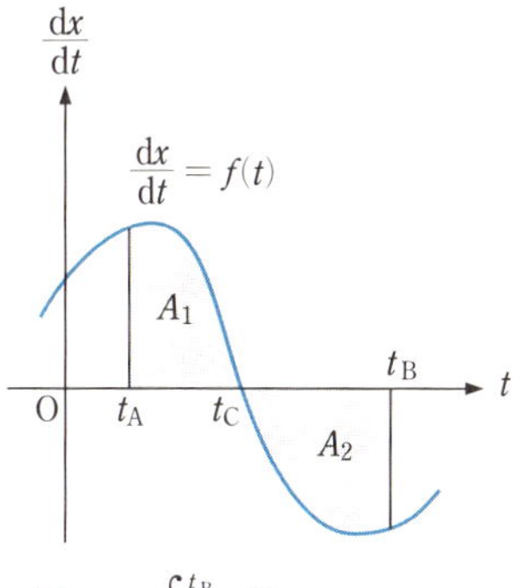

図 5.3 $\int_{t_A}^{t_B} f(t)\,dt = A_1 - A_2$

定積分 (5.33) の幾何学的な意味　図 5.2 の左端から i 番目の矢印で示した幅 Δt，高さ $f(t_i)$ の長方形の面積は $f(t_i)\Delta t$ なので，(5.32) 式の右辺は図 5.2 の N 個の長方形の面積の和に等しい．細長い長方形の数 N を限りなく増やし，幅 Δt を限りなく小さくしていくと，細長い長方形の面積の和はアミの部分の面積に限りなく近づく．したがって，関数 $f(t)$ の区間 $[t_A, t_B]$ での定積分 $\int_{t_A}^{t_B} f(t)\,dt$ は，図 5.2 の関数 $f(t)$ を表す曲線と横軸（t 軸），$t=t_A$，$t=t_B$ の 3 本の直線の合計 4 本の線で囲まれた領域（図 5.2 のアミの部分）の面積に等しい．ただし，$f(t)<0$ の場合には，$f(t)\Delta t$ は負なので，t 軸の下の部分の面積はマイナスと定義する．したがって，図 5.3 の場合の定積分は，t 軸より上の部分の面積 A_1 から t 軸より下の部分の面積 A_2 を引いた，A_1-A_2 である．なお，区間 $[t_A, t_B]$ とは，変数 t の領域 $t_A \leqq t \leqq t_B$ を意味する．

したがって，関数 $f(t)$ の原始関数 $F(t)$ がわからなくても，関数 $f(t)$ が数値的にわかっていれば，関数 $f(t)$ の定積分をグラフの面積の計算によって求めることができる．

微分積分学の基本定理　(5.29) 式と (5.34) 式を結びつけると

$$x(t_B)-x(t_A) = \int_{t_A}^{t_B} f(t)\,dt = F(t_B)-F(t_A) \equiv \Big[F(t)\Big]_{t_A}^{t_B} \tag{5.35}$$

という式が導かれる．この式の第 2 辺と第 3 辺の関係，

$$\int_{t_A}^{t_B} f(t)\,dt = F(t_B)-F(t_A) \tag{5.36}$$

すなわち，区間 $[t_A, t_B]$ で連続な関数 $f(t)$ の 1 つの原始関数を $F(t)$ とするとき，$f(t)$ の定積分 $\int_{t_A}^{t_B} f(t)\,dt$ は $F(t_B)-F(t_A)$ に等しいという関係を**微分積分学の基本定理**という．

(5.36) 式の t_B として時刻 t，t_A として基準の時刻 t_0 を選ぶと，次の関係が得られる．

$$F(t)-F(t_0) = \int_{t_0}^{t} f(t')\,\mathrm{d}t' = \int_{t_0}^{t} \frac{\mathrm{d}F(t')}{\mathrm{d}t'}\,\mathrm{d}t' \tag{5.37}$$

ここで，上限 t と区別するために，積分変数を t' とした．定積分の積分変数にはどのような記号を使ってもよい．$f(t)=0$ の定積分は 0 なので，

$$\frac{\mathrm{d}F}{\mathrm{d}t} = 0 \quad ならば \quad F(t) = F(t_0) = 一定 \tag{5.38}$$

という重要な性質が (5.37) 式から導かれる．

定積分の性質　(5.36) 式から

$$\int_{A}^{B} f(t)\,\mathrm{d}t = -\int_{B}^{A} f(t)\,\mathrm{d}t \tag{5.39}$$

$$\int_{A}^{B} f(t)\,\mathrm{d}t = \int_{A}^{C} f(t)\,\mathrm{d}t + \int_{C}^{B} f(t)\,\mathrm{d}t \tag{5.40}$$

が導かれる．なお，(5.40) 式で，C は区間 $[A, B]$ の外にあってもよい．

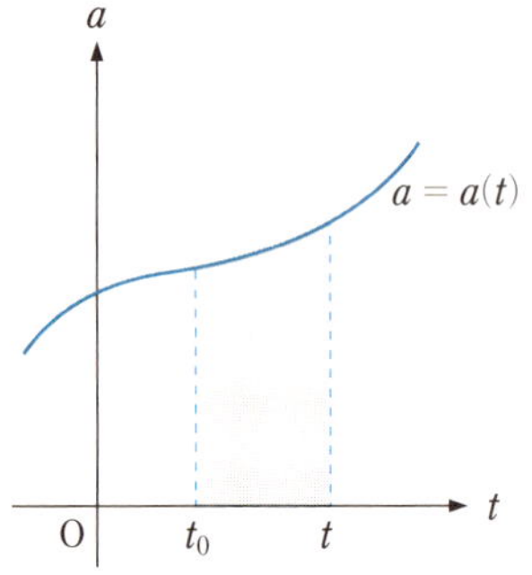

図 5.4　加速度-時刻図 (a-t 図)
$v(t)-v(t_0) = \int_{t_0}^{t} a(t)\,\mathrm{d}t$

直線運動での加速度と速度変化の関係　(5.37) 式の $F(t)$ と $f(t) = \dfrac{\mathrm{d}F}{\mathrm{d}t}$ を直線運動の速度 $v(t)$ と加速度 $a(t) = \dfrac{\mathrm{d}v}{\mathrm{d}t}$ とすると，時刻 t_0 から時刻 t までの速度の変化 $v(t)-v(t_0)$ は，加速度 $a(t)$ の定積分として

$$v(t)-v(t_0) = \int_{t_0}^{t} a(t)\,\mathrm{d}t \tag{5.41}$$

と表される．したがって，速度の変化 $v(t)-v(t_0)$ は図 5.4 に示す加速度-時刻図 (a-t 図) のアミの部分の面積に等しい．

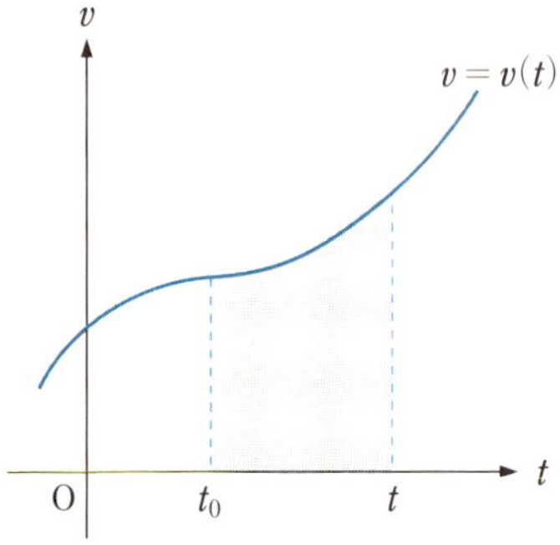

図 5.5　速度-時刻図 (v-t 図)
$x(t)-x(t_0) = \int_{t_0}^{t} v(t)\,\mathrm{d}t$

直線運動での速度と変位の関係　(5.37) 式の $F(t)$ と $f(t) = \dfrac{\mathrm{d}F}{\mathrm{d}t}$ を直線運動の位置 $x(t)$ と速度 $v(t) = \dfrac{\mathrm{d}x}{\mathrm{d}t}$ とすると，時刻 t_0 から時刻 t までの変位 $x(t)-x(t_0)$ は，速度 $v(t)$ の定積分として

$$x(t)-x(t_0) = \int_{t_0}^{t} v(t)\,\mathrm{d}t \tag{5.42}$$

と表される．したがって，変位 $x(t)-x(t_0)$ は図 5.5 に示す速度-時刻図 (v-t 図) のアミの部分の面積に等しい．

問 1　速度の定積分と v-t 図の面積の関係を使って，v-t 図が図 5.6 の場合の時刻 $t=0$ から $t=150$ s までの移動距離 d を求めよ．

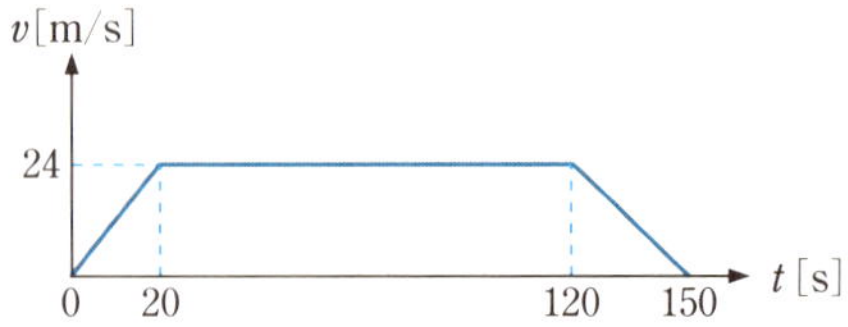

図 5.6

等加速度直線運動の変位，速度，加速度と定積分　物体が x 軸上を一定の加速度 a で運動しているとき，$t=0$ での速度 $v(0)$ を v_0 とおくと，加速度と速度の変化の関係 (5.41) 式の t_0 を 0 とおいた式は

$$v(t)-v_0 = \int_0^t a\,dt = [at]_0^t = at$$

$$\therefore \quad v(t) = at+v_0 \tag{5.43}$$

となる．ここで，$\frac{d}{dt}(at)=a$ を利用した．

つぎに，$t_0=0$ とおいた速度と変位の関係 (5.42) 式に，(5.43) 式を代入すると，

$$x(t)-x_0 = \int_0^t (at+v_0)\,dt = \left[\frac{1}{2}at^2+v_0t\right]_0^t = \frac{1}{2}at^2+v_0t \tag{5.44}$$

$$\therefore \quad x(t) = \frac{1}{2}at^2+v_0t+x_0 \tag{5.45}$$

となる．x_0 は $t=0$ での位置 $x(0)$ である．ここで，$\frac{d}{dt}\left(\frac{1}{2}at^2+v_0t\right) = at+v_0$ を利用した．

問 2 速度の定積分と v-t 図の面積の関係を使って，$v(t)=at+v_0$ の場合の変位 $x(t)-x_0$ に対する (5.44) 式を導け (図 5.7 参照).

問 3 鉛直投げ上げ運動 時刻 $t=0$ に，$x_0=0$ のところから，石を速度 v_0 で真上に投げ上げると，下向きに働く重力のために，石の上昇速度は 1 秒あたり 9.8 m/s の割合で減少していく．鉛直上向きを x 軸の正の向きに選ぶと，石の速度 $v(t)$ は

$$v(t) = v_0-gt \tag{5.46}$$

と表される (図 5.8)．g は重力加速度である．(5.46) 式は一般の等加速度直線運動の速度に対する (5.43) 式の加速度 a を $-g$ とおいた式になっている．

(1) 投げてから t 秒後の石の高さ $x(t)$

$$x(t) = v_0t-\frac{1}{2}gt^2 \tag{5.47}$$

は，v-t 図の斜線を引いた台形の面積に等しいことを示せ．

(2) 速度が 0 になる時刻 $t_1=\frac{v_0}{g}$ に，石は最高点に到達する．図 5.8 の H の部分の面積を計算し，最高点の高さ H を求めよ．

(3) 最高点に到達後の石の高さ x は．図 5.8 の面積の差 $H-S$ であることを示せ．

(4) 石が地面 ($x=0$) に落下する時刻は $t_2=2t_1=\frac{2v_0}{g}$ で，着地直前の石の速度は $-v_0$，つまり，投げ上げたときと同じ速さで落ちてくることを示せ．

(5) 初速 20 m/s で真上に投げ上げれば，最高点の高さは約何 m か．何秒後に地面に落下するか．簡単のために，$g=10\ \mathrm{m/s^2}$ とせよ．

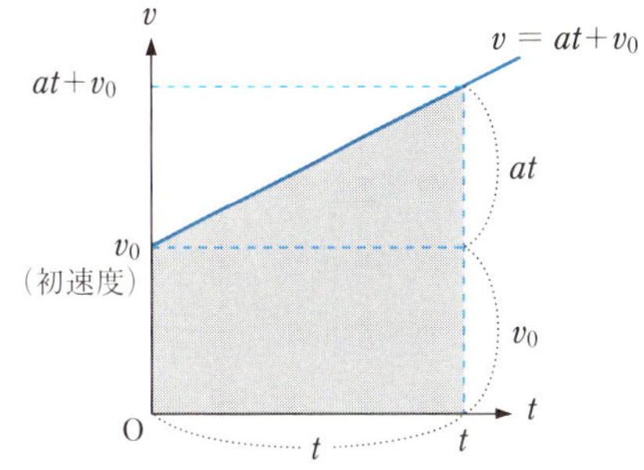

(a) $a>0$ の場合

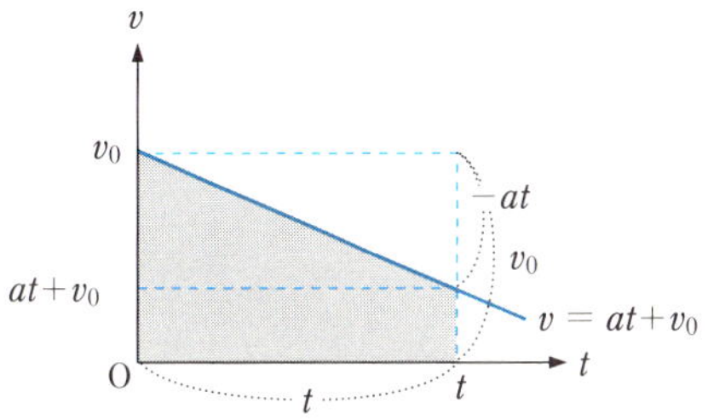

(b) $a<0$ の場合

図 5.7 等加速度直線運動の v-t 図
アミの部分が変位である．

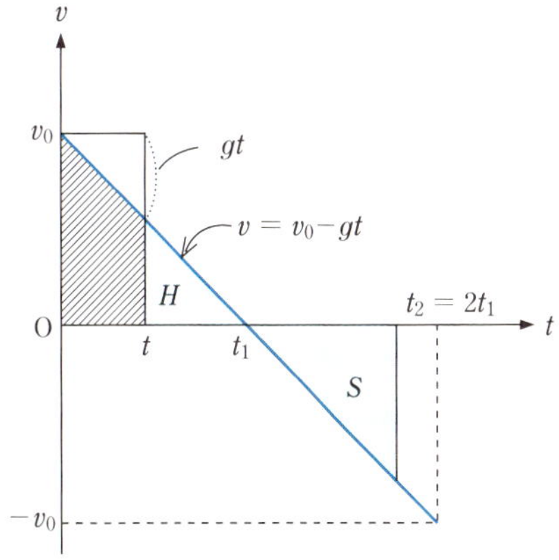

図 5.8 鉛直投げ上げ運動の v-t 図

静止していた物体が一定の加速度 a で一様に加速されている運動

時間 t が経過したときの速度 $v(t)$ は，(5.43) 式で $v_0=0$ とおいた

$$v(t) = at \quad (v_0=0\ \text{の等加速度直線運動の速度}) \tag{5.48}$$

である．$x_0 = 0$ とすると，この物体の変位 $x(t)$ は，(5.45) 式で $v_0 = 0$，$x_0 = 0$ とおいた

$$x(t) = \frac{1}{2}at^2 \quad (v_0 = 0,\ x_0 = 0 \text{ の等加速度直線運動の変位}) \tag{5.49}$$

である (図 5.9)．速度が v になるまでの変位 x は，この 2 式から

$$x = \frac{1}{2}at^2 = \frac{1}{2a}(at)^2 = \frac{v^2}{2a}, \quad \text{つまり,} \quad x = \frac{v^2}{2a} \tag{5.50}$$

である．したがって，静止していた物体が一定の加速度 a で加速され，変位が x になったときの速さ v は

$$v^2 = 2ax \qquad \text{なので} \qquad v = \sqrt{2ax} \tag{5.51}$$

であり，静止していた物体が一定の加速度で加速され，変位が x，速度が v になった場合の加速度 a は

$$a = \frac{v^2}{2x} \tag{5.52}$$

である．このように 1 つの式を変形すると，別の意味を持つ式になる．

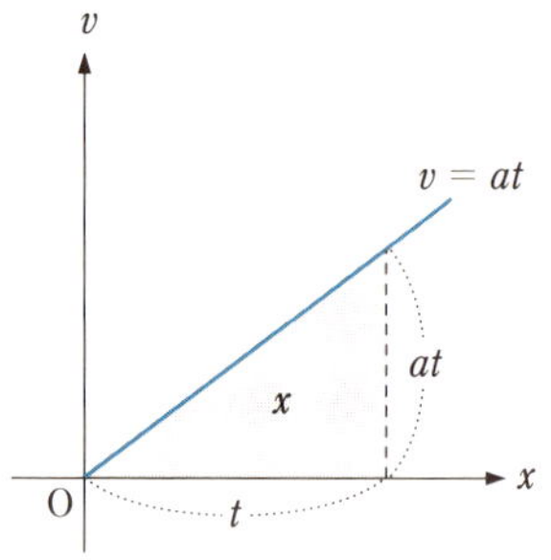

図 5.9　$v(t) = at$，$x(t) = \frac{1}{2}at^2$

初速度が v_0 で一定な加速度 $-b$ で減速しながら直線運動している物体

摩擦のある水平な平面の上に，速度 v_0 で水平に投げ出された物体は，摩擦力のために一定の加速度で減速する．このように $t = 0$ で速度が v_0 の物体が一定の加速度 $-b\,(b > 0)$ で，一様に減速して直線運動している場合を考える．速度 $v(t)$ は

$$v(t) = v_0 - bt \tag{5.53}$$

である (図 5.10)．静止する時刻 t_1 は，速度が 0 という条件 $v_0 - bt_1 = 0$ から

$$t_1 = \frac{v_0}{b} \quad (\text{静止するまでの時間}) \tag{5.54}$$

であり，静止するまでの移動距離 d は，v-t 図の面積から，

$$d = \frac{1}{2}v_0 t_1 = \frac{1}{2}bt_1{}^2 = \frac{v_0{}^2}{2b} \quad (\text{静止するまでの移動距離}) \tag{5.55}$$

であることがわかる．初速度が v_0，静止するまでの移動距離が d の場合の加速度 $-b$ は，(5.55) 式から

$$-b = -\frac{v_0{}^2}{2d} \tag{5.56}$$

である．

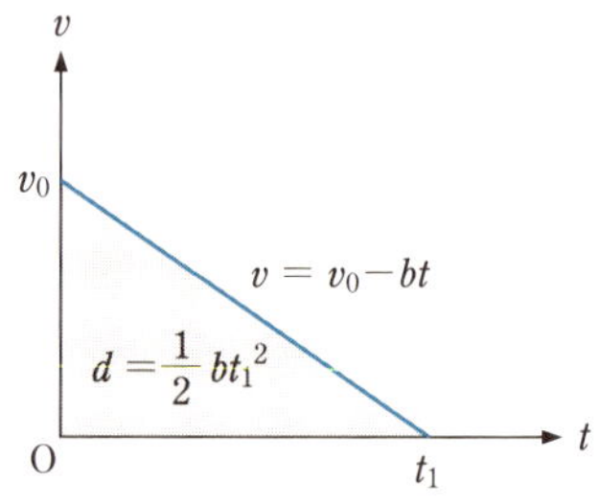

図 5.10　$v(t) = v_0 - bt$，$d = \frac{1}{2}v_0 t_1 = \frac{1}{2}bt_1{}^2$

例 3　ジェット機の着陸▌エンジンが逆噴射するとジェット機の速さは遅くなる．ジェット機が滑走路に進入速度 $v_0 = 80\ \text{m/s}(= 288\ \text{km/h})$ で進入し，一様に減速して 50 秒間で停止した．このときの平均加速度 $-b$ は

$$-b = \frac{0 - (80\ \text{m/s})}{50\ \text{s}} = -1.6\ \text{m/s}^2$$

である．このときの着陸距離 d は

$$d = \frac{1}{2}v_0t_1 = \frac{1}{2}(80\ \mathrm{m/s})\times(50\ \mathrm{s}) = 2000\ \mathrm{m}$$

5.3 非斉次の定係数線形微分方程式の解き方

学習目標

指数関数的に変化して一定の値に近づく現象のしたがう微分方程式とその解き方を理解する．時定数とは何かを理解する．

非斉次の定係数線形微分方程式に出てくる非斉次と定係数と線形という言葉を理解する．

非斉次の定係数線形微分方程式の一般解は，この微分方程式の1つの特殊解と非斉次項を0とおいた斉次方程式の一般解の和であることを理解する．

風が吹いていない空気中で，速さに比例する抵抗（粘性抵抗）bv を受けながら鉛直下方に落下する質量 m の物体の運動を調べよう．たとえば，小さな雨滴の落下運動である．物体に働く力は，鉛直下向きの重力 mg と鉛直上向きの粘性抵抗 bv なので，鉛直下向きに $+x$ 方向をとると，合力は $F = mg - bv$ である（図5.11）．したがって，運動方程式は

$$m\frac{\mathrm{d}^2x}{\mathrm{d}t^2} = m\frac{\mathrm{d}v}{\mathrm{d}t} = mg - bv \quad \left(m\frac{\mathrm{d}^2x}{\mathrm{d}t^2} + b\frac{\mathrm{d}x}{\mathrm{d}t} = mg\right) \tag{5.57}$$

である．落下しはじめは，物体の速度 v は小さいので粘性抵抗は無視でき，$F = mg - bv \fallingdotseq mg$ なので，物体は重力加速度 g の等加速度直線運動を行う．つまり，

$$v \fallingdotseq gt \qquad (mg \gg bv \text{ の場合}) \tag{5.58}$$

である．$mg \gg bv$ の場合とは，$mg \gg b(gt)$ の場合なので，$\dfrac{m}{b} \gg t > 0$ の場合である（$A \gg B$ とは，A が B に比べてはるかに大きいことを意味する）．

物体の速さ v が大きくなると粘性抵抗も大きくなるので，物体に働く合力の大きさは減少し，加速度も減少していく．やがて速度が

$$v_\mathrm{t} \equiv \frac{mg}{b} \tag{5.59}$$

になると，物体に働く合力 F は0になるので，物体は一定の速さ v_t で落下しつづけるようになる．v_t を**終端速度**という．

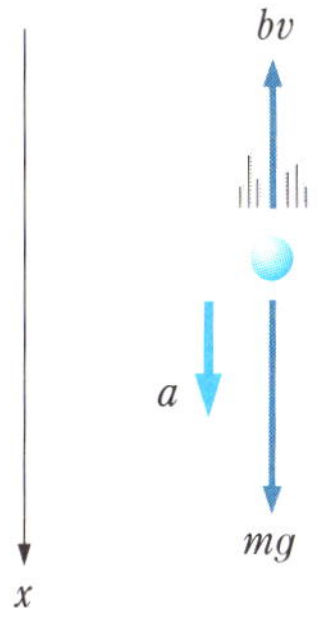

図5.11　粘性抵抗を受けながら落下する物体

物体が終端速度で等速運動していることを示す式，

$$x(t) = \frac{mg}{b}t \tag{5.60}$$

が運動方程式(5.57)の1つの解，つまり特殊解であることは，(5.57)式に代入すると確かめられる．

時刻 $t = 0$ に静止していた物体が，落下するのにつれて，速度 v が0

から増加して終端速度になる様子を調べるには運動方程式 (5.57)，すなわち，

$$\frac{\mathrm{d}^2x}{\mathrm{d}t^2}+\frac{b}{m}\frac{\mathrm{d}x}{\mathrm{d}t}=g \tag{5.61}$$

を解かなければならない．

(5.61) 式のように，未知関数とその導関数の 1 次方程式という形の微分方程式を**線形微分方程式**という．未知関数とその導関数の係数 1 と $\frac{b}{m}$ は定数なので，この微分方程式を**定係数線形微分方程式**という．(5.61)式は，非斉次項とよばれる未知関数とその導関数を含まない項の g を含むので，**非斉次**であるという．非斉次項を含まない微分方程式は斉次であるという．5.1 節で学んだ (5.2) 式も非斉次の定係数線形微分方程式である．

節末の参考で証明するように，非斉次の定係数線形微分方程式の一般解は，この微分方程式の 1 つの特殊解と非斉次項を 0 とおいた斉次方程式の一般解の和である．そこで，非斉次の定係数線形微分方程式 (5.61) の一般解は，(5.61) 式の特殊解である終端速度で等速落下運動している解，

$$x(t)=\frac{mg}{b}t \tag{5.60}$$

と，(5.61) 式の右辺を 0 とした斉次方程式

$$\frac{\mathrm{d}^2x}{\mathrm{d}t^2}+\frac{b}{m}\frac{\mathrm{d}x}{\mathrm{d}t}=0 \tag{5.62}$$

の一般解の和である．

$\frac{\mathrm{d}x}{\mathrm{d}t}+\frac{b}{m}x$ と「定数」は (5.62) 式の左辺と右辺の原始関数なので，「左辺の不定積分」=「右辺の不定積分」という式は，

$$\frac{\mathrm{d}x}{\mathrm{d}t}+\frac{b}{m}x=\frac{b}{m}C_1 \quad \left(\frac{b}{m}C_1 \text{ は任意定数}\right) \tag{5.63}$$

という微分方程式になる ($x=C_1$ が特殊解になるように，右辺の任意定数を $\frac{b}{m}C_1$ とした)．

(5.63) 式も非斉次の定係数線形微分方程式である．したがって，その一般解は，特殊解の

$$x=C_1 \tag{5.64}$$

と，(5.63) 式の右辺を 0 とおいた斉次の定係数線形微分方程式

$$\frac{\mathrm{d}x}{\mathrm{d}t}+\frac{b}{m}x=0 \qquad \text{すなわち} \qquad \frac{\mathrm{d}x}{\mathrm{d}t}=-\frac{b}{m}x \tag{5.65}$$

の一般解の和である．

(5.65) 式の解は，微分すれば $-\frac{b}{m}$ 倍になる関数である．指数関数の微分の公式 (3.42) によれば，指数関数 $C\mathrm{e}^{-\lambda t}$ (C は定数) を微分すれば，

$$\frac{\mathrm{d}}{\mathrm{d}t}Ce^{-\lambda t} = -\lambda Ce^{-\lambda t} \tag{5.66}$$

となり，もとの関数の $-\lambda$ 倍になる．したがって，

$$x(t) = C_2 e^{-\frac{b}{m}t} \quad (C_2 \text{ は任意定数}) \tag{5.67}$$

を微分すれば，もとの関数の $-\dfrac{b}{m}$ 倍になるので，(5.67) 式は 1 階の微分方程式 (5.65) の解で，任意定数 C_2 を含むので，一般解である．

したがって，非斉次の定係数線形微分方程式 (5.63) の一般解は，特殊解 (5.64) と (5.67) の和の

$$x(t) = C_2 e^{-\frac{b}{m}t} + C_1 \quad (C_1, C_2 \text{ は任意定数}) \tag{5.68}$$

であり，運動方程式 (5.61) の一般解は，特殊解 (5.60) と (5.68) の和の

$$x(t) = C_2 e^{-\frac{b}{m}t} + \frac{mg}{b}t + C_1 \quad (C_1, C_2 \text{ は任意定数}) \tag{5.69}$$

である．

(5.69) 式を微分すれば速度 $v(t)$ が導かれる．

$$v(t) = \frac{\mathrm{d}x}{\mathrm{d}t} = -\frac{b}{m}C_2 e^{-\frac{b}{m}t} + \frac{mg}{b} \tag{5.70}$$

指数関数 e^{-t} は $t \to \infty$ で $e^{-t} \to 0$ であることを使うと，終端速度 v_t は

$$v_t = \lim_{t\to\infty} v(t) = \frac{mg}{b} \tag{5.71}$$

であることが確かめられる．したがって，粘性抵抗を受けて落下する物体の速度は，終端速度 $\dfrac{mg}{b}$ に指数関数的に近づいていくことがわかる．

時刻 $t = 0$ の物体の速度 $v(0)$ を v_0 と記すと，$t = 0$ での (5.70) 式

$$v_0 = v(0) = -\frac{b}{m}C_2 + \frac{mg}{b} \quad \therefore \quad -\frac{b}{m}C_2 = v_0 - \frac{mg}{b} \tag{5.72}$$

($e^0 = 1$ を使った) から得られる C_2 を (5.70) 式に代入すると，速度 $v(t)$ が導かれる．

$$v(t) = \frac{mg}{b}(1 - e^{-\frac{b}{m}t}) + v_0 e^{-\frac{b}{m}t} \tag{5.73}$$

$t = 0$ に物体が静止していた場合には，$v_0 = 0$ なので，物体の落下速度は

$$v(t) = \frac{mg}{b}(1 - e^{-\frac{b}{m}t}) \tag{5.74}$$

と表される (図 5.12)．

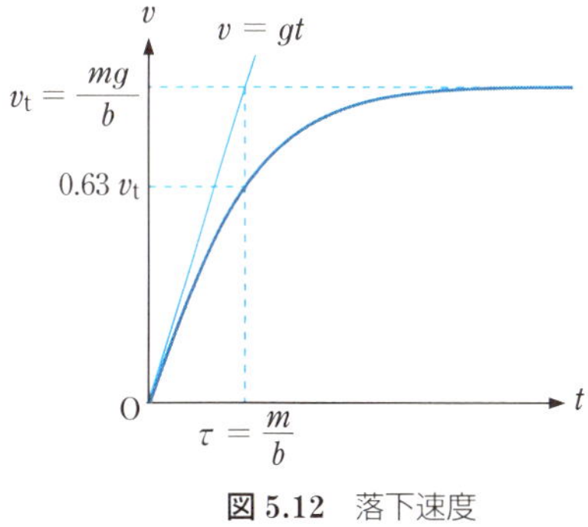

図 5.12　落下速度 $v(t) = \dfrac{mg}{b}(1 - e^{-\frac{b}{m}t})$

$|x| \ll 1$ の場合の e を底とする指数関数 e^x の性質［(A.13) 式，図 A.5 参照］，

$$e^x \fallingdotseq 1 + x \quad (|x| \ll 1) \tag{5.75}$$

から導かれる

$$e^{-\frac{b}{m}t} \fallingdotseq 1 - \frac{b}{m}t \tag{5.76}$$

を使うと，落下開始直後の物体の速度は

$$v(t) = \frac{mg}{b}(1-\mathrm{e}^{-\frac{b}{m}t}) \fallingdotseq \frac{mg}{b}\left[1-\left(1-\frac{bt}{m}\right)\right] = \frac{mg}{b}\times\frac{bt}{m} = gt \quad (5.77)$$

となる．この $v = gt$ は，図 5.12 に示した v-t 線の $t = 0$ での接線である．この接線と終端速度を表す水平な直線 $v = \frac{mg}{b}$ との交点の t 座標の値は $\frac{m}{b}$ である．

$$\tau = \frac{m}{b} \quad (5.78)$$

をこの現象の時定数という．**時定数**とは終端速度（定常状態）に到達するのにかかる時間の目安の値である．たとえば，$v(\tau) = 0.632v_{\mathrm{t}}$，$v(2\tau) = 0.865v_{\mathrm{t}}$，$v(3\tau) = 0.950v_{\mathrm{t}}$ である．

(5.63) 式の形の非斉次の 1 階の定係数線形微分方程式と (5.65) 式の形の斉次の 1 階の定係数線形微分方程式は，キャパシター（コンデンサー）の充電と放電をはじめとする物理学の多くの問題に現れるので，よく理解しておく必要がある．

$x(0) = 0$，$v(0) = 0$ の場合，(5.69) 式と (5.70) 式の任意定数は $C_1 = -\frac{m^2g}{b^2}$，$C_2 = \frac{m^2g}{b^2}$ なので，時刻 t での物体の位置 $x(t)$，つまり，落下距離は，

$$x(t) = \frac{m^2g}{b^2}\mathrm{e}^{-\frac{b}{m}t} + \frac{mg}{b}t - \frac{m^2g}{b^2} \quad (5.79)$$

である．

問 4　非斉次の定係数線形微分方程式 (5.57)

$$\frac{\mathrm{d}v}{\mathrm{d}t} + \frac{b}{m}v = g \quad (5.80)$$

の一般解は，終端速度で落下していることを表す特殊解である $v(t) = \frac{mg}{b}$ と右辺を 0 とした斉次方程式

$$\frac{\mathrm{d}v}{\mathrm{d}t} + \frac{b}{m}v = 0 \quad (5.81)$$

の一般解 $v(t) = C\mathrm{e}^{-\frac{b}{m}t}$（$C$ は任意定数）の和

$$v(t) = C\mathrm{e}^{-\frac{b}{m}t} + \frac{mg}{b} \quad (C \text{ は任意定数}) \quad (5.82)$$

であることを説明し，$v(0) = v_0$ の場合の速度を表す (5.73) 式

$$v(t) = \frac{mg}{b}(1-\mathrm{e}^{-\frac{b}{m}t}) + v_0\mathrm{e}^{-\frac{b}{m}t} \quad (5.83)$$

を導け．

参考　非斉次の定係数線形微分方程式の一般解

非斉次の定係数線形微分方程式

$$\frac{d^2x}{dt^2}+a\frac{dx}{dt}+bx=f(t) \quad (a, b \text{ は定数}) \tag{5.84}$$

の一般解 $x(t)$ は，この微分方程式の 1 つの特殊解 $x_1(t)$，つまり，

$$\frac{d^2x_1}{dt^2}+a\frac{dx_1}{dt}+bx_1=f(t) \tag{5.85}$$

を満たす 1 つの解 $x_1(t)$ と非斉次項を 0 とおいた斉次方程式の一般解 $x_2(t)$，つまり，

$$\frac{d^2x_2}{dt^2}+a\frac{dx_2}{dt}+bx_2=0 \tag{5.86}$$

を満たす，任意定数 2 個を含む解 $x_2(t)$の和，

$$x(t)=x_1(t)+x_2(t) \tag{5.87}$$

である．

証明　(5.87) 式を (5.84) 式に代入すれば，

$$\frac{d^2}{dt^2}(x_1(t)+x_2(t))+a\frac{d}{dt}(x_1(t)+x_2(t))+b(x_1(t)+x_2(t))$$

$$=\left(\frac{d^2x_1}{dt^2}+a\frac{dx_1}{dt}+bx_1\right)+\left(\frac{d^2x_2}{dt^2}+a\frac{dx_2}{dt}+bx_2\right)=f(t) \tag{5.88}$$

となるので，$x(t)=x_1(t)+x_2(t)$ は微分方程式 (5.84) の解であり，しかも $x_2(t)$ の部分に 2 個の任意定数を含むので一般解である．

演習問題5

A

1. 次の不定積分を求めよ．

$$\int 2t\,dt$$

2. $\frac{d}{dt}\left(\frac{A}{\omega}\sin\omega t\right)=A\cos\omega t$ と $\frac{d}{dt}\left(-\frac{A}{\omega^2}\cos\omega t\right)=\frac{A}{\omega}\sin\omega t$ を使って，微分方程式

$$\frac{d^2x}{dt^2}=A\cos\omega t$$

の一般解を求めよ．

3. 微分方程式

$$\frac{d^2x}{dt^2}=bt \quad (b \text{ は定数})$$

の一般解を求めよ．

4. ある「こだま」は駅を発車後，198 km/h の速さに達するまでは，速さが 1 秒あたり 0.25 m/s の割合で一様に加速される．速さが 198 km/h = 55 m/s になるまでの時間とそれまでの走行距離を計算せよ．

5. 横浜のランドマークタワーに 2 階から 69 階の展望台までを 38 秒で走行するエレベーターがある．出発してから最初の 16 秒は一定の割合で速度が増加し，最高速度の 12.5 m/s に達した後，6 秒間は等速運動する．その後の 16 秒は一定の割合で速度が減少していき，69 階に到着する．上向きを $+x$ 方向として，
 (1) エレベーターの速度-時刻図を描け．
 (2) エレベーターの加速度を求めよ．
 (3) エレベーターの移動距離を計算せよ．

6. ボールを真上に投げた．ボールを放してから再び同じ位置に戻るまでの速度-時刻図 (v-t 図) は図 1 のどれか．上向きを正として答えよ．ただし，空気の抵抗は無視する．

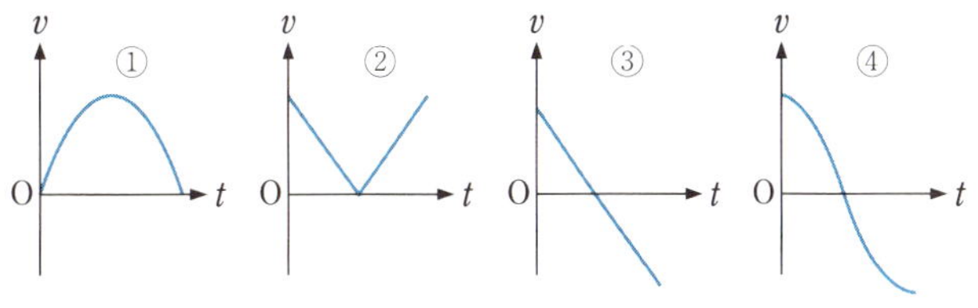

図 1

7. 初速度 20 m/s で真上に投げ上げれば，高さが 15 m になるのは何秒後か．そのときの速度はいくらか．簡単のために，$g = 10\,\mathrm{m/s^2}$ とせよ．解は2つあることに注意せよ．

8. 時速 210 km で走行中の新幹線が非常ブレーキをかけると，停車までに約 2.5 km 走るとされている．非常ブレーキをかけてから停止するまでにどのくらいの時間走り続けるか．等加速度運動と仮定せよ．

9. 速度が 20 m/s の車が一様に減速して 100 m 走って停止するための加速度を求めよ．

10. 次の2つの条件を満たす関数 $x(t)$ を求めよ．

(1)　$\dfrac{\mathrm{d}x}{\mathrm{d}t} - 5x = 0$　　(2)　$x(0) = 3$

B

1. 斉次の定係数線形微分方程式

$$\frac{\mathrm{d}^2x}{\mathrm{d}t^2} + a\frac{\mathrm{d}x}{\mathrm{d}t} + bx = 0 \quad (a, b \text{ は定数}) \qquad (1)$$

の2つの解を $x_1(t)$，$x_2(t)$ とするとき，2つの解の線形結合である

$$x(t) = C_1x_1(t) + C_2x_2(t) \quad (C_1, C_2 \text{ は任意の定数})$$

も微分方程式 (1) の解であることを示せ，

2. 微分方程式

$$\frac{\mathrm{d}^2x}{\mathrm{d}t^2} = -\frac{b}{(t+c)^2} \quad (b, c \text{ は正の定数})$$

の一般解を求めよ．ただし，$t \geqq 0$ とする．

ヒント：$-\displaystyle\int\frac{\mathrm{d}t}{(t+c)^2} = \frac{1}{t+c}$，$\displaystyle\int\frac{\mathrm{d}t}{t+c} = \log_e|t+c|$

3. ある物体の位置-時刻図（x-t 図），速度-時刻図（v-t 図），加速度-時刻図（a-t 図）を図2に示す．

(1)　加速の際の加速度 a_1，減速の際の加速度 $-a_2$ を v, t_1, t_2, t_3 で表せ．

(2)　位置 x_1, x_2, x_3 を v, t_1, t_2, t_3 で表せ．

(3)　$t_2 < t < t_3$ での位置 x は，次のように表されることを示せ．

$$x = x_2 + v(t-t_2) - \frac{1}{2}a_2(t-t_2)^2$$

4. (1)　自動車を運転しているとき，前方に子どもが飛び出すなどの緊急事態では急ブレーキを踏んで車を停止させる．時速 50 km で走っている車の運転手が危険を発見してからブレーキを踏むまでの時間（空走時間）が 0.5 秒だとする．この間に自動車が移動する距離（空走距離）を計算せよ．

(2)　性能の良いブレーキとタイヤのついたある自動車では，ブレーキをかけると，約 $7\,\mathrm{m/s^2}$ で減速できる．時速 100 km で走っていた自動車が停止するまでに，どのくらい走行するか．ブレーキを踏んでからの走行距離を制動距離という．

5. x 方向に $-10\,\mathrm{m/s^2}$ の等加速度直線運動をしている物体がある．時刻 $t = 0$ での速度は 20 m/s であった．

(1)　時刻 t での速度を表す式を求めよ．

(2)　時刻 $t = 0$ から $t = 5\,\mathrm{s}$ までの移動距離と変位を求めよ．

6. (1)　速さに比例する抵抗を受けて落下する雨滴の $t = 0$ での落下速度 v_0 が終端速度 v_t より速い場合の落下速度はどのように変化するか．

(2)　速さに比例する抵抗を受けて落下する雨滴の $t = 0$ での速度 v_0 が鉛直上向きの場合（$v_0 < 0$ の場合）の落下速度はどのように変化するか．

7. **スカイダイビング**｜高い塔の上からスカイダイビングするとき，スカイダイバーは重力 mg と速さ v の2乗に比例する抵抗力（慣性抵抗）$\dfrac{1}{2}C\rho Av^2$ を受けながら鉛直下方に落下する．

(1)　スカイダイバーの運動方程式を記せ．

(2)　スカイダイバーに作用する合力が0という条件から，終端速度 v_t を求めよ．

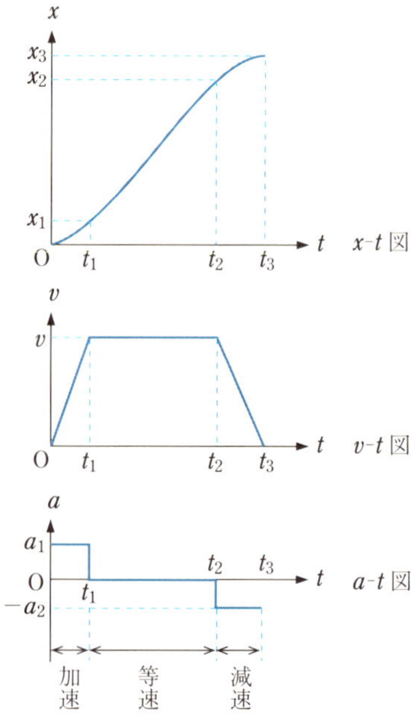

図2

6 等速円運動 — 等速円運動と三角関数

等速円運動について学ぶ本章の目的は 3 つある．第 1 は平面運動を学ぶことである．これまでは直線運動を学んできた．等速円運動は簡単な平面運動の代表的な例である．第 2 は周期運動を学ぶことである．第 3 は周期運動を表す一般角の三角関数を等速円運動と関連させて学ぶことである．

身のまわりには一定の時間が経過するたびに同じ状態を繰り返す運動がいくつもある．時計の針の運動，振り子の振動などはその例である．このような運動を**周期運動**といい，一定の時間を**周期**という．つまり，周期運動とは，物体の位置と速度が，1 周期前の位置と速度に等しい運動である．この章では等速円運動，次章では振動を学んで，周期運動の物理を理解する．

本章では，まず，平面運動における速度と加速度の定義を学ぶ．つづいて，等速円運動をしている物体の速度と加速度を，三角関数を使わずに学び，最後に，等速円運動をしている物体の位置，速度，加速度を一般角の三角関数とともに学ぶ．

6.1 平面運動の速度，加速度と運動方程式

学習目標

平面運動での速度とはどのようなベクトル量であるかを説明できるようになる．

平面運動での加速度とはどのようなベクトル量であるかを理解し，自動車でアクセルを踏む，ブレーキをかける，ハンドルを回す際には，それぞれどのような向きの加速度が生じるのかを説明できるようになる．

これまで直線運動を学んできた．この節では，交差点で左折している自動車の運動のように，平面運動とよばれる，平面上で起こる向きが変化する運動の，速度と加速度を学ぶ．この章では運動が xy 平面上で起こる場合を考える．

位置ベクトル　物体の運動とは位置の移動であるから，まず平面上での物体の位置を表す必要がある．そこで，基準の位置（原点）O を始点とし物体の位置 P を終点とするベクトルで物体の位置 P を表すことに

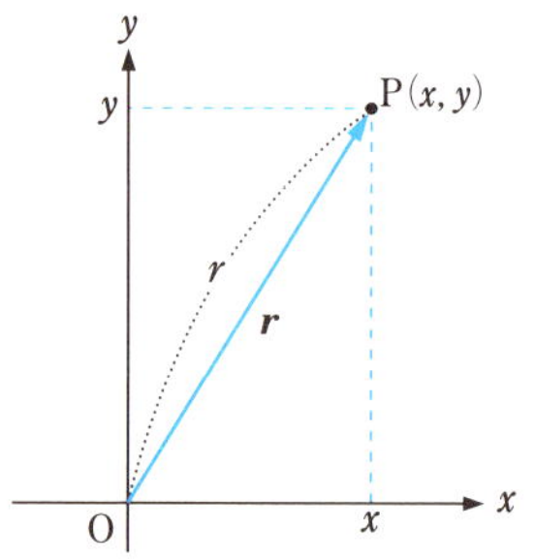

図 6.1　点 $\mathrm{P}(x, y)$ の位置ベクトル $\boldsymbol{r}$
$r = \sqrt{x^2+y^2}$

し，これを物体の**位置ベクトル**とよび，$\boldsymbol{r}$ という記号で表す(図 6.1).

原点 O を通り直交する 2 本の座標軸である x 軸と y 軸を導入すると，点 P の x 座標と y 座標で位置ベクトル $\boldsymbol{r}$ を

$$\boldsymbol{r} = (x, y) \tag{6.1}$$

と表せる．位置ベクトル $\boldsymbol{r}$ の大きさ(長さ) r は原点 O と物体の位置 P の距離

$$r = \sqrt{x^2+y^2} \tag{6.2}$$

である．(6.2) 式は $r^2 = x^2+y^2$ というピタゴラスの定理(三平方の定理)から導かれる．時刻 t での物体の位置ベクトルを $\boldsymbol{r}(t) = [x(t), y(t)]$ と記す．

速度　自動車には速度計がついていて，各瞬間の速さを知らせる．同じ速さでも向きが違えば別の運動状態を表すので，物理学では，大きさと向きをもつ速度とよばれるベクトル量を考える．

直線運動では，変位を導入して平均速度を定義した．平面運動でも変位を導入して平均速度を定義する．時刻 t に位置ベクトルが $\boldsymbol{r}(t) = [x(t), y(t)]$ の点 P にいた物体が，時間 Δt が経過した，時刻 $t+\Delta t$ に位置ベクトルが $\boldsymbol{r}(t+\Delta t) = [x(t+\Delta t), y(t+\Delta t)]$ の点 P′ に移動したとする(図 6.2)．このとき点 P を始点とし，点 P′ を終点とするベクトル

$$\Delta \boldsymbol{r} = \boldsymbol{r}(t+\Delta t) - \boldsymbol{r}(t) \quad (\Delta \boldsymbol{r} = \overrightarrow{\mathrm{PP'}}) \tag{6.3}$$

を時刻 t から時刻 $t+\Delta t$ までの時間 Δt での**変位**とよぶ．変位 $\Delta \boldsymbol{r}$ はベクトルで，x 成分の Δx と y 成分の Δy は

$$\Delta x = x(t+\Delta t) - x(t), \qquad \Delta y = y(t+\Delta t) - y(t) \tag{6.4}$$

である．

直線運動の場合と同じように，時間 Δt での**平均速度** $\bar{\boldsymbol{v}}$ を，$\bar{\boldsymbol{v}} = \dfrac{変位}{時間}$ と定義する．

$$\bar{\boldsymbol{v}} = \frac{\Delta \boldsymbol{r}}{\Delta t} = \frac{\boldsymbol{r}(t+\Delta t) - \boldsymbol{r}(t)}{\Delta t} \qquad 平均速度 = \frac{変位}{時間} \tag{6.5}$$

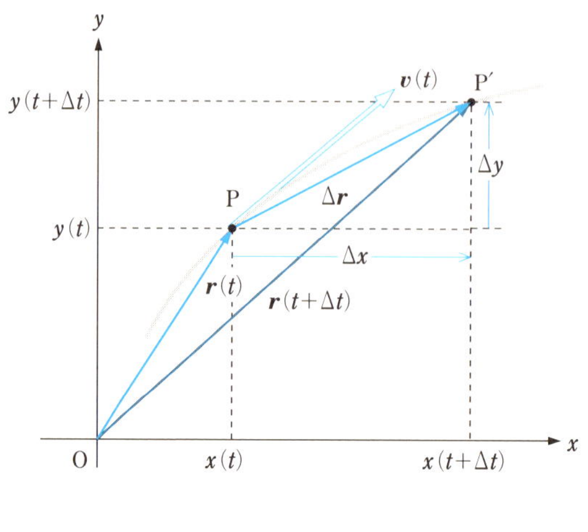

図 6.2　時刻 t から時刻 $t+\Delta t$ までの時間 Δt での変位
$\Delta \boldsymbol{r} = \boldsymbol{r}(t+\Delta t) - \boldsymbol{r}(t)$.
瞬間速度 $\boldsymbol{v}(t)$ は運動の道筋の接線方向を向く．

平均速度 $\bar{\boldsymbol{v}}$ は，向きが変位 $\Delta \boldsymbol{r}$ と同じ向きで，大きさが $\dfrac{\overline{\mathrm{PP'}}}{\text{時間}}$ ($\overline{\mathrm{PP'}}$ はPとP′の直線距離) のベクトルである．平均速度 $\bar{\boldsymbol{v}}$ の x 成分 $\bar{v}_x$ と y 成分 $\bar{v}_y$ は，

$$\bar{v}_x = \frac{\Delta x}{\Delta t} = \frac{x(t+\Delta t)-x(t)}{\Delta t} \qquad \bar{v}_y = \frac{\Delta y}{\Delta t} = \frac{y(t+\Delta t)-y(t)}{\Delta t} \tag{6.6}$$

である．したがって，$\bar{v}_x$ は，y 軸に平行な光線で物体の運動を x 軸に投影したときの物体の影，つまり物体から x 軸におろした垂線の足 $x(t)$ が x 軸上を直線運動する平均速度である．また，$\bar{v}_y$ は，物体から y 軸におろした垂線の足 $y(t)$ が y 軸上を直線運動する平均速度である（図6.2）．

速度（瞬間速度）は時間間隔 Δt がきわめて短い場合の平均速度

$$\boldsymbol{v}(t) = \lim_{\Delta t \to 0} \frac{\boldsymbol{r}(t+\Delta t)-\boldsymbol{r}(t)}{\Delta t} = \frac{\mathrm{d}\boldsymbol{r}}{\mathrm{d}t} \tag{6.7}$$

で，図6.2からわかるように，速度は，その瞬間の物体の運動の向き（運動の道筋の接線方向）を向いていて，大きさはその瞬間の速さに等しい．時刻 t での速度を $\boldsymbol{v}(t)$ と記し，図6.3のように矢印で表す．矢印の長さを速さに比例するように描き，矢印の向きは運動方向を向くように描く．

速度 $\boldsymbol{v}(t)$ の x 成分を $v_x(t)$，y 成分を $v_y(t)$ と記すと，(6.6)，(6.7)式から

$$v_x(t) = \frac{\mathrm{d}x}{\mathrm{d}t}, \qquad v_y(t) = \frac{\mathrm{d}y}{\mathrm{d}t} \tag{6.8}$$

であることがわかる．したがって．速度 $\boldsymbol{v}(t)$ の x 成分 $v_x(t)$ は，物体から x 軸におろした垂線の足 $x(t)$ が x 軸上を直線運動する速度であり，y 成分 $v_y(t)$ は，物体から y 軸におろした垂線の足 $y(t)$ が y 軸上を直線運動する速度である．

速度 $\boldsymbol{v}(t)$ の大きさ，つまり，速さ $v(t)$ は，

$$v(t) = |\boldsymbol{v}(t)| = \sqrt{v_x(t)^2+v_y(t)^2} \tag{6.9}$$

である．

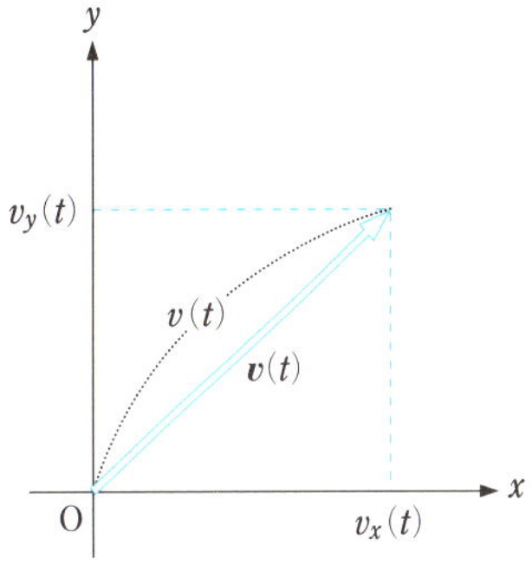

図6.3 速度 $\boldsymbol{v}(t)$
ベクトル $\boldsymbol{v}(t)$ の長さ $v(t)$ は速さである．

加速度　自動車を運転するとき，アクセルを踏むと速さが増し，ブレーキを踏むと速さが減る．速さが変化すれば速度も変化する．アクセルもブレーキも踏まないので速さは変化しなくても，ハンドルを回すと自動車の進行方向が変化するので，速度は変化する．

物体の速度が時間とともに変化する割合を示す量を**加速度**という．時刻 t から時刻 $t+\Delta t$ までの時間 Δt の間に，物体の速度が $\boldsymbol{v}(t)$ から $\boldsymbol{v}(t+\Delta t)$ に変化すると，速度の変化は $\Delta \boldsymbol{v} = \boldsymbol{v}(t+\Delta t)-\boldsymbol{v}(t)$ である（図6.4）．速度の変化 $\Delta \boldsymbol{v} = \boldsymbol{v}(t+\Delta t)-\boldsymbol{v}(t)$ を時間 Δt で割った量が**平均加速度**である．平均加速度 $\bar{\boldsymbol{a}}$ は $\Delta \boldsymbol{v}$ の方向を向き，$\dfrac{|\Delta \boldsymbol{v}|}{\Delta t}$ という大き

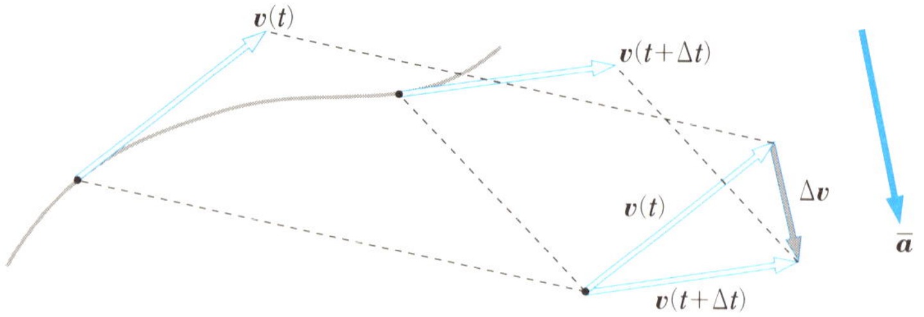

図 6.4　速度の変化 $\Delta\boldsymbol{v} = \boldsymbol{v}(t+\Delta t) - \boldsymbol{v}(t)$ と平均加速度 $\bar{\boldsymbol{a}} = \dfrac{\Delta\boldsymbol{v}}{\Delta t} = \dfrac{\boldsymbol{v}(t+\Delta t)-\boldsymbol{v}(t)}{\Delta t}$

さをもつベクトル量

$$\bar{\boldsymbol{a}} = \frac{\Delta\boldsymbol{v}}{\Delta t} = \frac{\boldsymbol{v}(t+\Delta t)-\boldsymbol{v}(t)}{\Delta t} \qquad \text{平均加速度} = \frac{\text{速度の変化}}{\text{時間}} \tag{6.10}$$

である．(6.10) 式は，速度が単位時間あたり，平均して，$\bar{\boldsymbol{a}}$ ずつ変化することを示す．

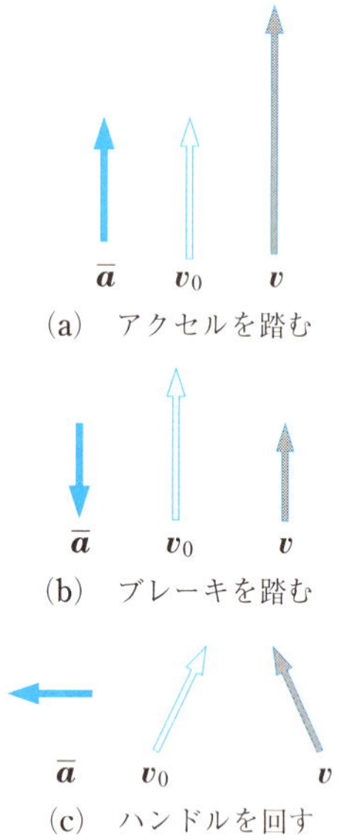

図 6.5　時間 t での速度の変化 $\boldsymbol{v}_0 \to \boldsymbol{v}$ と平均加速度 $\bar{\boldsymbol{a}} = \dfrac{\boldsymbol{v}-\boldsymbol{v}_0}{t}$

自動車のアクセルを踏むと，速度が $\boldsymbol{v}_0$ であった自動車の進行方向は変わらず，速さが増すので，平均加速度 $\bar{\boldsymbol{a}}$ は自動車の進行方向（$\boldsymbol{v}_0$ の向き）と同じ向きである［図 6.5(a)］．また，ブレーキを踏むと，自動車の進行方向は変わらず，速さが減るので，平均加速度 $\bar{\boldsymbol{a}}$ は自動車の進行方向（$\boldsymbol{v}_0$ の向き）と逆向きである［図 6.5(b)］．アクセルもブレーキも踏まずにハンドルを回すと，自動車の速さは変わらず，進行方向が変化し，速度の変化 $\boldsymbol{v}-\boldsymbol{v}_0$ の向き，つまり平均加速度 $\bar{\boldsymbol{a}}$ の向きは速度に横向き（厳密には瞬間加速度 $\boldsymbol{a}$ が瞬間速度 $\boldsymbol{v}$ と垂直）である［図 6.5(c)］．

平均加速度 $\bar{\boldsymbol{a}}$ の定義で時間間隔を非常に短くした極限のベクトルを，その時刻での瞬間加速度，あるいは単に**加速度**という．時刻 t での加速度を $\boldsymbol{a}(t)$ と記す．

$$\boldsymbol{a}(t) = \lim_{\Delta t \to 0} \frac{\boldsymbol{v}(t+\Delta t)-\boldsymbol{v}(t)}{\Delta t} = \frac{\mathrm{d}\boldsymbol{v}}{\mathrm{d}t} = \frac{\mathrm{d}^2\boldsymbol{r}}{\mathrm{d}t^2} \tag{6.11}$$

である．加速度はベクトル量なので成分をもつ．x 成分 $a_x(t)$ と y 成分 $a_y(t)$ は，

$$a_x(t) = \frac{\mathrm{d}v_x}{\mathrm{d}t} = \frac{\mathrm{d}^2x}{\mathrm{d}t^2}, \qquad a_y(t) = \frac{\mathrm{d}v_y}{\mathrm{d}t} = \frac{\mathrm{d}^2y}{\mathrm{d}t^2} \tag{6.12}$$

と表されるので，加速度の x 成分 $a_x(t)$ は，物体から x 軸におろした垂線の足 $x(t)$ が x 軸上を直線運動する加速度であり，y 成分 $a_y(t)$ は，物体から y 軸におろした垂線の足 $y(t)$ が y 軸上を直線運動する加速度である．

平面運動の運動方程式　平面運動の場合，力 $\boldsymbol{F}$ と加速度 $\boldsymbol{a}$ は，x 成分と y 成分で

$$\boldsymbol{F} = (F_x, F_y), \quad \boldsymbol{a} = (a_x, a_y) \tag{6.13}$$

と表される．したがって，「物体の加速度 $\boldsymbol{a}$ の向きは物体に作用する力 $\boldsymbol{F}$ と同じ向きで，加速度の大きさは，力の大きさに比例し，質量 m に反比例する」という運動の第 2 法則を表すニュートンの運動方程式，

$$\text{質量} \times \text{加速度} = \text{力} \qquad m\boldsymbol{a} = \boldsymbol{F} \tag{6.14}$$

を

$$ma_x = F_x, \quad ma_y = F_y \tag{6.15}$$

という成分に対する式として表すことができる（図 6.6）．加速度を (6.12) 式の 2 次導関数で表すと，(6.15) 式は

$$m\frac{\mathrm{d}^2x}{\mathrm{d}t^2} = F_x, \quad m\frac{\mathrm{d}^2y}{\mathrm{d}t^2} = F_y \tag{6.15′}$$

となる．

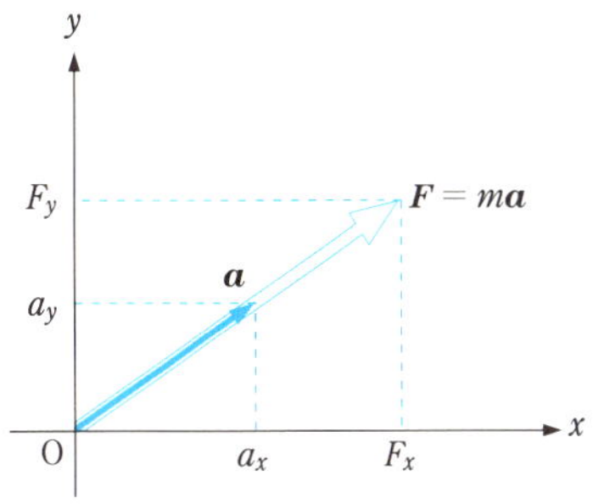

図 6.6　$\boldsymbol{F} = (F_x, F_y)$，$\boldsymbol{a} = (a_x, a_y)$　$m\boldsymbol{a} = \boldsymbol{F}$　$(ma_x = F_x, ma_y = F_y)$
物体の加速度 $\boldsymbol{a}$ は物体に作用する力 $\boldsymbol{F}$ と同じ向きで，大きさは比例する．

問 1　図 6.5(a), (b), (c) のそれぞれの場合，水平な道路を走行中の自動車に作用する力の向きを示せ．この力は何が作用する力か．

6.2　等速円運動する物体の速度，加速度と運動方程式

学習目標

三角関数を使わずに等速円運動を学び，等速円運動している物体の速さ v と加速度の大きさ a を円軌道の半径 r と単位時間あたりの回転数 f で表せるようになる．

等速円運動している物体の加速度が，向心加速度とよばれる理由を理解し，等速円運動する物体の運動方程式を表せるようになる．

周期運動とは何かを理解し，周期 T と単位時間あたりの回転数 f の関係を理解する．

ひもの一端におもりをつけ，他端を手でもって水平面内でぐるぐる回すと，おもりは一定の速さで円周上を運動する．物体が円周上を一定の速さで運動するとき，この運動を**等速円運動**という（図 6.7）．

等速円運動する物体の速度　半径 r の円の円周は $2\pi r$ である．物体が半径 r の円周上を 1 秒あたり f 回転すると，1 秒あたりの移動距離は $2\pi rf$ なので，速さ v は，

$$v = 2\pi rf \tag{6.16}$$

である．逆に物体が半径 r の円周上を一定の速さ v で運動する場合の，1 秒あたりの回転数 f は

$$f = \frac{v}{2\pi r} \tag{6.17}$$

である．各瞬間の速度 $\boldsymbol{v}$ は，運動の道筋である円の接線方向を向いている［図 6.7，図 6.8(a)］．したがって，円の中心 O を原点とする物体の位置ベクトル $\boldsymbol{r}$ と速度 $\boldsymbol{v}$ は垂直である．

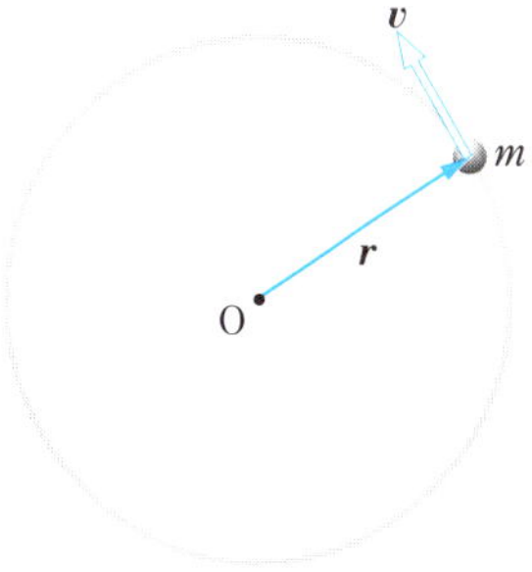

図 6.7　等速円運動する物体の位置ベクトル $\boldsymbol{r}$ と速度 $\boldsymbol{v}$．$\boldsymbol{r} \perp \boldsymbol{v}$

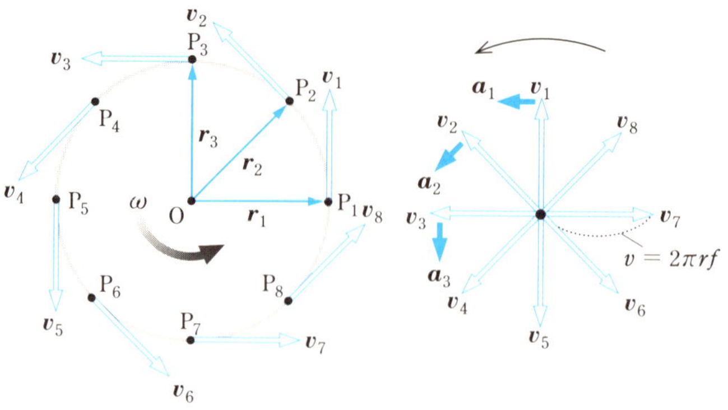

図 6.8　等速円運動のホドグラフ
(a)　位置ベクトル $\boldsymbol{r}$ の先端の移動速度は物体の速度 $\boldsymbol{v}$ である.
(b)　等速円運動のホドグラフ　速度ベクトル $\boldsymbol{v}$ の先端の移動速度は物体の加速度 $\boldsymbol{a}$ である.

等速円運動する物体の加速度　各瞬間の速度ベクトル $\boldsymbol{v}$ の根本を1点に集めて，図 6.8(b) のようなグラフを描く．このような速度ベクトルのグラフを**ホドグラフ**という．長さ $v = 2\pi rf$ の速度ベクトルの先端は，半径が $v = 2\pi rf$ で長さが $2\pi v = (2\pi)^2 rf$ の円周上を1秒間に f 回転の割合で等速円運動を行う．物体の位置ベクトルの先端の移動速度が物体の速度であるように，ホドグラフの速度ベクトルの先端の移動速度が加速度である．したがって，等速円運動の加速度の大きさ a は，$2\pi v = (2\pi)^2 rf$ の f 倍なので，

$$a = 2\pi vf = (2\pi f)^2 r = \frac{v^2}{r} \tag{6.18}$$

である．

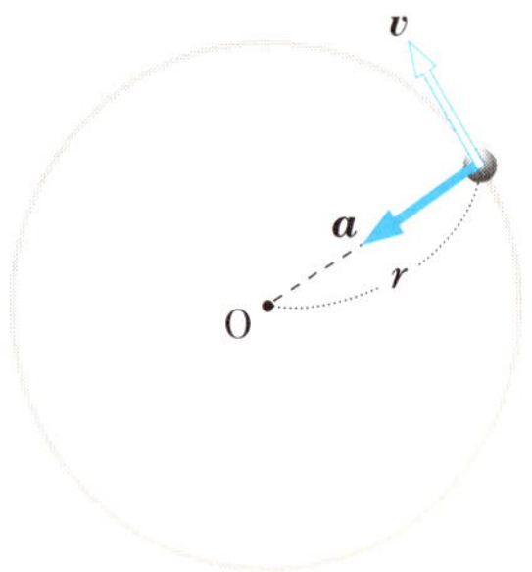

図 6.9　等速円運動する物体の速度 $\boldsymbol{v}$ と加速度 $\boldsymbol{a}$. $\boldsymbol{v} \perp \boldsymbol{a}$

図 6.8(b) からわかるように，加速度 $\boldsymbol{a}$ の向きは速度 $\boldsymbol{v}$ に垂直で，円の中心 O を向いている (図 6.9)．そこで，(6.18) 式をベクトルの式として，

$$\boldsymbol{a} = -(2\pi f)^2 \boldsymbol{r} \tag{6.19}$$

と表すことができる．この中心を向いた加速度 $\boldsymbol{a}$ を**向心加速度**という．ベクトルの式である (6.19) 式を成分の式として表すと，

$$a_x = -(2\pi f)^2 x, \tag{6.20a}$$

$$a_y = -(2\pi f)^2 y \tag{6.20b}$$

となる．(6.20a) 式は等速円運動を x 軸に投影した影の運動が満たさなければならない方程式である．

等速円運動する物体の運動方程式　「力」=「質量」×「加速度」なので，半径 r の円周上を等速円運動している質量 m の物体の運動方程式は

$$F = m\frac{v^2}{r} = m(2\pi f)^2 r \quad (\boldsymbol{F} = -m(2\pi f)^2 \boldsymbol{r}) \tag{6.21}$$

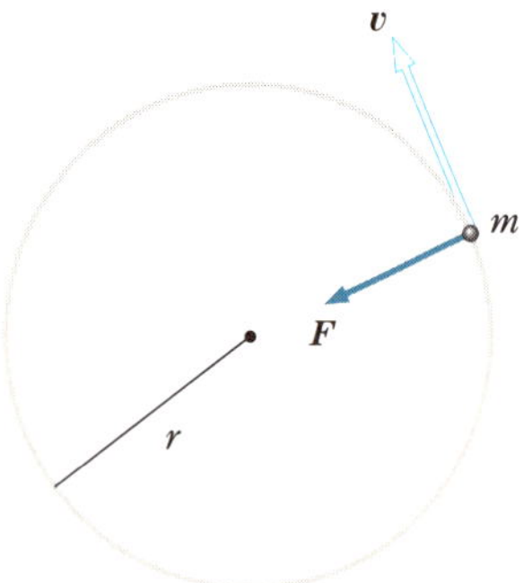

図 6.10　向心力
$F = m\dfrac{v^2}{r} = m(2\pi f)^2 r$
$\boldsymbol{F} = -m(2\pi f)^2 \boldsymbol{r}$

である (図 6.10)．つまり，この物体には大きさ (6.21) をもち，円の中心を向いた力が作用している．この中心を向いた力を**向心力**という．

ただし，向心力という特別な種類の力が存在するわけではない．たとえば，ひもに付けたおもりの水平面内での等速円運動の場合には，ひもの張力 $\boldsymbol{S}$ と重力 $m\boldsymbol{g}$ の合力が向心力 $\boldsymbol{F}$ である（図 6.11）．向心力の大きさは，半径 r が一定のときには速さ v の 2 乗に比例し，速さ v が一定のときには半径 r に反比例する．

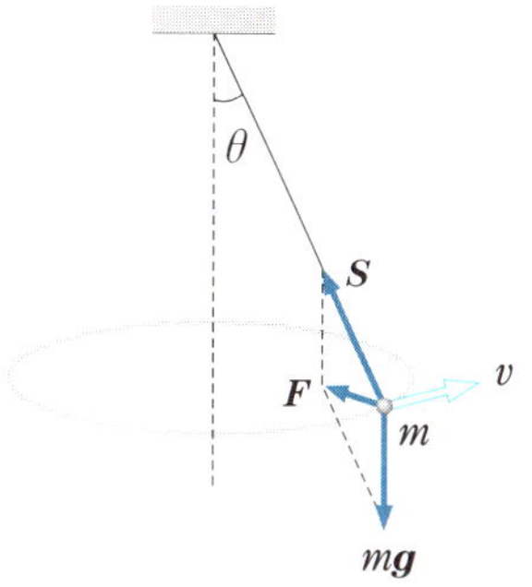

図 6.11　ひもの張力 $\boldsymbol{S}$ とおもりの重力 $m\boldsymbol{g}$ の合力 $\boldsymbol{F}$ が向心力

周期運動と周期　等速円運動のように一定の時間ごとに同じ状態を繰り返す運動を**周期運動**といい，この一定の時間を**周期**という．等速円運動の周期 T は物体が円周上を 1 周する時間である．

$$「単位時間あたりの回転数 f」\times「周期 T」= 1 \qquad fT = 1 \tag{6.22}$$

なので，周期 T は単位時間あたりの回転数 f の逆数である．

$$T = \frac{1}{f} \tag{6.23}$$

任意の t の値に対して，

$$f(t+T) = f(t) \tag{6.24}$$

という性質をもつ関数を**周期関数**といい，T を**周期**という．

例題 1　半径 5 m のメリーゴーランドが周期 10 秒で回転している．

（1）1 秒あたりの回転数 f を求めよ．

（2）中心から 4 m のところにある木馬の速さ v を求めよ．

（3）この木馬の加速度の大きさ a を求めよ．この加速度は重力加速度 $g = 9.8\ \mathrm{m/s^2}$ の何倍か．

解　（1）$f = \dfrac{1}{T} = \dfrac{1}{10\ \mathrm{s}} = 0.1\ \mathrm{s}^{-1}$

（2）$v = 2\pi rf = 2\pi \times (4\ \mathrm{m}) \times (0.1\ \mathrm{s}^{-1}) = 2.5\ \mathrm{m/s}$

（3）$a = \dfrac{v^2}{r} = \dfrac{(2.5\ \mathrm{m/s})^2}{4\ \mathrm{m}} = 1.6\ \mathrm{m/s^2}$．

$\dfrac{1.6\ \mathrm{m/s^2}}{9.8\ \mathrm{m/s^2}} = 0.16$　0.16 倍

問 2　図 6.12 の曲線上を自動車が一定の速さで動くとき，自動車が点 A, B, C を通過するときに働く外力の合力の方向と相対的な大きさを，矢印で示せ．

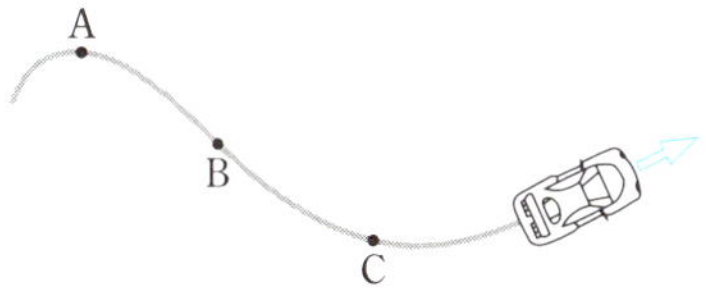

図 6.12

ジェットコースターや高速道路のインターチェンジは，図 6.13(a) のような直線と円の組み合わせではなく，図 6.13(b) や (c) のような，

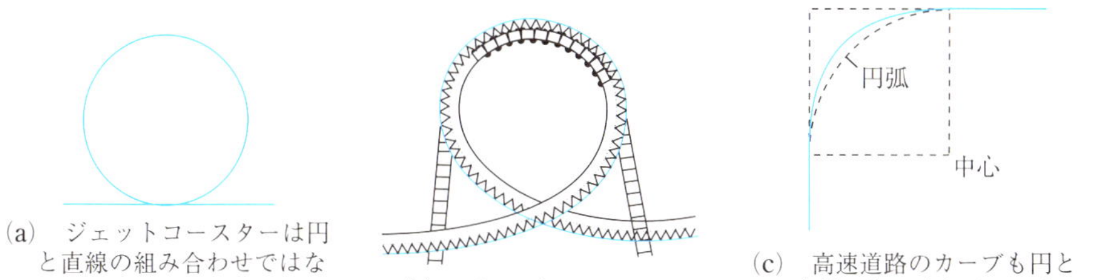

(a)　ジェットコースターは円と直線の組み合わせではない

(b)　ジェットコースター

(c)　高速道路のカーブも円と直線の組み合わせではない

図 6.13

直線部に近いところではカーブが緩やかで直線部から離れるのにつれてカーブが急になる形をしている．この理由は，直線と円の組み合わせの場合には，直線部から円弧の部分に入った瞬間に，質量 m の乗客は中心方向を向いた大きさが $m\dfrac{v^2}{r}$ の力の作用を急激に受け始めるので危険であり，乗り心地が悪いが，図 6.13(b), (c) のようになっていれば，カーブの半径（曲率半径）が徐々に小さくなるので，中心を向いた力が 0 から徐々に増えていき，また円弧部から直線部に近づくのにつれて中心を向いた力が徐々に減っていくので安全だからである．

問3　カーブで自動車の乗客に働く向心力は何が作用する力か．

6.3 人工衛星

学習目標

等速円運動する物体の運動方程式を使って，人工衛星の周期が計算できるようになる．

万有引力はどのような力かを理解する．

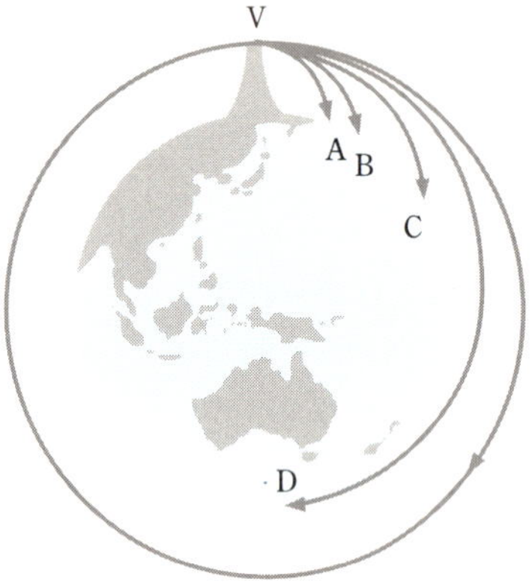

図 6.14　人工衛星の存在に対するニュートンの予想

ニュートンは人工衛星の可能性を予想していた．ニュートンは「高い山の上から水平に物体を投射すると，投射速度が小さい間は，物体は放物線を描いて地上に落下する．しかし，投射速度を大きくしていくと，地球は丸いので，物体の軌道は放物線からずれて図 6.14 の B, C, D のようになる．さらに投射速度を大きくすると，物体は地球のまわりで円軌道を描いて回転するだろう」と書いている．

前節で学んだように，半径 r の円周上を速さ v で等速円運動している質量 m の物体は，円の中心に向かって加速度 $\dfrac{v^2}{r}$ で加速されている．したがって，「質量」×「加速度」＝「力」というニュートンの運動の第 2 法則によれば，この物体は円の中心を向いた，大きさが $m\dfrac{v^2}{r}$ の力の作用を受けている．この力はいうまでもなく，地球の重力 mg である．したがって，運動方程式は

$$m\frac{v^2}{r} = mg \tag{6.25}$$

となる（図 6.15）．この式から導かれる $v^2 = rg$ という式の r に，地球の半径 $R_E = 6370$ km を代入すると，地表にすれすれの円軌道を回転する人工衛星の速さ v は

$$v = \sqrt{R_E g} = \sqrt{(6.37\times10^6\ \mathrm{m})\times(9.8\ \mathrm{m/s^2})} = 7.9\times10^3\ \mathrm{m/s} \tag{6.26}$$

つまり，この人工衛星は秒速 7.9 km (7.9 km/s) で地球のまわりを回転する．回転の周期 T は，

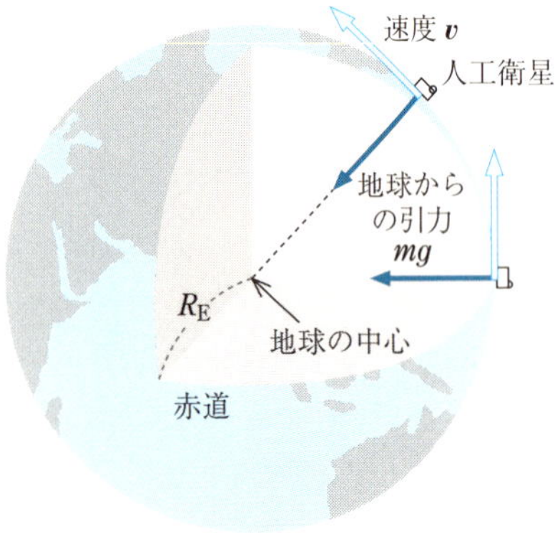

図 6.15　地表すれすれの人工衛星の運動方程式は $m\dfrac{v^2}{R_E} = mg$

$$T = \frac{2\pi R_E}{v} = \frac{2\pi \times 6.37 \times 10^6 \text{ m}}{7.9 \times 10^3 \text{ m/s}} = 5.06 \times 10^3 \text{ s} = 84 \text{ min}$$

なので，周期は 84 分である．

万有引力　地球が地上の物体に及ぼす重力の原因は地球と物体の間に働く万有引力である．ニュートンは，すべての 2 物体はその質量の積に比例する引力で引き合っていると考え，この力を万有引力とよんだ．ニュートンは太陽のまわりの惑星の公転運動などから，万有引力の強さは 2 物体の距離の 2 乗に反比例することを見いだした．

万有引力の法則　2 物体の間に働く万有引力の強さ F は，2 物体の質量 m_1 と m_2 の積の m_1m_2 に比例し，物体間の距離 r の 2 乗に反比例する．

$$F = G\frac{m_1m_2}{r^2} \tag{6.27}$$

(図 6.16)．比例定数 G は**重力定数**とよばれ，

$$G = 6.67 \times 10^{-11} \text{ m}^3/\text{kg}\cdot\text{s}^2 \tag{6.28}$$

である．広がった 2 つの球対称な物体の間に働く万有引力は，(6.27) 式の r を 2 物体の中心の距離だとすればよい．したがって，人工衛星が地球の表面から離れていくと，地球の重力の強さは，地球の中心からの距離 r の 2 乗に反比例して弱くなっていく．

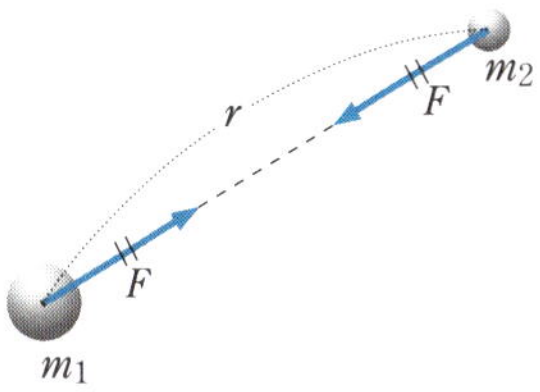

図 6.16　万有引力
$F = G\frac{m_1m_2}{r^2}$

地上の物体（質量 m）に働く重力 mg は，地球（質量 m_E，半径 R_E）が物体に及ぼす万有引力 $F = G\frac{mm_E}{{R_E}^2}$ なので，$mg = G\frac{mm_E}{{R_E}^2}$ から重力加速度 $g \approx 9.8 \text{ m/s}^2$ は

$$g = G\frac{m_E}{{R_E}^2} \tag{6.29}$$

と表される．したがって，地球のまわりで半径 r の円運動を行う人工衛星の運動方程式は，

$$m\frac{v^2}{r} = G\frac{mm_E}{r^2} = \frac{mg{R_E}^2}{r^2} \tag{6.30}$$

問 4　地球のまわりで半径 r の円運動を行う人工衛星の周期 T の 2 乗は半径 r の 3 乗に比例することを示せ．

6.4 一般角の三角関数

学習目標

角の単位としてのラジアンを理解し，一般角および一般角の三角関数とは何かを理解する．

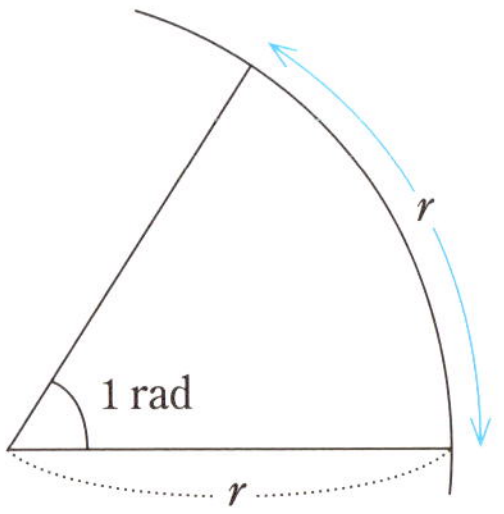

図 6.17　中心角 1 rad の扇形の弧の長さは半径に等しい.

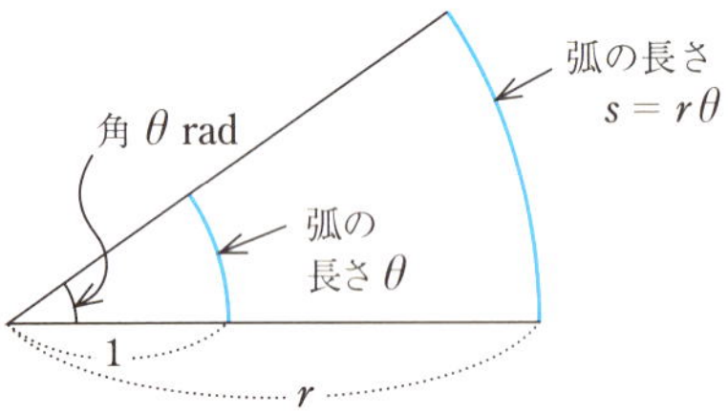

図 6.18　$s=r\theta$

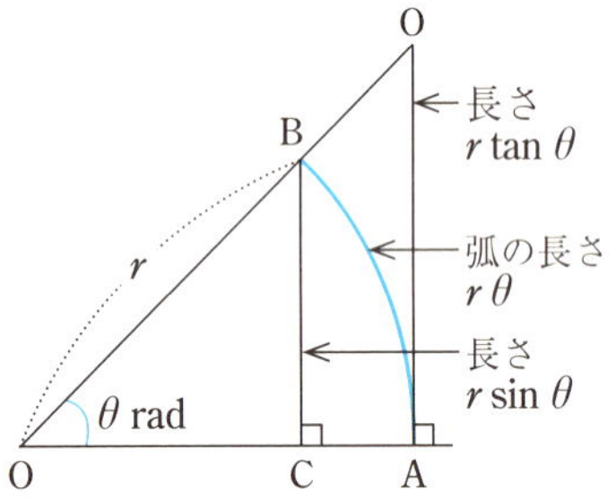

図 6.19　$\sin\theta \approx \theta$

角の単位のラジアン　角の単位として，昔から直角を 90 度とし，その $\dfrac{1}{90}$ を 1 度 (1°) とするものが使われている．ところが，数学や物理学では角の単位にラジアンを使うことが多い．角の国際単位は**ラジアン** (記号 rad) である．

1 ラジアンを次のように定義する．扇形の弧の長さ s は半径 r と中心角 θ の両方に比例する．つまり，

$$s \propto r\theta \tag{6.31}$$

である ($A \propto B$ は A と B が比例するという記号)．そこで，この比例関係を表す式の比例定数が 1 になるように，つまり，

$$s = r\theta \tag{6.32}$$

になるように角度 θ の単位を決める．言い換えると，ある中心角に対する半径 r の円の弧の長さが r のとき，この中心角の大きさを 1 **ラジアン** (1 rad) と定義し (図 6.17)，ある中心角に対する半径 r の円の弧の長さが $r\theta$ のとき，この中心角の大きさを θ rad と定義する (図 6.18)．

半径 r の円を中心角が 360° の扇形だとみなすと，弧の長さは円周 $2\pi r$ なので，

$$360° = 2\pi \text{ rad}$$

であり，したがって，

$$1 \text{ rad} = \frac{360°}{2\pi} \approx 57.3° \tag{6.33}$$

である．$A \approx B$ は A と B は近似的に等しいことを示す．

いくつかの角での度と rad の換算表を表 6.1 に示す．

中心角 θ が小さい場合，弧 AB の長さ $r\theta$ と垂線 BC の長さ $r\sin\theta$ はほぼ等しい (図 6.19)．したがって，角の単位に rad を選ぶと，角 θ が小さい場合には，

$$\sin\theta \approx \theta \quad (|\theta| \ll 1 \text{ のとき}) \tag{6.34}$$

である．ここで，$|\theta| \ll 1$ は $|\theta|$ が 1 に比べてはるかに小さいことを意味する．

注意　(6.32) 式を $\theta = \dfrac{s}{r}$ と変形すればわかるように，角の次元は $[\mathrm{L \cdot L^{-1}}] = [1]$ なので，角の単位の rad = 1 としてよいように思われる．角を表す量についている rad という記号は角をラジアンで表していることを思い出させる記号で，式の計算では多くの場合に無視してよい．たとえば，半径 r，中心角 θ の扇形の弧の長さ s を (6.32) 式を使って計算する場合には，角 θ の単位記号の rad を 1 だとして計算しなければならない．

表 6.1　度とラジアン

度(°)	0	30	45	≈ 57.3	60	90	120	135	150	180
ラジアン(rad)	0	$\frac{\pi}{6}$	$\frac{\pi}{4}$	1	$\frac{\pi}{3}$	$\frac{\pi}{2}$	$\frac{2}{3}\pi$	$\frac{3}{4}\pi$	$\frac{5}{6}\pi$	π

一般角　車輪が回転したり，時計の針が回ったりするのを記述する場合には，いくらでも大きな回転角が考えられる．また，回転の向きを考える必要がある．このような状況を記述する場合の角が**一般角**である．

xy 平面上で $+x$ 軸（x 軸の正の部分）Ox を角を測る基準の向きとする．動径とよばれる半直線 OP が Ox となす角 θ を動径 OP の角位置という．角位置 θ には符号があり，動径 OP が時計の針と逆回り（以下では反時計回りとよぶ）に回転したときの θ を正，時計回りに回転したときの θ を負と約束する（図 6.20）．

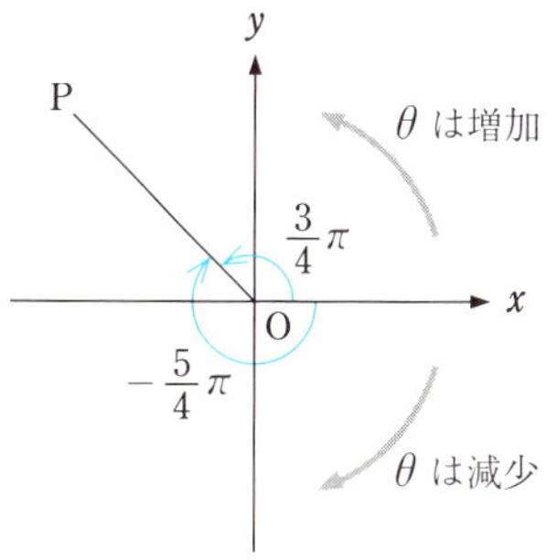

図 6.20

図 6.20 の動径 OP の位置に対応する角は $\frac{3}{4}\pi\,(=135°)$ であるし，$-\frac{5}{4}\pi\,(=-225°)$ でもある．つまり，動径 OP の位置では角は 1 つに決まらない．

$-\frac{5}{4}\pi=\frac{3}{4}\pi-2\pi\,(-225°=135°-360°)$ であることからわかるように，動径 OP の位置に対応する角の 1 つを α とすれば，

$$\alpha+2n\pi \quad (n=0,\ \pm1,\ \pm2,\ \cdots) \tag{6.35}$$

は動径 OP に対応するすべての角を表す．$\theta=\alpha+2n\pi$ は $\theta=\alpha$ の場合に比べ，n が正の整数の場合には動径が反時計回りに n 回転した場合の角で，n が負の整数の場合には動径が時計回りに $|n|$ 回転した場合の角である．

一般角の三角関数　図 6.21 のように，原点 O を中心とする半径 r の円を描き，$+x$ 軸を基準として測った角が θ の動径と円の交点を P(x, y) とすると，$\frac{y}{r}, \frac{x}{r}, \frac{y}{x}$ の値は角 θ に対応して決まる．角 θ が鋭角 $(0<\theta<\frac{\pi}{2})$ の場合には，三角比の定義によって，

$$\sin\theta=\frac{y}{r},\quad \cos\theta=\frac{x}{r},\quad \tan\theta=\frac{y}{x} \tag{6.36}$$

である．これらの関係が一般角でも成り立つと考え，(6.36) 式で一般角 θ に対する三角関数を定義する．

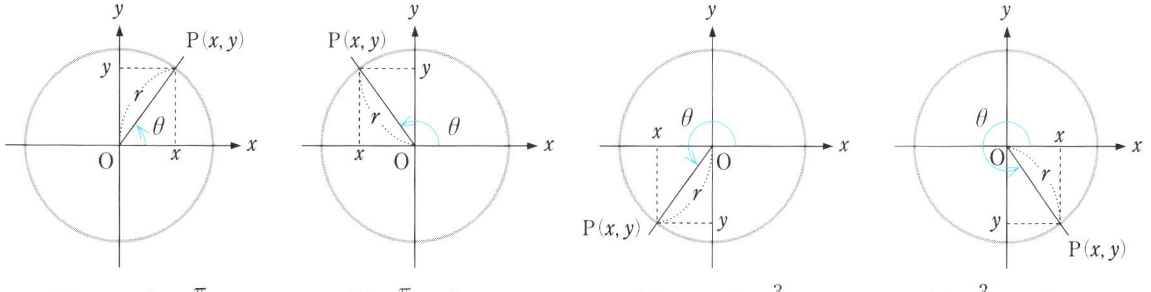

(a)　$0<\theta<\frac{\pi}{2}$　(b)　$\frac{\pi}{2}<\theta<\pi$　(c)　$\pi<\theta<\frac{3}{2}\pi$　(d)　$\frac{3}{2}\pi<\theta<2\pi$

図 6.21　一般角 θ

角 θ の単位として rad を使う場合の $\sin\theta$ を関数電卓で求める場合には，θ の数値を入力したあと，rad のオプションボタンを選択してから sin のキーをクリックすればよい．

$\sin\theta$ のグラフ　半径 $r=1$ の円（単位円という）と角 θ の動径の交点 P の y 座標を y とすれば，(6.36) 式の第 1 式 $\sin\theta=\dfrac{y}{r}$ から，

$$y=\sin\theta \tag{6.37}$$

となる．そこで，図 6.22 のように，単位円を左側にかき，横軸を θ 軸，縦軸を y 軸に選び，いろいろな θ の値に対する $\sin\theta$ の値に対応する点 $(\theta, \sin\theta)$ を連ねる曲線を描けば，$y=\sin\theta$ のグラフが得られる．これを**正弦曲線**（サインカーブ）という．

n を整数とすると，任意の角 θ と角 $\theta+2\pi n$ とでは，xy 平面上での線分 OP の位置は同じなので，単位円との交点 (x, y) も同じである．したがって，次の関係

$$\sin(\theta+2\pi n)=\sin\theta \quad (n=0, \pm1, \pm2, \cdots) \tag{6.38}$$

が成り立つ．つまり，$\sin\theta$ は θ が 2π 増えるたびに同じ値をとる周期が 2π の周期関数である．

$y=\cos\theta$ のグラフ　角 θ の動径と単位円の交点 P の x 座標を x とすれば，(6.36) 式の第 2 式 $\cos\theta=\dfrac{x}{r}$ から，$\cos\theta$ の値は x に等しい．そこで，図 6.23 のように，角度を測る基準の軸を反時計回りに 90° 回転して $\sin\theta$ の場合と同じように曲線を描いて，縦軸を y 軸と名付けると，

$$y=\cos\theta \tag{6.39}$$

のグラフが得られる．これを**余弦曲線**（コサインカーブ）という．$\sin\theta$ と同じように，$\cos\theta$ も周期が 2π の周期関数である．

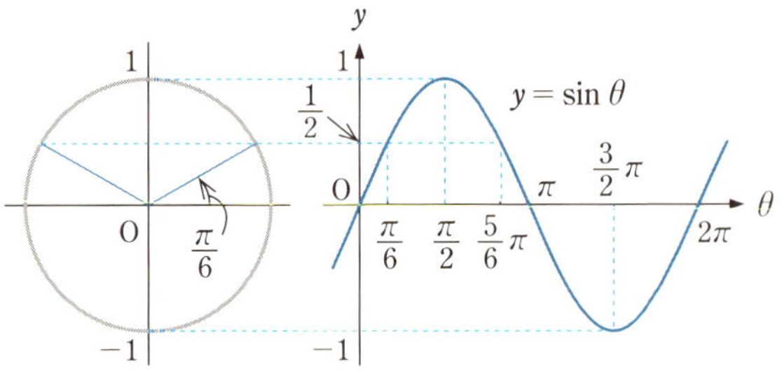

図 6.22　$y=\sin\theta$

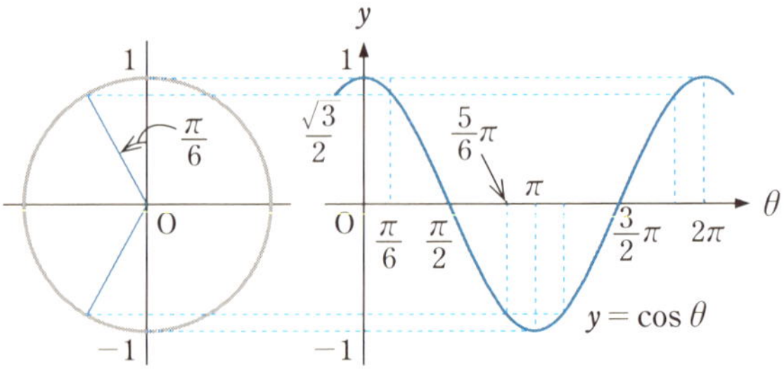

図 6.23　$y=\cos\theta$

6.5　等速円運動をする物体の位置，速度，加速度

学習目標

角の単位としてラジアンを使う一般角の三角関数を使って，等速円運動している物体の位置 $\boldsymbol{r}$ と速度 $\boldsymbol{v}$ と加速度 $\boldsymbol{a}$ を表せるようになり，位置と速度と加速度の相互関係を理解する．

等速円運動と角速度 物体が円周上を反時計回りに 1 回転すれば物体の角位置は 2π rad 増えるので，物体が円周上を反時計回りに単位時間あたり f 回転すれば，物体の角位置 θ は単位時間あたり $2\pi f$ rad ずつ増えていく．単位時間あたりの角位置 θ の増加量を回転の**角速度**といい，記号 ω で表す．

$$\omega = \frac{\mathrm{d}\theta}{\mathrm{d}t} \tag{6.40}$$

したがって，角速度 ω と回転数 f には

$$\omega = 2\pi f \tag{6.41}$$

という関係がある．角速度の国際単位は rad/s である．

角速度 ω を使用すると，円運動する物体の速さ $v = 2\pi rf$ [(6.16) 式] は

$$v = r\omega \tag{6.42}$$

と表され，加速度の大きさ $a = (2\pi f)^2 r$ [(6.18) 式] は

$$a = r\omega^2 \tag{6.43}$$

と表される．

物体が円周上を一定の角速度 ω で回転している場合，時間 t に角位置 θ が ωt 増加する．したがって，時刻 $t = 0$ に $\theta = 0$ だとすると，時刻 t での角位置 θ は

$$\theta = \omega t \tag{6.44}$$

である．いうまでもなく，物体が時計回りに回転する場合には，ω も θ もマイナスである．

等速円運動している物体の位置，速度と加速度 (6.36) 式の第 1 式と第 2 式から，原点 O を中心とする半径 r の円運動をしている物体 P の位置座標 x, y は，

$$x = r\cos\theta, \qquad y = r\sin\theta \tag{6.45}$$

と表せることがわかる (図 6.24)．円運動が角速度 ω の等速円運動の場合，物体 P の時刻 t での位置は，$\theta = \omega t$ を (6.45) 式に代入した，

$$x = r\cos\omega t, \qquad y = r\sin\omega t \tag{6.46}$$

である．ただし，$t = 0$ での角位置を 0 とした．

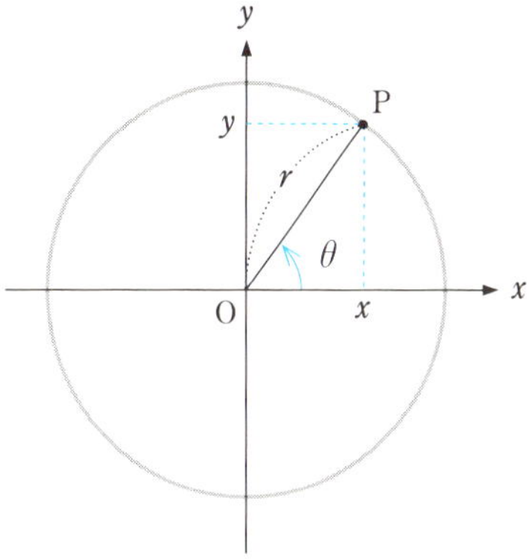

図 6.24 $x = r\cos\theta$, $y = r\sin\theta$

6.2 節で学んだ，

(1) 速度 $\boldsymbol{v}$ は位置ベクトル $\boldsymbol{r}$ に垂直，

(2) 加速度 $\boldsymbol{a}$ は速度 $\boldsymbol{v}$ に垂直で，位置ベクトル $\boldsymbol{r}$ とは逆向き，

という性質と $v = 2\pi rf$ と $a = (2\pi f)^2 r$ を角速度 $\omega = 2\pi f$ を使って書き直した式，

(3) $v = r\omega$ (6.47)

(4) $a = r\omega^2$ (6.48)

を使用し，図 6.25 を参考にすると，時刻 t での物体の位置が (6.46) 式で記述される等速円運動をしている物体の速度 $\boldsymbol{v}(t) = (v_x, v_y)$ と加速

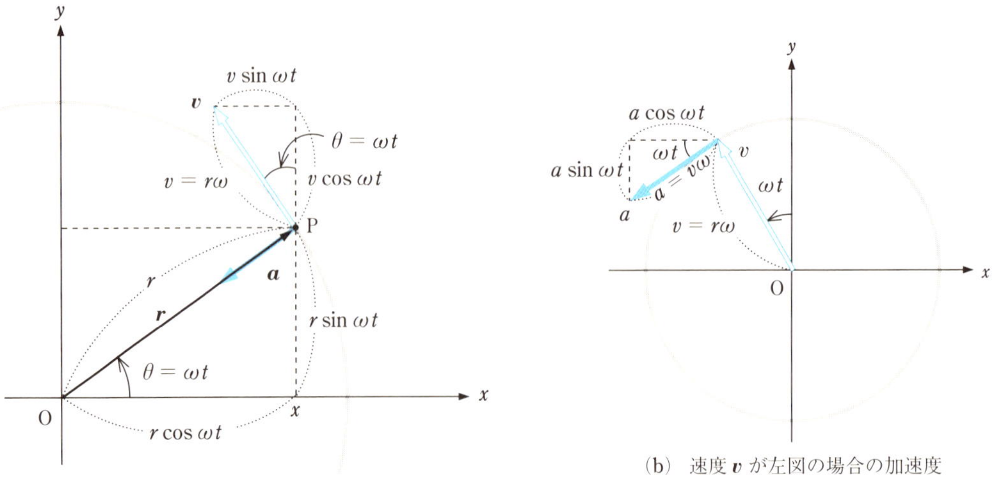

(a)　速度 $\boldsymbol{v} = (-v\sin\omega t, v\cos\omega t)$

(b)　速度 $\boldsymbol{v}$ が左図の場合の加速度 $\boldsymbol{a} = (-a\cos\omega t, -a\sin\omega t)$

図 6.25　等速円運動

度 $\boldsymbol{a}(t) = (a_x, a_y)$ は

$$v_x = -r\omega\sin\omega t, \qquad v_y = r\omega\cos\omega t \tag{6.49}$$

$$a_x = -r\omega^2\cos\omega t = -\omega^2 x, \qquad a_y = -r\omega^2\sin\omega t = -\omega^2 y \tag{6.50}$$

であることがわかる．

時刻 $t = 0$ での物体の角位置が 0 ではなく θ_0 だとすると，角速度 ω で等速円運動をしている物体の時刻 t での角位置は

$$\theta = \omega t + \theta_0 \tag{6.51}$$

なので(図 6.26)，半径 r，角速度 ω の等速円運動を行っている物体の位置座標は

$$x = r\cos(\omega t + \theta_0), \quad y = r\sin(\omega t + \theta_0) \tag{6.52}$$

となる．この場合の速度と加速度は (6.49) と (6.50) 式の ωt を $\omega t + \theta_0$ で置き換えた

$$v_x = -r\omega\sin(\omega t + \theta_0), \quad v_y = r\omega\cos(\omega t + \theta_0) \tag{6.53}$$

$$\begin{aligned} a_x &= -r\omega^2\cos(\omega t + \theta_0) = -\omega^2 x, \\ a_y &= -r\omega^2\sin(\omega t + \theta_0) = -\omega^2 y \end{aligned} \tag{6.54}$$

である(図 6.26)．

なお，速度は位置座標の導関数，加速度は速度の導関数，つまり，

$$v_x = \frac{\mathrm{d}x}{\mathrm{d}t}, \quad v_y = \frac{\mathrm{d}y}{\mathrm{d}t}, \quad a_x = \frac{\mathrm{d}v_x}{\mathrm{d}t} = \frac{\mathrm{d}^2x}{\mathrm{d}t^2}, \quad a_y = \frac{\mathrm{d}v_y}{\mathrm{d}t} = \frac{\mathrm{d}^2y}{\mathrm{d}t^2} \tag{6.55}$$

なので，上に示した位置座標，速度，加速度の式から**三角関数の微分の公式**

$$\frac{\mathrm{d}}{\mathrm{d}t}(A\sin\omega t) = \omega A\cos\omega t, \qquad \frac{\mathrm{d}}{\mathrm{d}t}(A\cos\omega t) = -\omega A\sin\omega t \tag{6.56}$$

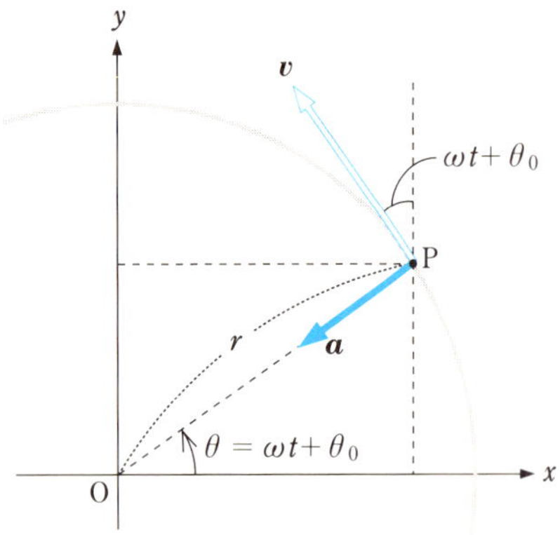

図 6.26　$x = r\cos(\omega t + \theta_0)$, $v_x = -v\sin(\omega t + \theta_0)$, $a_x = -a\cos(\omega t + \theta_0)$,

$$\frac{\mathrm{d}}{\mathrm{d}t}(A\sin(\omega t+c)) = \omega A\cos(\omega t+c),$$
$$\frac{\mathrm{d}}{\mathrm{d}t}(A\cos(\omega t+c)) = -\omega A\sin(\omega t+c) \tag{6.57}$$

を導くことができる．ここで，A, ω, c は定数である．

注意 三角関数の微分の公式(6.57)を知っていれば，等速円運動する物体の速度(6.53)と加速度(6.54)は，位置を表す(6.52)式を微分すれば直ちに求められる．ただし，三角関数の微分の公式が使えるのは，角速度 ω が角の単位にラジアンを使っている場合だけであることに注意する必要がある．

参考 遠心力

高速の自動車は，急カーブでは道路から飛び出す恐れがある．半径 r のカーブに沿って質量 m の自動車が速さ v で走るのに必要な $m\dfrac{v^2}{r}$ という大きさの向心力を，路面が自動車に作用できないからである．カーブを高速で走るときに，道路から飛び出す可能性を適切に判断し，安全に走行するには，運転者が自己中心的に考えて，自動車には遠心力という大きさが $m\dfrac{v^2}{r}$ で，円の外側を向いた力が作用していて，この力につり合う大きさの円の内側を向いた向心力を路面が作用できるかどうかを考えるのがよい．つり合えば，道路から飛び出さないが，つり合わなかったら，道路から飛び出すと考えるのである．遠心力の大きさは，速さの 2 乗に比例し，カーブの半径に反比例する．たとえば，速さが 2 倍になれば，遠心力の大きさは 4 倍になる．スピードを出しすぎるのは危険である．力学では，力は物体と物体の間に作用すると考えるので，作用している物体が存在しない遠心力のような力を見かけの力とよんでいる．

自動車がカーブを曲がるときには，遠心力につり合う向心力が作用している．路面が水平なら，向心力は路面がタイヤに横向きに作用する摩擦力である．しかし，摩擦力の大きさには限界があるので，高速道路のカーブでは内側の方が低いように作られている．路面が自動車に作用する垂直抗力が水平方向成分をもち，曲がるために必要な中心方向を向いた摩擦力の大きさを減らし，横方向へのスリップの危険性を減らすためである（図 6.27)．

半径 100 m のカーブを 72 km/h = 20 m/s で走るときに摩擦力が 0 になるような路面の傾きの角 θ を求めてみよう．この場合の向心加速度の大きさは

$$a = \frac{v^2}{r} = \frac{(20\ \mathrm{m/s})^2}{100\ \mathrm{m}} = 4\ \mathrm{m/s^2}$$

である．鉛直方向のつり合い条件から，重力 mg と垂直抗力 N の鉛直方向成分 $N\cos\theta$ が等しいという関係 $N\cos\theta = mg$ が導かれる．垂直抗力 N の水平方向成分 $N\sin\theta$ が，遠心力 $m\dfrac{v^2}{r}$ とつり合うという条件，

$$m\frac{v^2}{r} = N\sin\theta = mg\tan\theta$$

が摩擦力が 0 になるという条件である．したがって，重力加速度 g

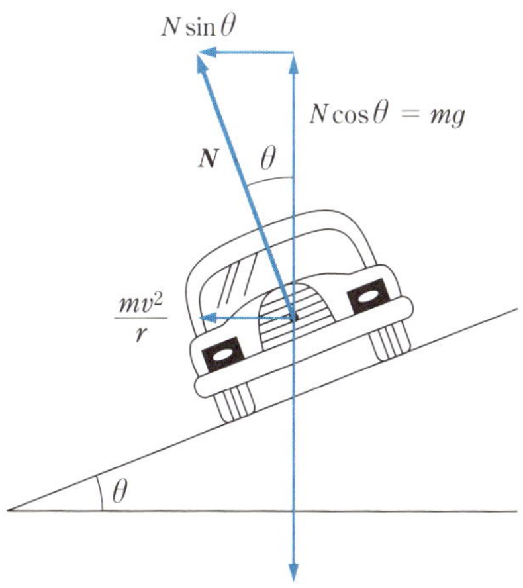

図 6.27

の $\tan\theta$ 倍が向心加速度 $\dfrac{v^2}{r}$ に等しい場合，つまり，

$$\frac{v^2}{r} = g\tan\theta \qquad \therefore \quad \tan\theta = \frac{v^2}{gr} = 0.4$$

の場合に摩擦力が 0 になる．したがって，路面の傾きの角 θ は

$$\theta = 22°$$

で，かなり急斜面である．

地球のまわりを等速円運動している人工衛星を考えよう．宇宙飛行士に働く力は地球の重力だけで，これが向心力である．ところが，人工衛星に対して静止している宇宙飛行士は見かけの力の遠心力も働くと感じ，その結果，地球の重力と遠心力の合力は 0 だと感じる．これがいわゆる無重力状態である．無重力状態とは，重力は作用しているのだが，重力と遠心力がつり合っているので，床が人間に力を作用しない状態である．人間が自分の重量（体重）に対して感じる感覚は，自分を支えてくれる力からきている．人工衛星の中では人間を地球の重力にさからって支える力がまったく働かないので，宇宙飛行士は自分の重量（体重）はないと感じる．そこで，無重力状態という言葉の代わりに，重量がない状態という意味の無重量状態という言葉が使われる．

演習問題 6

A

1. 次の文章は正しいか．

　等速円運動をしている物体には円の接線方向を向いている力が作用している．

2. ある自転車の車輪の直径は 60 cm である．車輪が，路面との接触点で滑らずに，1 分間に 150 回転しながら自転車が走行しているとき，自転車の速度（m/s）と時速（km/h）を求めよ．

3. 半径 1 m の等速円運動をしているおもちゃの自動車の向心加速度が重力加速度と同じ大きさになるのは，自動車の速さがどのくらいのときか．

4. 10 kg の物体が水平な回転台の上の軸から 0.5 m のところにおいてある．物体と台の間の静止摩擦係数は 0.2 である．台が回転し始めた場合，物体が滑り出す最小の 1 秒あたりの回転数 f を求めよ

5. 半径が r で中心角が θ [rad] の扇形の面積 A は，

$$A = \frac{1}{2}r^2\theta$$

であることを示せ．

B

1. 車が円形の道路を 20 m/s の速さで走っており，1 秒について 0.1 rad の割合で進行方向を変えている．乗客の加速度の大きさ $a = v\omega = r\omega^2$ を求めよ．

2. **静止衛星**‖地球の自転の角速度と同じ角速度 ω で赤道上空を等速円運動するので，地表からは赤道上空の 1 点に静止しているように見える人工衛星を静止衛星という．地表からの静止衛星の高さ h を求めよ．地球の半径 R_E を 6400 km とせよ．

7 振　動

振動は日常生活で見なれている現象である．身のまわりに振動の例はいくつもある．ブランコや振り子のように吊ってあるものをゆらせた場合には振動が起こる．**振動**は，物体がつり合いの位置のまわりで，復元力によって同じ道筋を左右あるいは上下などに繰り返し動く運動である．復元力の大きさがつり合いの位置からのずれに比例する場合の振動を**単振動**という．この章では，まず，単振動とよばれる振り子の振動を学ぶ．

振り子の振動は，外部からエネルギーを補給しないと，振幅が徐々に小さくなっていく．振幅が減衰していく振動を**減衰振動**という．振り子をいつまでも振動させ続けるには，一定の周期で振動する外力を振り子に作用させなければならない．一定の周期で振動する外力を加えたときの，外力と同じ振動数での振動を**強制振動**という．振動する物体には固有の振動数があり，外力の振動数が固有振動数に一致するときに，強制振動の振幅は大きくなる．これを**共振**という．

本章では，これらの振動のしたがう運動方程式を解きながら，振動を学ぶ．これらの振動を表す解には周期関数の三角関数が含まれる．

7.1 単　振　動

学習目標

弾性力のフックの法則を理解する．

単振動の定義を理解し，単振動の運動方程式とその一般解を理解する．

等時性とは何かを理解する．

ばね振り子のばねの強さやおもりの質量を変えると，振り子の周期はどのように変化するかを理解する．

弾性力とフックの法則　ばねを伸ばすと縮もうとし，縮めると伸びようとする．一般に，固体を変形させると，もとの形に戻そうとする復元力が働き，外力を取り除くと物体はもとの形に戻る．この場合の復元力を**弾性力**あるいは弾力という．

外力が加わっていない自然な状態からの固体の変形の大きさ（たとえば，ばねの伸び）が小さいときには，復元力の大きさは変形の大きさに比例する．これを**フックの法則**という．弾性力を F，変形量を x とする

と，フックの法則は

$$F = -kx \tag{7.1}$$

と表せる．比例定数 k を**弾性定数**（ばねの場合には**ばね定数**）とよぶ．負符号をつけた理由は，復元力の向きと変形の向きは逆向きだからである．たとえば，図 7.1 に示すように，ばねの一端を固定し，他端に質量 m のおもり（台車）をつけて，なめらかな水平面上におく．ばねの方向を x 方向とし，ばねが自然な長さのときのおもりの位置を原点 O とする［図 7.1(a)］．おもりを右に引っ張ってばねが伸びると（$x > 0$），おもりには左向きの復元力（$F < 0$）が働く［図 7.1(b)］．おもりを左に押してばねが縮むと（$x < 0$），おもりには右向きの復元力（$F > 0$）が働く．

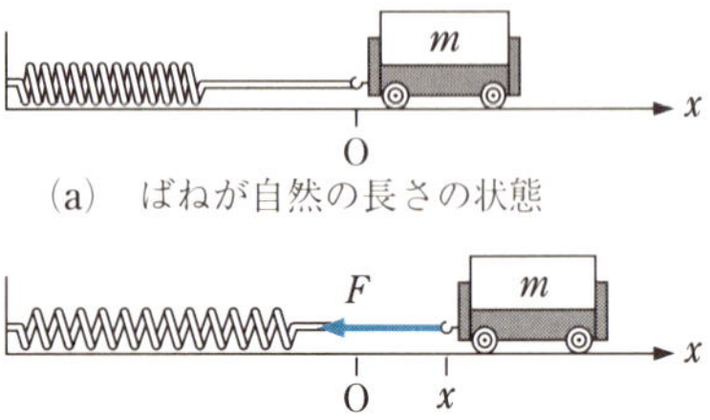

(a)　ばねが自然の長さの状態

(b)　ばねの長さが x だけ伸びた状態．左向きの復元力 $F = -kx$ が作用する．

図 7.1　水平なばね振り子

単振動　もっとも簡単な振動はフックの法則にしたがう復元力による振動で，この振動を**単振動**という．例を示す．ばねの一端を固定して鉛直に吊し［図 7.2(a)］，ばねの下端に質量 m のおもりをつけると，おもりに重力 mg が下向きに作用するので，ばねは自然の長さから x_0 だけ伸びる［図 7.2(b)］．この伸び x_0 のために，おもりには大きさが kx_0 のばねの弾性力 f が上向きに作用する．重力 mg と弾性力 kx_0 のつり合いの式，

$$mg = kx_0 \tag{7.2}$$

から，ばねの伸びは

$$x_0 = \frac{mg}{k} \tag{7.3}$$

であることがわかる．つり合いの状態でのおもりの位置を原点に選び，鉛直下向きを $+x$ 方向に選ぶ［図 7.2(b)］．おもりの位置座標が x の場

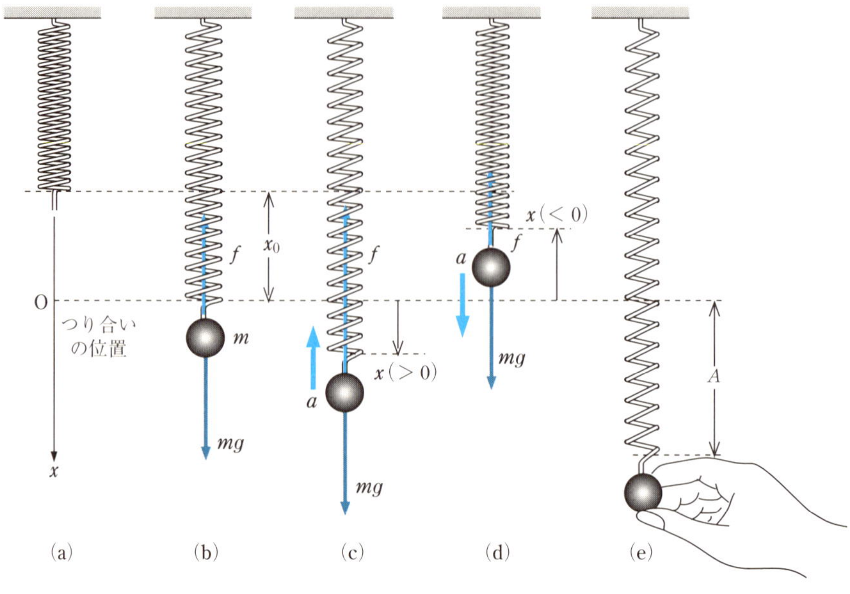

図 7.2　鉛直なばね振り子．おもりに働く力は重力とばねの弾性力の合力 $F = -kx$ である．これがおもりをつり合いの位置（原点 O）に戻そうとする復元力である．

合には，自然な状態からのばねの変形量は $x+x_0$ なので，ばねの弾性力 f は

$$f = -k(x+x_0)$$

である．したがって，おもりに作用する重力 mg とばねの弾性力 $f=-k(x+x_0)$ の合力 F は，

$$F = mg-k(x+x_0) = -kx \tag{7.4}$$

であり，この合力はつり合いの状態からの変位 x に比例し，おもりをつり合いの位置に戻そうとする．したがって，合力はフックの法則にしたがう復元力 $F=-kx$ である．つまり，おもりが下にさがり，ばねが伸びると ($x>0$)，おもりには上向きの復元力 ($F<0$) が働く［図 7.2(c)］．おもりが上にあがり，ばねが縮むと ($x<0$)，おもりには下向きの復元力 ($F>0$) が働く［図 7.2(d)］．

おもりを下に引き下げて，手を放すと，おもりは上下に振動する［図 7.2(e)］．この振動はフックの法則にしたがう復元力による振動なので単振動である．

復元力 $F=-kx$ の作用を受けて x 軸上で振動する質量 m のおもりの運動方程式，「質量 m」×「加速度 a」=「力 F」は

$$m\frac{\mathrm{d}^2x}{\mathrm{d}t^2} = -kx \tag{7.5}$$

である．そこで，$\dfrac{k}{m}=\omega^2$，すなわち，

$$\omega = \sqrt{\frac{k}{m}} \tag{7.6}$$

とおくと，(7.5) 式は，

$$\frac{\mathrm{d}^2x}{\mathrm{d}t^2} = -\omega^2x \tag{7.7}$$

となる．これが単振動のしたがう運動方程式の標準の形である．

微分方程式 (7.7) を解くとは，(7.7) 式に代入すると左右両辺が等しくなるような，変数 t の関数 $x(t)$ を探すことである．つまり，(7.7) 式は，t で 2 回微分すると元の関数の $-\omega^2$ 倍になる関数 $x(t)$ を探すことを指示している．この条件を満たす関数として，6.5 節で学んだ，

$$x(t) = A\cos(\omega t+\theta_0) \tag{7.8}$$

がある［(6.52) 式］．この場合，速度 $v(t)$ は

$$v(t) = \frac{\mathrm{d}x}{\mathrm{d}t} = -\omega A\sin(\omega t+\theta_0) \tag{7.9}$$

で［(6.53) 式］，加速度 $a(t)$ は，$x(t)$ の $-\omega^2$ 倍の

$$a(t) = \frac{\mathrm{d}v}{\mathrm{d}t} = \frac{\mathrm{d}^2x}{\mathrm{d}t^2} = -\omega^2A\cos(\omega t+\theta_0) \tag{7.10}$$

だからである［(6.54) 式］．したがって，(7.8) 式は単振動の微分方程式 (7.7) の解である．

図 7.3 に振動するおもりの位置を表す解 (7.8) を図示する．この単振

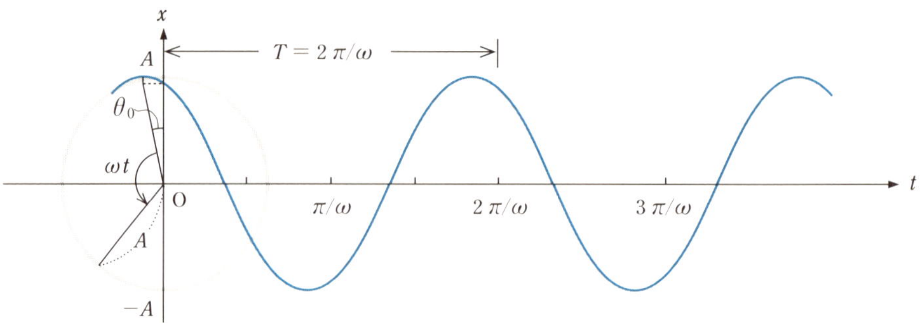

図 7.3　単振動
$x(t) = A\cos(\omega t + \theta_0)$

動はおもりが 2 点 $x = A$, $-A$ の間を往復する振動である．変位の最大値 A を**振幅**という．この単振動は，図 7.3 の左端に示す，半径 A，角速度 ω の等速円運動をしている物体の位置の x 成分の運動と同じである．等速円運動の場合は ω を角速度とよぶが，単振動の場合は ω を**角振動数**とよぶ．$\omega t + \theta_0$ を時刻 t での振動の**位相**という．位相は，周期的変化をする振動の状態が振動の周期のどこにあるかを示す．

$\cos(x+2\pi) = \cos x$ なので，(7.8) 式が表す振動は，$\omega T = 2\pi$ になる時間

$$T = \frac{2\pi}{\omega} = 2\pi\sqrt{\frac{m}{k}} \tag{7.11}$$

が経過するたびに同じ運動を繰り返す，周期 T の周期運動である．周期の式 (7.11) を眺めると，周期は $\sqrt{m}$ に比例し，$\sqrt{k}$ に反比例するので，ばねにつけたおもりの振動は，ばねが強く (k が大きく) おもりが軽い (m が小さい) ほど周期は短く，ばねが弱く (k が小さく) おもりが重い (m が大きい) ほど周期は長いことがわかる．おもりの質量はおもりの慣性 (運動の変化を妨げる性質) を表すので，おもりの質量 m が大きいほど周期は長いのである．

単振動の周期の式 (7.11) に振幅 A は現れない．そこで，おもりの運動を開始させる位置を変えると，振幅 A は変化するが，周期 T は変化せず一定である．周期が振幅によって変わらないことは単振動の大きな特徴であり，**等時性**とよばれる．

単位時間あたりの振動数 f は，周期 T の逆数なので，

$$f = \frac{1}{T} = \frac{\omega}{2\pi} = \frac{1}{2\pi}\sqrt{\frac{k}{m}} \tag{7.12}$$

である．振動数の単位は「1/ 秒」，「s^{-1}」であるが，これをヘルツとよび Hz と記す．

解 (7.8) は，2 つの任意定数 A と θ_0 を含むので，2 階の微分方程式 (7.7) の一般解である．任意定数 A と θ_0 を，時刻 $t = 0$ でのおもりの位置と速度で表すことができる．(7.8) 式と (7.9) 式で時刻 $t = 0$ とおき，$t = 0$ でのおもりの位置を x_0，速度を v_0 とすると，

$$x_0 = x(0) = A\cos\theta_0, \quad v_0 = v(0) = -\omega A\sin\theta_0 \tag{7.13}$$

となる．付録 C に示す三角関数の加法定理 $\cos(\alpha+\beta)=\cos\alpha\cos\beta-\sin\alpha\sin\beta$ を使って，(7.8) 式を

$$x(t) = A\cos(\omega t+\theta_0) = A\cos\omega t\cos\theta_0 - A\sin\omega t\sin\theta_0 \qquad (7.14)$$

と変形し，(7.13) 式を使って，$\cos\theta_0$ と $\sin\theta_0$ を消去すると，

$$x = x_0\cos\omega t + \frac{v_0}{\omega}\sin\omega t \qquad (7.15)$$

となる．したがって，2 つの任意定数 A と θ_0 を調節すると，時刻 $t=0$ でのおもりの位置 x_0 と速度 v_0 がどのような値でも，(7.8) 式がおもりの運動を正しく表すようにできる．これが (7.8) 式が一般解であるということの意味である．

なお，$\cos\omega t$ と $\sin\omega t$ はそれぞれ斉次の定係数線形微分方程式 (7.7) の解である．したがって，2 つの単振動を重ね合わせた

$$x = C_1\cos\omega t + C_2\sin\omega t \quad (C_1, C_2 \text{ は任意定数}) \qquad (7.16)$$

は (7.7) 式の解であり（演習問題 5B の 1 参照），2 つの任意定数を含むので一般解である．(7.15) 式は任意定数 C_1, C_2 が初期条件 x_0 と v_0 で決まることを示している $\left(C_1 = x_0,\ C_2 = \dfrac{v_0}{\omega}\right)$.

例 1　図 7.2 のおもりを距離 A だけ下に引っ張って，そっと手を放すときには，$x_0 = A$, $v_0 = 0$ なので，(7.15) 式は次のようになる．

$$x = A\cos\omega t \qquad (7.17)$$

例題 1　図 7.2 の実験で，質量 $m = 1.0$ kg のおもりを吊るしたところ，おもりの伸び x_0 は 10 cm であった．

(1)　おもりのばね定数 k を求めよ．

(2)　このばね振り子の周期を求めよ．

簡単のため，重力加速度 g を 10 m/s^2 とせよ．

解　(1)　$k = \dfrac{mg}{x_0} = \dfrac{(1\ \text{kg})\times(10\ \text{m/s}^2)}{0.1\ \text{m}} = 100\ \text{kg/s}^2$

(2)　$T = 2\pi\sqrt{\dfrac{m}{k}} = 2\pi\sqrt{\dfrac{1.0\ \text{kg}}{100\ \text{kg/s}^2}} = 0.63\ \text{s}$

例題 2　質量 2 t のトラックの車体が，4 つの車輪につけられた 4 箇所のばねで支えられている（図 7.4）．ばね 1 つあたりが支える質量を 500 kg とし，ばね定数を 5.0×10^4 N/m とする．ばねの長さが 1.0 cm 縮んだために振動が生じたとして，このばねによる振動の振動数 f と周期 T を求めよ．実際には，振動を減衰させる装置のために，振動は急速に小さくなる．

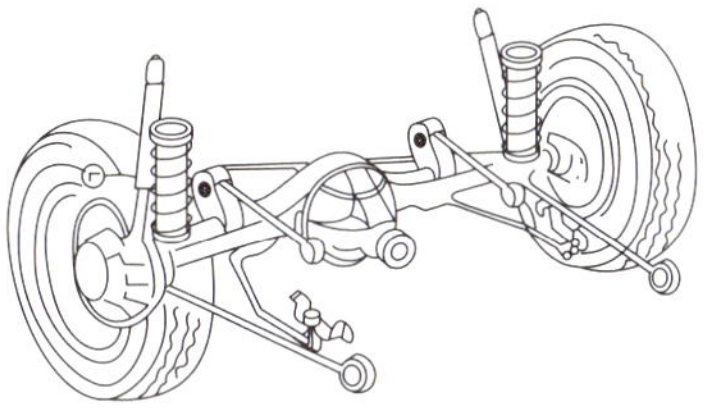

図 7.4　後輪のばね

解　振動数 $f = \dfrac{1}{2\pi}\sqrt{\dfrac{k}{m}} = \dfrac{1}{2\pi}\sqrt{\dfrac{5.0\times10^4\ \text{kg/s}^2}{500\ \text{kg}}} = \dfrac{10\ \text{s}^{-1}}{2\pi} = 1.6\ \text{s}^{-1}$

周期 $T = \dfrac{1}{f} = \dfrac{1}{1.6\ \text{s}^{-1}} = 0.63\ \text{s}$

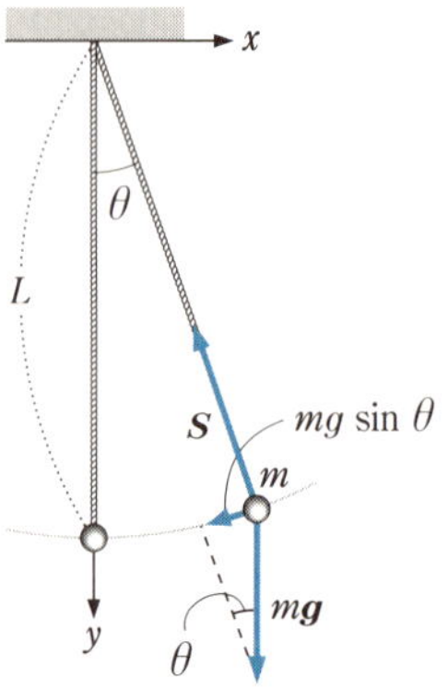

図 7.5　単振り子

例2　**単振り子**　長さ L の糸の一端を固定し，他端に質量 m のおもりをつけ，鉛直面内の円弧の上で，おもりに振幅の小さな振動をさせる装置を**単振り子**という（図 7.5）．振り子の糸が鉛直線となす角を θ とすると，おもりの速さ v は $v = L\omega = L\dfrac{d\theta}{dt}$ で，加速度の軌道の接線方向成分 a は

$$a = \frac{d}{dt}\left(L\frac{d\theta}{dt}\right) = L\frac{d^2\theta}{dt^2} \tag{7.18}$$

である．おもりを振動させる力は重力 $m\boldsymbol{g}$ の軌道の接線方向成分 $F = -mg\sin\theta$ なので，おもりの円弧上の往復運動の方程式は

$$mL\frac{d^2\theta}{dt^2} = -mg\sin\theta \tag{7.19}$$

である．振り子の振幅が糸の長さ L に比べてはるかに小さい場合には，$\sin\theta \fallingdotseq \theta$ なので，(7.19) 式は近似的に，

$$\frac{d^2\theta}{dt^2} = -\frac{g}{L}\theta \tag{7.20}$$

となる．そこで，

$$\omega = \sqrt{\frac{g}{L}} \tag{7.21}$$

とおくと，(7.20) 式は

$$\frac{d^2\theta}{dt^2} = -\omega^2\theta \tag{7.22}$$

となり，(7.7) 式にしたがう $x(t)$ と同じように，$\theta(t)$ は t で 2 回微分すると，$-\omega^2$ 倍になる関数である（負符号はずれと復元力の向きが逆であることを意味する）．したがって，(7.22) 式の一般解は，単振動

$$\theta = \theta_{max}\cos(\omega t + \beta) \tag{7.23}$$

である．振れの角の最大値 θ_{max} と β は任意定数である．

単振り子の振動数 f と周期 T は，

$$f = \frac{\omega}{2\pi} = \frac{1}{2\pi}\sqrt{\frac{g}{L}} \tag{7.24}$$

$$T = \frac{1}{f} = 2\pi\sqrt{\frac{L}{g}} \tag{7.25}$$

である．糸の長さ L が短いほど単振り子の周期は短い．単振り子の振動の周期が振幅の大きさ θ_{max} によらずに一定であることを単振り子の**等時性**という．単振り子の等時性はガリレオによって発見された．なお，振幅が大きくなると復元力の大きさは $mg|\sin\theta| < mg|\theta|$ なので，周期 T は $2\pi\sqrt{\dfrac{L}{g}}$ よりも長くなる．

例題 3 糸の長さ $L = 1\,\text{m}$ の単振り子の周期はいくらか.

解 (7.25) 式から

$$T = 2\pi\sqrt{\frac{L}{g}} = 2\pi\sqrt{\frac{1\,\text{m}}{9.8\,\text{m/s}^2}} = 2.0\,\text{s}$$

例題 4 周期が 1 秒の単振り子の糸の長さ L は何 m か.

解 (7.25) 式から

$$L = \frac{gT^2}{4\pi^2} = \frac{(9.8\,\text{m/s}^2)\times(1\,\text{s})^2}{4\pi^2} = 0.25\,\text{m}$$

問 1 糸の長さ $L = 2\,\text{m}$ の単振り子の周期はいくらか.

7.2 減衰振動

学習目標

減衰振動とは何かを理解する.

外部からエネルギーを補給しないと，摩擦や空気の抵抗などによって(図 7.6)，振り子の振幅は徐々に小さくなっていく．つまり，振り子の力学的エネルギーが減少するので，振り子の振幅が減少する (8.5 節参照)．時間とともに振幅が減衰する振動を**減衰振動**という．図 7.2 のおもりを長さ A だけ下に引き下げてそっと手を放したときのおもりの運動を図 7.7 に示す．なお，路面の凹凸によって発生した自動車の振動は乗り心地を悪くするし，部品の摩耗を早めるので，振動を速く減衰させるための装置がついている.

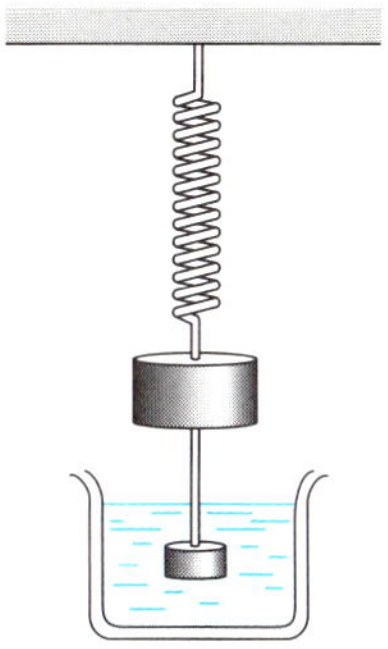

図 7.6 液体中の円板には抵抗が働き，振動を減衰させる.

復元力 $-kx = -m\omega^2 x$ を受けて単振動する質量 m の物体に，速さに比例する粘性抵抗 $-2m\gamma v$ (定数 $\gamma > 0$) が働く場合を考える．運動方程式は,

$$m\frac{\mathrm{d}^2x}{\mathrm{d}t^2} = -kx - 2m\gamma\frac{\mathrm{d}x}{\mathrm{d}t} = -m\omega^2 x - 2m\gamma\frac{\mathrm{d}x}{\mathrm{d}t} \tag{7.26}$$

であり，したがって,

$$\frac{\mathrm{d}^2x}{\mathrm{d}t^2} + 2\gamma\frac{\mathrm{d}x}{\mathrm{d}t} + \omega^2 x = 0 \tag{7.27}$$

である．式を簡単にするために,

$$x = y\mathrm{e}^{-\gamma t} \tag{7.28}$$

とおく．関数の積の導関数の公式 [(3.37) 式] を使うと,

$$\frac{\mathrm{d}x}{\mathrm{d}t} = \frac{\mathrm{d}y}{\mathrm{d}t}\mathrm{e}^{-\gamma t} - \gamma y\mathrm{e}^{-\gamma t} \tag{7.29}$$

$$\frac{\mathrm{d}^2x}{\mathrm{d}t^2} = \frac{\mathrm{d}^2y}{\mathrm{d}t^2}\mathrm{e}^{-\gamma t} - 2\gamma\frac{\mathrm{d}y}{\mathrm{d}t}\mathrm{e}^{-\gamma t} + \gamma^2 y\mathrm{e}^{-\gamma t} \tag{7.30}$$

となるので，これを (7.27) 式に代入すると,

$$\frac{\mathrm{d}^2y}{\mathrm{d}t^2} + (\omega^2 - \gamma^2)y = 0 \tag{7.31}$$

となる.

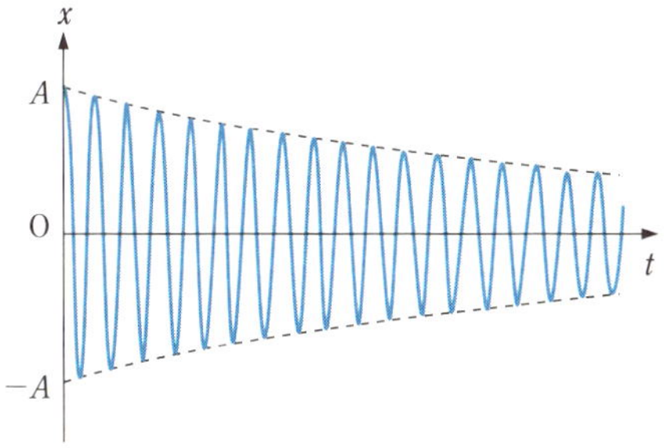

図 7.7 減衰振動 外部からエネルギーを補給しないと，振動は減衰していく.

(1)　粘性抵抗が小さい $\omega > \gamma$ の場合（**減衰振動**）　(7.31) 式は角振動数 $\sqrt{\omega^2-\gamma^2}$ の単振動の方程式なので，その一般解は，$y = A\cos[\sqrt{\omega^2-\gamma^2}\,t+\theta_0]$ であり，

$$x(t) = Ae^{-\gamma t}\cos[\sqrt{\omega^2-\gamma^2}\,t+\theta_0] \quad (A, \theta_0 \text{ は任意定数}) \tag{7.32}$$

この解は，単振動の振幅が $Ae^{-\gamma t}$ のように減衰していく減衰振動を表す．振動の周期 T は

$$T = \frac{2\pi}{\sqrt{\omega^2-\gamma^2}} \tag{7.33}$$

で，抵抗のない場合の周期 $\dfrac{2\pi}{\omega}$ に比べ長くなっている．

(2)　$\omega = \gamma$ の場合（**臨界減衰**）　$\omega^2-\gamma^2 = 0$ なので，(7.31) 式は $\dfrac{d^2y}{dt^2} = 0$ となる．この方程式の一般解は，$y = A+Bt$ なので，

$$x(t) = (A+Bt)e^{-\gamma t} \quad (A, B \text{ は任意定数}) \tag{7.34}$$

(3)　粘性抵抗が大きい $\omega < \gamma$ の場合（**過減衰**）　$p = \sqrt{\gamma^2-\omega^2}$ とおくと，(7.31) 式は $\dfrac{d^2y}{dt^2} = p^2y$ となる．この式の一般解は，$y = Ae^{pt}+Be^{-pt}$ なので，

$$x(t) = Ae^{-(\gamma-p)t}+Be^{-(\gamma+p)t} \quad (A, B \text{ は任意定数}) \tag{7.35}$$

この解は，過減衰とよばれる振動せずに減衰していく運動を表す．

図 7.8 に $t = 0$ でおもりを長さ x_0 だけ下に引き下げて，そっと手を放した場合の運動の例を示す．粘性抵抗が小さいと振幅が減衰していく**減衰振動**であるが，粘性抵抗が大きいとおもりの運動は振動ではなくなる．これが**過減衰**である．減衰振動と過減衰の境界の場合を**臨界減衰**という．

臨界減衰を利用した例に，建物の入り口のドアを開けた場合に，空気ばねを利用して，ドアを自動的に閉じる装置がある．開けたドアから初速度がないように手をはなしたときに，ドアが速く閉じ，しかも閉めた

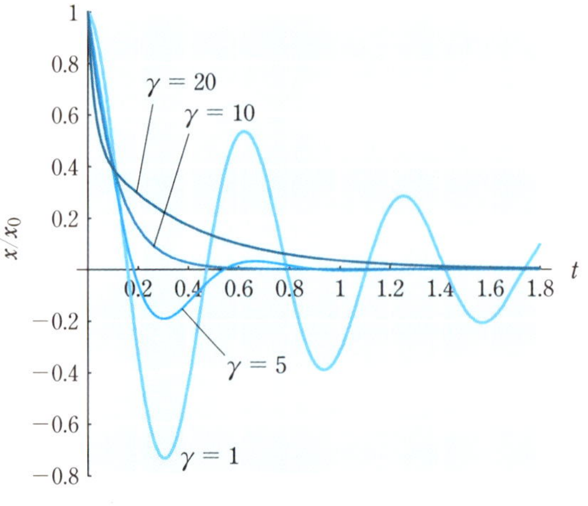

図 7.8　初期条件が $x = x_0$，$v = 0$ の場合の，$\omega = 10\,\mathrm{s}^{-1}$ の振り子の振動，$\gamma < 10\,\mathrm{s}^{-1}$ の場合は減衰振動，$\gamma = 10\,\mathrm{s}^{-1}$ の場合は臨界減衰，$\gamma > 10\,\mathrm{s}^{-1}$ の場合は過減衰

ドアが音を立てることなく，枠にそっと接触するように，ドアには油を使った減速装置がついている．

参考 (7.28) 式の $x = ye^{-\gamma t}$ という形は，(7.27) 式の解が $x = Ce^{\lambda t}$ という形をしていると仮定して，これを (7.27) 式に代入して得られる λ の 2 次方程式 $\lambda^2+2\gamma\lambda+\omega^2 = 0$ の根である $\lambda = -\gamma\pm\sqrt{\gamma^2-\omega^2}$ の $-\gamma$ に対応する部分の $e^{-\gamma t}$ をくくり出したものである．なお，過減衰の解 [(7.35) 式] は λ の 2 次方程式の 2 つの異なる実数解に対応する解の和である．

問 2 微分方程式，

$$\frac{d^2x}{dt^2}+2\gamma\frac{dx}{dt} = 0 \tag{7.36}$$

の一般解を求めよ．

7.3 強制振動と共振

学習目標

強制振動とは何かを理解する．共振とは何かを理解する．

外部からエネルギーを供給しないと，摩擦や抵抗によって，振動の振幅は時間とともに減少していく．振り子をいつまでも一定の振幅で振動させ続けるには，外部から一定の周期で振動する外力を作用させて，エネルギーを補給しなければならない．物体が，一定の周期で振動する外力の作用で，外力と同じ周期で振動するとき，この振動を**強制振動**という．振り子のような振動する物体には，物体に固有の振動数があり，外力の振動数が**固有振動数**に一致するときには，強制振動の振幅は大きくなる．これを**共振**あるいは**共鳴**という．

強制振動の例として，振り子の糸の上端を固定せずに，手で持って，水平方向に往復運動させる場合がある．振り子の固有振動数よりもかなり小さな振動数で水平方向に振ると，おもりは手の動きに遅れて小さな振幅で振動する．手の往復運動の振動数を増加させるのにつれて，おもりの振幅は大きくなっていく．手の往復運動の振動数が振り子の固有振動数とほぼ同じときにおもりの振幅は最大になる．これが共振である．手の振動数をさらに増加させると，おもりは手の動きと逆向きに動くようになっていき，おもりの振幅は小さくなっていく．自分で実験して確かめてみよう．

前節で学んだ減衰振動を行う物体が，角振動数 ω_f で振動する力

$$F(t) = mf_0\cos\omega_f t \tag{7.37}$$

の作用を受けている場合の運動を調べよう．この場合の運動方程式は

$$\frac{d^2x}{dt^2}+2\gamma\frac{dx}{dt}+\omega^2x = f_0\cos\omega_f t \quad (\omega > \gamma) \tag{7.38}$$

である．非斉次の運動方程式 (7.38) の一般解は，右辺の外力 $f_0\cos\omega_f t$ を 0 とおいた減衰振動の運動方程式の一般解 (7.32) と運動方程式 (7.38) の特殊解 (強制振動を表す解)

$$x(t) = A_f\cos(\omega_f t-\phi) \tag{7.39}$$

の和である (5.3 節参照)．角 ϕ は外力の位相に対する振動の位相の遅れを表す．(7.39) 式を (7.38) 式に代入すると，

$$(\omega^2-\omega_f{}^2)A_f\cos(\omega_f t-\phi)-2\gamma\omega_f A_f\sin(\omega_f t-\phi) = f_0\cos\omega_f t \tag{7.40}$$

となる．(7.40) 式があらゆる時刻 t で満たされるためには，A_f と ϕ が

$$f_0 = A_f\sqrt{(\omega^2-\omega_f{}^2)^2+4\gamma^2\omega_f{}^2} \tag{7.41}$$

$$\sin\phi = \frac{2\gamma\omega_f}{\sqrt{(\omega^2-\omega_f{}^2)^2+4\gamma^2\omega_f{}^2}},\quad \cos\phi = \frac{\omega^2-\omega_f{}^2}{\sqrt{(\omega^2-\omega_f{}^2)^2+4\gamma^2\omega_f{}^2}} \tag{7.42}$$

を満たせばよい．図 7.9 をよく見て納得してほしい．納得できない場合は，(7.40) 式の $\cos(\omega_f t-\phi)$ と $\sin(\omega_f t-\phi)$ に三角関数の加法定理を適用した式に，(7.41) 式と (7.42) 式を代入して，左辺 = 右辺になることを確かめてほしい．

したがって，(7.38) 式の一般解は，

$$x(t) = Ae^{-\gamma t}\cos(\sqrt{\omega^2-\gamma^2}\,t+\theta_0) + \frac{f_0}{\sqrt{(\omega^2-\omega_f{}^2)^2+4\gamma^2\omega_f{}^2}}\cos(\omega_f t-\phi) \tag{7.43}$$

である．(7.43) 式の右辺の第 1 項は外力 $F(t)$ のないときの物体の振動なので，**自由振動**とよばれる．

(7.43) 式の右辺の第 2 項は周期的に変化する外力によって発生した強制振動を表す．強制振動の角振動数は外力の角振動数 ω_f と同じである．強制振動の振幅

$$A_f = \frac{f_0}{\sqrt{(\omega^2-\omega_f{}^2)^2+4\gamma^2\omega_f{}^2}} \tag{7.44}$$

は，外力の角振動数 ω_f とともに変化し (図 7.10)，外力の角振動数 ω_f が共振角振動数

$$\omega_R = \sqrt{\omega^2-2\gamma^2} \tag{7.45}$$

のときに最大になり，最大値は

$$(A_f)_{max} = \frac{f_0}{2\gamma\sqrt{\omega^2-\gamma^2}} \tag{7.46}$$

である．外力の角振動数が振り子の固有角振動数 ω とほぼ同じ ω_R の場合に強制振動の振幅が大きくなる現象が**共振 (共鳴)** である．$\omega_f < \omega$ のときには $\cos\phi > 0$ で，$\omega_f > \omega$ のときには $\cos\phi < 0$ である．

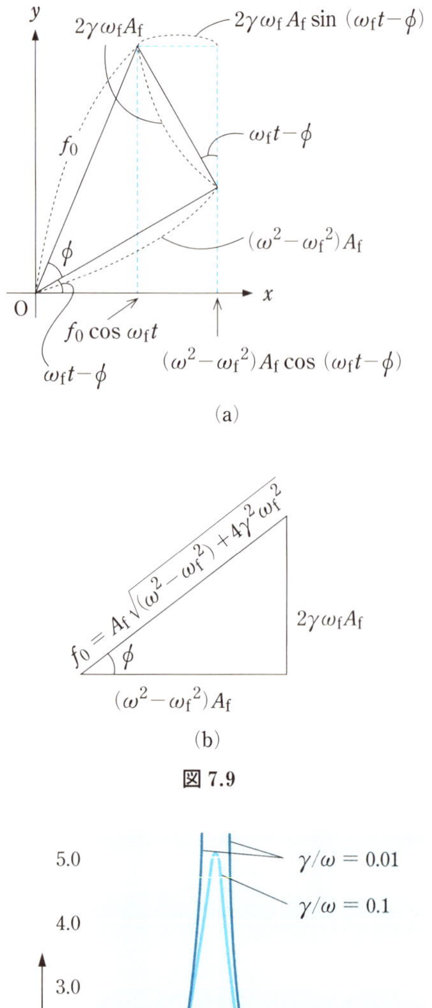

図 7.9

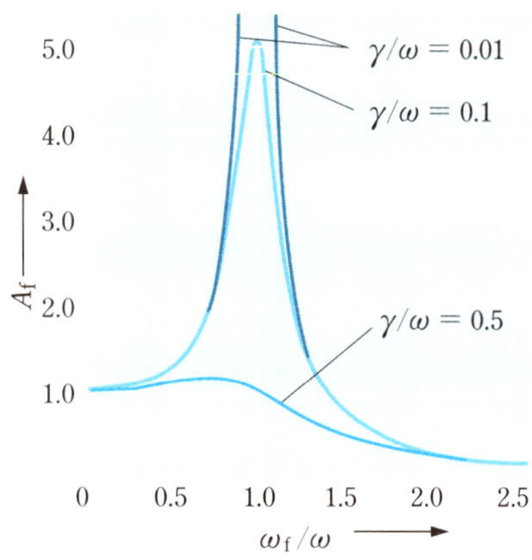

図 7.10 外力の角振動数 ω_f と強制振動の振幅 A_f の関係．縦軸の単位は f_0/ω^2

演習問題7

A

1. ばねに吊るした質量 2 kg のおもりの鉛直方向の振動の周期が 2 秒である．ばね定数はいくらか．
2. ばねに吊るしたおもりの鉛直方向の振動の周期が 3 秒であった．ばね定数は 6 N/m である．おもりの質量はいくらか．
3. ばね振り子を月面上で振動させると，周期は変わるか．
4. 単振り子のおもりが図 1 の A と E の間を往復している．おもりが点 A にきたときに糸が切れた．その後のおもりの運動はどのようになるか．

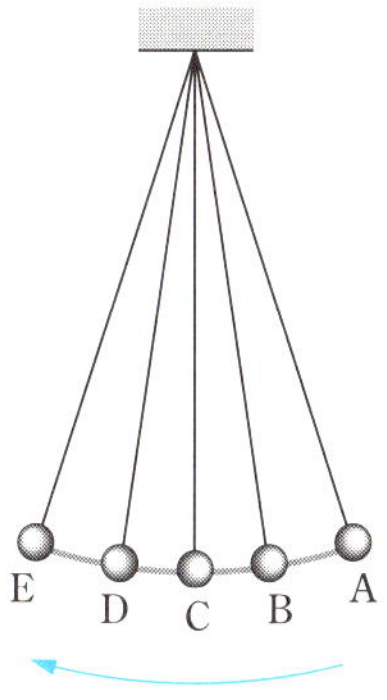

図 1

5. 月の表面での重力加速度は，地球の表面での 0.17 倍である．同じ単振り子を月の表面で振らすときの振動の周期を求めよ．
6. 振動について正しいのはどれか．
   ① 振動数は周期の逆数である．
   ② 振動数が時間とともに減少する振動を減衰振動という．
   ③ 単振動は振幅が減少していく振動である．
7. 振幅が時間とともに減少する振動を何というか．
8. 振動について正しいのはどれとどれか．
   ① ばねにおもりを吊り下げて振動させるとき，ばねがおもりに作用する力は平衡点（つり合いの位置）からの変位量に比例する．
   ② ばねにおもりを吊り下げて生じる単振動の周期はばね定数に比例する．
   ③ 周期が大きいほど振動数は大きい．
   ④ 振幅が時間とともに減衰する振動を減衰振動という．
   ⑤ 共振は強制振動によって現れる現象である．
9. ばね振り子の上端を手で持って上下に振動させた．ある周期のときに，おもりが大きく振動した．この現象を何というか．

B

1. 図 7.2 のばね振り子のおもりを距離 x_0 だけ上に戻し，ばねが自然な長さになるようにして，そこで静かに手を放した．その後の運動で正しいのはどれか．
   ① ばねの長さはただちに x_0 伸びて，そこで静止する．
   ② ばねは $0.5\,x_0$ の振幅で持続的に振動する．
   ③ ばねが自然な長さに戻ったところで速度が最大になる．
   ④ 振動の振動数はおもりの質量が大きいほど小さい．
2. 一端が固定されて鉛直に吊るされているばね（ばね定数 k）の先に取り付けられている質量 m のおもりの位置 x について運動方程式
$$ma = -kx$$
が成り立つとき，次の問に答えよ．
   (1) $x = 0$ のときの加速度はいくらか．
   (2) おもりが静止しつづけているときの x の値はいくらか．
   (3) この方程式の解はどのような振動を表すか．
3. 図 7.2(a) の状態でのばねの下端を x 軸の原点 O とすると，おもりの運動方程式は
$$m\frac{\mathrm{d}^2x}{\mathrm{d}t^2} = mg - kx \qquad (1)$$
である．この微分方程式の一般解を求めよ．
4. 次の微分方程式の一般解を求めよ．
$$\frac{\mathrm{d}^2x}{\mathrm{d}t^2} + 9x = 0$$
5. 次の初期条件のついた微分方程式の解を求めよ．
$$\frac{\mathrm{d}^2x}{\mathrm{d}t^2} + 4\frac{\mathrm{d}x}{\mathrm{d}t} + 4x = 0 \qquad x(0) = 1,\ x'(0) = 0$$
6. 次の微分方程式の一般解を求めよ．
$$\frac{\mathrm{d}^2x}{\mathrm{d}t^2} + 2\frac{\mathrm{d}x}{\mathrm{d}t} + 2x = 0$$

8 仕事とエネルギー

ニュートンの運動方程式は，速度の導関数である加速度を含むので，微分形の法則という．微分形の法則は，各瞬間の物理量の変化率を与える法則である．これに対して，2 つの時刻での物理量の値の関係を与える法則がある．この章で学ぶ運動エネルギーと仕事の関係，エネルギー保存則，運動量と力積の関係などである．これらの関係は，運動方程式を積分して導かれるので，積分形の法則という．

力学の研究で発見された運動エネルギーと位置エネルギーは熱，電気エネルギー，化学エネルギーなどと相互転換するので，エネルギーという概念とエネルギー保存則は，力学，熱学，電磁気学などを結びつけて統一的に理解する鍵である．自然現象を理解する際に，移り変わるエネルギーの流れを追っていくと有効な場合がある．エネルギーの形態が変わる場合には，力のする仕事が仲立ちをすることが多い．

エネルギーは日常用語として使用されているが，語源はギリシャ語で仕事を意味するエルゴンである．物理用語としてのエネルギーの意味は「仕事をする能力」だと考えてよい．

本章では，主として，仕事とエネルギーを学び，あわせて運動量と力積を学ぶ．

8.1 仕　事

学習目標

物理用語としての仕事の意味は，日常用語としての意味とは異なることを理解し，$W = Fs$，$W = F_t s = Fs\cos\theta$，$W_{A\to B} = \int_A^B F\cos\theta\, ds = \int_A^B F_t\, ds$ などの式の意味を言葉で説明できるようになる．

仕事 (work) という言葉は，日常生活ではいろいろな意味で使われるが，物理学では，一定な力 $\boldsymbol{F}$ が物体に作用して，物体が力 $\boldsymbol{F}$ と同じ方向に距離 s だけ移動したとき，この力は物体に，「力の大きさ F」×「移動距離 s」という**仕事** W,

$$W = Fs \tag{8.1}$$

をしたという (図 8.1)．仕事の国際単位は，力の単位 $\mathrm{N = kg\cdot m/s^2}$ と長さの単位 m の積 $\mathrm{N\cdot m = kg\cdot m^2/s^2}$ で，これをジュールという (記号

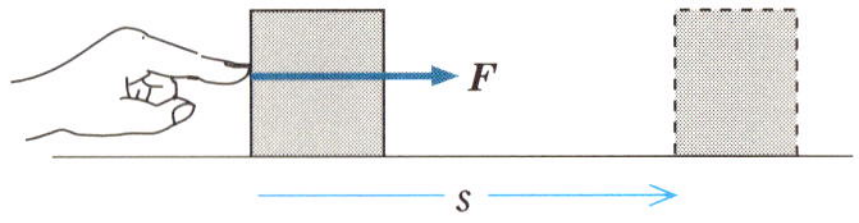

図 8.1　$W = Fs$

J). ジュールはエネルギーの単位でもある.

$$J = N{\cdot}m = kg{\cdot}m^2/s^2 \tag{8.2}$$

物体の移動の向きと力 $\boldsymbol{F}$ の向きが一致せず，図 8.2 のように角 θ をなしている場合には,「力 $\boldsymbol{F}$ がした仕事 W」は「力 $\boldsymbol{F}$ の移動方向成分 $F_t = F\cos\theta$」と「移動距離 s」の積

$$W = F_t s = Fs\cos\theta \tag{8.3}$$

と定義する．t は接線方向を意味する tangential の頭文字である．出発点を始点とし到達点を終点とするベクトルである変位 $\boldsymbol{s}$ を定義すると，仕事 W は「力の大きさ F」と「力 $\boldsymbol{F}$ の方向への変位の成分 $s\cos\theta$」の積でもある.

角 θ が鋭角 $(0° \leqq \theta < 90°)$ ならば $\cos\theta > 0$ なので，力のする仕事は正の値をとる $(W > 0)$．角 θ が鈍角 $(90° < \theta \leqq 180°)$ ならば $\cos\theta < 0$ なので，力のする仕事は負の値をとる $(W < 0)$．床の上を運動する物体に床が作用する動摩擦力の向きは物体の運動の向きと逆なので $(\theta = 180°)$，動摩擦力がする仕事はマイナスの量である.

単振り子の糸がおもりに作用する張力や地面がその上の物体に作用する垂直抗力などのように，力の方向と速度の方向が垂直 $(\theta = 90°)$ ならば $\cos\theta = \cos 90° = 0$ なので，これらの力は仕事をしない $(W = 0)$.

物体に働く力は 1 つとは限らない．図 8.1，8.2 の場合には，物体には力 $\boldsymbol{F}$ のほかに床の垂直抗力，重力，摩擦力などが作用する．(8.3) 式はそのうちの 1 つの力 $\boldsymbol{F}$ がする仕事である.

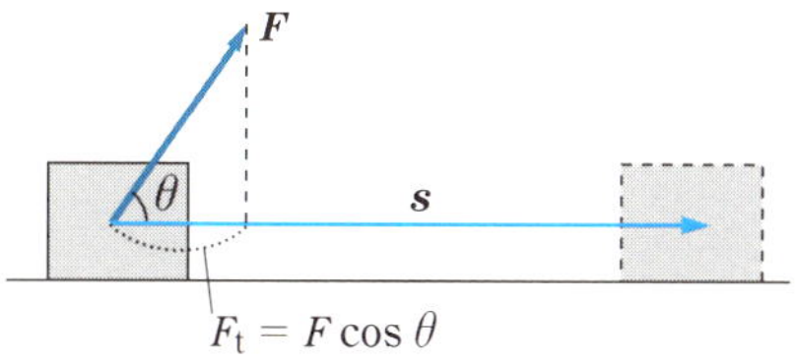

図 8.2　$W = F_t s = Fs\cos\theta$

例 1　人が重い車を一定の力 $\boldsymbol{F}$ で押して坂道を距離 s だけ登った場合，この力が車にした仕事は Fs である [図 8.3(a)]．人が坂の途中で立ち止まって力 $\boldsymbol{F}$ で車を支えている場合，人は疲れるが，車の移動距離は 0 なので，物理学ではこの力が車にした仕事は 0 である [図 8.3(b)]．人の力が足りなくて，力 $\boldsymbol{F}$ で押しているのに，車が距離 s だけずり落ちた場合には，車の移動の向きへの力 $\boldsymbol{F}$ の成分は $F\cos 180° = -F$ なので，この力が車にした仕事は $-Fs$ で，マイナスの量である [図 8.3(c)].

例 2　質量 m の物体が高さ h だけ落下するときに重力のする仕事は mgh　質量 m の物体に働く重力は，鉛直下向きで一定の大きさ mg の力である．図 8.4(a) のように，物体が高さ h だけ真下に落下するとき

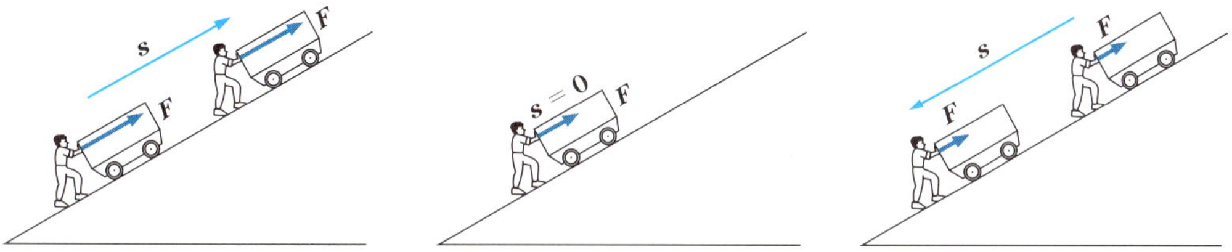

(a) 力 $\boldsymbol{F}$ の方向と移動方向は同じ．$W = Fs > 0$.

(b) 移動しないときは，$W = 0$.

(c) 力 $\boldsymbol{F}$ の方向と移動方向は逆向き．$W = -Fs < 0$.

図 8.3　力と仕事

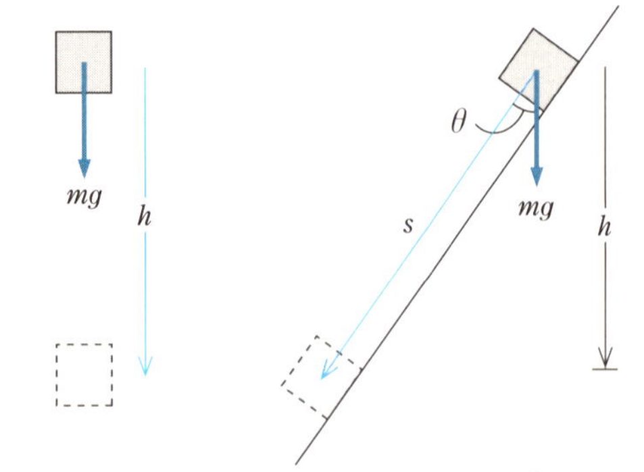

(a)　$W = mgh$　(b)　$W = mg \cdot s \cos\theta$ $= mgh$ $(h = s\cos\theta)$

図 8.4　$W = mgh$

に，重力 $\boldsymbol{F}$ がする仕事 W は，力の大きさ $F = mg$，移動距離 $s = h$，$\cos\theta = \cos 0° = 1$ なので，

$$W = mgh \tag{8.4}$$

である．g は重力加速度である．

図 8.4(b) のように，質量 m の物体が斜面の上を高さ h だけ落下するときにも，$F = mg$，$s\cos\theta = h$ なので，重力がする仕事は，やはり，mgh である．

$$W = mgs\cos\theta = mgh \tag{8.5}$$

例 3　質量 m の物体を高さ h の所にゆっくり持ち上げるときに手の力のする仕事は mgh　質量 m の物体に働く重力は，鉛直下向きで一定の大きさ mg の力である．人間がこの物体をゆっくり持ち上げるときに作用する手の力 $\boldsymbol{F}$ は，ほぼ鉛直上向きで，大きさ F は mg よりわずかに大きい．このわずかな違いを無視すると，$F = mg$ である．図 8.5 を見ればわかるように，質量 m の物体を真上に高さ h の所にゆっくり持ち上げるときも，斜めに高さ h の所にゆっくり持ち上げるときも，手がする仕事は mgh である．

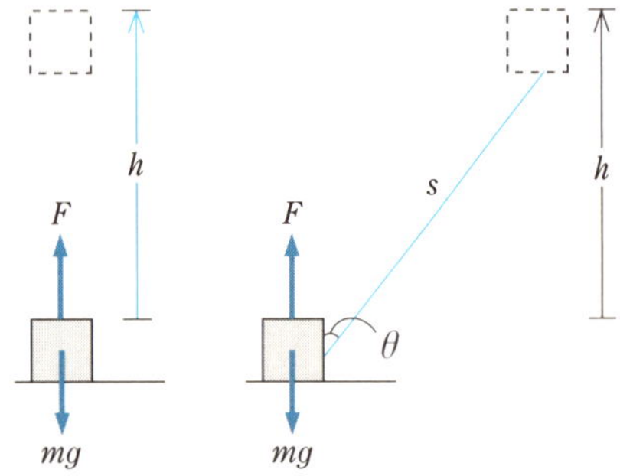

(a)　$W = mgh$　(b)　$W = mg \cdot s\cos\theta$ $= mgh$ $(h = s\cos\theta)$

図 8.5　$W = mgh$

物体が点 A から点 B まで移動する間に，力 $\boldsymbol{F}$ の大きさと向きの一方あるいは両方が変化する場合がある．この場合に力 $\boldsymbol{F}$ がする仕事 $W_{A\to B}$ は，物体の道筋 A → B を微小な区間に区切り，各微小区間で力 $\boldsymbol{F}$ がする微小な仕事を足し上げたものである (図 8.6)．i 番目の微小区間の始点を出発点としその終点で終わる微小な変位ベクトルを $\Delta\boldsymbol{s}_i$ とする．$\Delta\boldsymbol{s}_i$ が短ければ，力 $\boldsymbol{F}$ はこの区間で一定だと見なせるので，それを $\boldsymbol{F}_i$ とし，$\boldsymbol{F}_i$ と $\Delta\boldsymbol{s}_i$ のなす角を θ_i とすると，この微小な区間で力 $\boldsymbol{F}$ がする微小な仕事 ΔW_i は

$$\Delta W_i = F_i\,\Delta s_i \cos\theta_i = F_{it}\,\Delta s_i \tag{8.6}$$

と近似できる．したがって，微小区間の数を限りなく大きくした極限での $W_{A\to B}$ は次式で定義される定積分

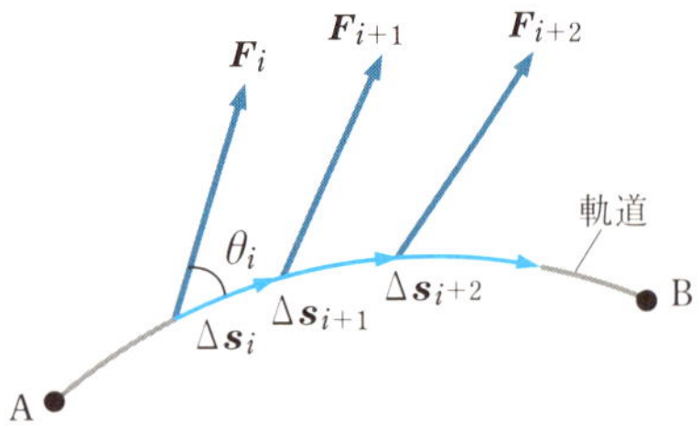

図 8.6　仕事 $W_{A\to B} = \int_A^B F\cos\theta\,\mathrm{d}s$ は微小仕事 $\Delta W_i = F_i\,\Delta s_i\cos\theta_i$ の和である．

$$W_{A\to B} = \lim_{N\to\infty}\sum_{i=1}^{N} F_i\,\Delta s_i\cos\theta_i = \lim_{N\to\infty}\sum_{i=1}^{N} F_{it}\,\Delta s_i$$

$$= \int_A^B F\cos\theta\, ds = \int_A^B F_t\, ds \tag{8.7}$$

として表される．F_t は力 $\boldsymbol{F}$ の道筋の接線方向成分である．積分記号 $\int_A^B$ は図 8.6 の A → B の経路（曲線）に沿っての定積分（線積分）であることを意味している．(8.7) 式の第 2 辺と第 3 辺は，上に記した計算手順を表し，第 4 辺と第 5 辺の線積分はこの計算手順で $W_{A\to B}$ を計算した結果を表す記号だと理解すればよい．

例 4　質量 m の物体を，図 8.7 の曲線に沿ってゆっくりと高さ h だけ持ち上げるときに，鉛直上向きの手の力 $\boldsymbol{F}$ $(F = mg)$ がする仕事 W を考える．鉛直上向きを $+x$ 方向とすると $ds\cos\theta = dx$ なので，(8.7) 式は，

$$W_{A\to B} = \int_A^B F\cos\theta\, ds = \int_{x_A}^{x_B} mg\, dx = mg[x]_{x_A}^{x_B} = mg(x_B - x_A) = mgh \tag{8.8}$$

となる．

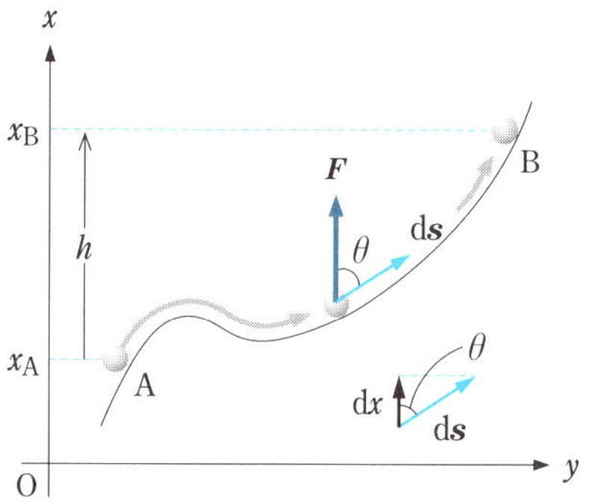

図 8.7　$W_{A\to B} = \int_A^B F\cos\theta\, ds = mg(x_B - x_A) = mgh$

このようにして，質量 m の物体をどのような経路でゆっくりと高さ h だけ持ち上げても，人間がする仕事 W は，

$$W = mgh \tag{8.9}$$

であることが導かれた．8.3 節で，高い所に持ち上げるときになされた仕事 mgh は，高い所にある物体の重力による位置エネルギーに等しいことがわかる．

同じようにして，質量 m の物体が高さ h だけ落ちるときには，どのような経路を通って落下しても，重力がする仕事 W は

$$W = mgh \tag{8.10}$$

であることが示される．

参考　スカラー積（内積）

2 つのベクトル $\boldsymbol{A}, \boldsymbol{B}$ のスカラー積 $\boldsymbol{A}\cdot\boldsymbol{B}$ を

$$\boldsymbol{A}\cdot\boldsymbol{B} = AB\cos\theta \tag{8.11}$$

と定義する．角 θ は 2 つのベクトル $\boldsymbol{A}$ と $\boldsymbol{B}$ のなす角である [図 8.8 (a)]．$\boldsymbol{A}\cdot\boldsymbol{B}$ は大きさだけをもつ量（スカラー）であり，向きをもつベクトルではない．図 8.8(a) に示すように，$\boldsymbol{A}\cdot\boldsymbol{B}$ は，ベクトル $\boldsymbol{A}$ のベクトル $\boldsymbol{B}$ への射影の長さ $A\cos\theta$ とベクトル $\boldsymbol{B}$ の長さ B との積であり，ベクトル $\boldsymbol{B}$ のベクトル $\boldsymbol{A}$ への射影の長さ $B\cos\theta$ とベクトル $\boldsymbol{A}$ の長さ A との積でもある．(8.11) 式からスカラー積の可換性

$$\boldsymbol{A}\cdot\boldsymbol{B} = \boldsymbol{B}\cdot\boldsymbol{A} \tag{8.12}$$

が導かれる．

物体の変位を $\boldsymbol{s}$ とすると，一定な力 $\boldsymbol{F}$ のする仕事 $W = Fs\cos\theta$ は，2 つのベクトル $\boldsymbol{F}, \boldsymbol{s}$ のスカラー積（内積）$\boldsymbol{F}\cdot\boldsymbol{s}$ を使って，

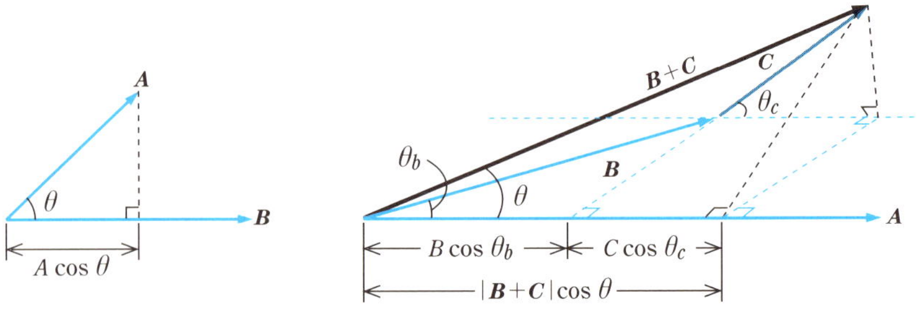

図 8.8　ベクトルのスカラー積　(a)　$\boldsymbol{A}\cdot\boldsymbol{B} = AB\cos\theta$　(b)　$\boldsymbol{A}\cdot(\boldsymbol{B}+\boldsymbol{C}) = \boldsymbol{A}\cdot\boldsymbol{B}+\boldsymbol{A}\cdot\boldsymbol{C}$

$$W = \boldsymbol{F}\cdot\boldsymbol{s} \tag{8.13}$$

と表される．また，(8.7) 式は

$$W_{\mathrm{A}\to\mathrm{B}} = \lim_{N\to\infty}\sum_{i=1}^{N} \boldsymbol{F}_i\cdot\Delta\boldsymbol{s}_i = \int_{\mathrm{A}}^{\mathrm{B}} \boldsymbol{F}\cdot\mathrm{d}\boldsymbol{s} \tag{8.14}$$

と表せる．

長さが 0 でないベクトル $\boldsymbol{A}$ と $\boldsymbol{B}$ のスカラー積 $\boldsymbol{A}\cdot\boldsymbol{B}$ が 0 ならば，$\cos\theta = 0$ なので，

$$\boldsymbol{A}\cdot\boldsymbol{B} = 0 \quad \text{ならば} \quad \boldsymbol{A} \perp \boldsymbol{B} \text{である．} \tag{8.15}$$

図 8.8(b) からわかるように，スカラー積は分配則

$$\boldsymbol{A}\cdot(\boldsymbol{B}+\boldsymbol{C}) = \boldsymbol{A}\cdot\boldsymbol{B}+\boldsymbol{A}\cdot\boldsymbol{C} \tag{8.16}$$

を満たす．

直交座標系の $+x$，$+y$，$+z$ 方向を向いた単位ベクトル（長さが 1 のベクトル）を $\boldsymbol{i}, \boldsymbol{j}, \boldsymbol{k}$ とすると，ベクトル $\boldsymbol{A} = (A_x, A_y, A_z)$ は

$$\boldsymbol{A} = A_x\boldsymbol{i}+A_y\boldsymbol{j}+A_z\boldsymbol{k} \tag{8.17}$$

と表される（図 8.9）．単位ベクトル $\boldsymbol{i}, \boldsymbol{j}, \boldsymbol{k}$ のスカラー積は，

$$\boldsymbol{i}\cdot\boldsymbol{i} = \boldsymbol{j}\cdot\boldsymbol{j} = \boldsymbol{k}\cdot\boldsymbol{k} = 1,$$
$$\boldsymbol{i}\cdot\boldsymbol{j} = \boldsymbol{j}\cdot\boldsymbol{i} = \boldsymbol{j}\cdot\boldsymbol{k} = \boldsymbol{k}\cdot\boldsymbol{j} = \boldsymbol{k}\cdot\boldsymbol{i} = \boldsymbol{i}\cdot\boldsymbol{k} = 0 \tag{8.18}$$

なので，(8.12)，(8.16)，(8.18) 式を使うと，2 つのベクトル

$$\boldsymbol{A} = A_x\boldsymbol{i}+A_y\boldsymbol{j}+A_z\boldsymbol{k} \quad \text{と} \quad \boldsymbol{B} = B_x\boldsymbol{i}+B_y\boldsymbol{j}+B_z\boldsymbol{k} \tag{8.19}$$

のスカラー積は，

$$\boldsymbol{A}\cdot\boldsymbol{B} = \boldsymbol{B}\cdot\boldsymbol{A} = (A_x\boldsymbol{i}+A_y\boldsymbol{j}+A_z\boldsymbol{k})\cdot(B_x\boldsymbol{i}+B_y\boldsymbol{j}+B_z\boldsymbol{k})$$
$$= A_xB_x+A_yB_y+A_zB_z \tag{8.20}$$

と表せる．同じベクトル同士のスカラー積は，そのベクトルの長さの 2 乗である．

$$\boldsymbol{A}\cdot\boldsymbol{A} = |\boldsymbol{A}|^2 = A_x{}^2+A_y{}^2+A_z{}^2 \tag{8.21}$$

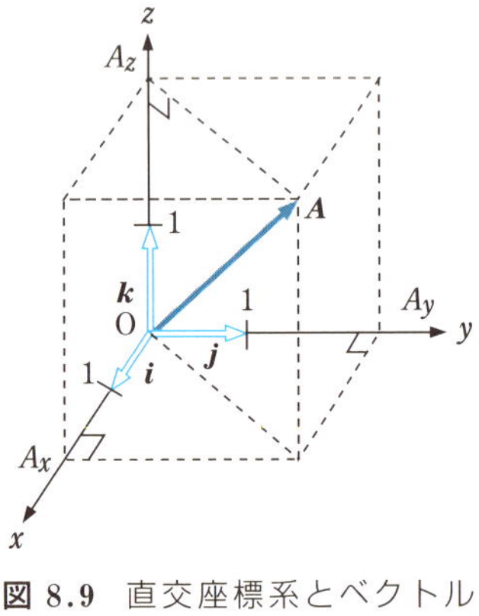

図 8.9　直交座標系とベクトル $\boldsymbol{A} = A_x\boldsymbol{i}+A_y\boldsymbol{j}+A_z\boldsymbol{k}$

例 5　2 つのベクトル

$$\boldsymbol{A} = 3\boldsymbol{i}+2\boldsymbol{j} \quad \text{と} \quad \boldsymbol{B} = 5\boldsymbol{i}-2\boldsymbol{j}$$

のスカラー積 $\boldsymbol{A}\cdot\boldsymbol{B}$ は

$$\boldsymbol{A}\cdot\boldsymbol{B} = 3\times5+2\times(-2) = 11$$

8.2 仕事率

学習目標

「仕事率 P」＝「仕事 W」÷「時間 t」を具体的な例で計算できるようになる．

単位時間あたりに行われる仕事を**仕事率**あるいは**パワー**という．つまり，時間 Δt に行われる仕事を ΔW とすると，仕事率 P は

$$P = \frac{\Delta W}{\Delta t} \qquad \text{仕事率（パワー）} = \frac{\text{仕事}}{\text{時間}} \tag{8.22}$$

である．したがって，仕事率（パワー）の国際単位は，「仕事の単位 J」÷「時間の単位 s」で，これをワットという（記号 W）*．

$$\mathrm{W} = \mathrm{J/s} \tag{8.23}$$

*仕事を表す記号のイタリック体の W と仕事率の単位記号である立体の W を混同しないこと．

つまり，1 秒間に 1 J の仕事をする仕事率が 1 W である．これは電力の単位のワットと同じものである．ワットは凝縮器のついた蒸気機関を発明した英国人で，自分の製作した蒸気機関の性能を示すために馬力という仕事率の実用単位を考案した人物である．同じ量の仕事をどのくらい速く成し遂げられるかは，実用上重要である．

例題 1 クレーンが 1000 kg のコンテナを 20 秒間で 25 m の高さまで吊り上げた．このクレーンの仕事率（パワー）P を計算せよ．

解 クレーンが行った仕事 W は，

$$W = mgh = (1000\ \mathrm{kg}) \times (9.8\ \mathrm{m/s^2}) \times (25\ \mathrm{m})$$
$$= 2.45 \times 10^5\ \mathrm{J}$$
$$P = \frac{W}{t} = \frac{mgh}{t} = \frac{2.45 \times 10^5\ \mathrm{J}}{20\ \mathrm{s}}$$
$$= 1.2 \times 10^4\ \mathrm{W} = 12\ \mathrm{kW}$$

例題 1 の式の中の $\frac{h}{t}$ は力の方向への移動速度 v なので，この式を

$$P = mgv \tag{8.24}$$

と表せる．一般に，一定な力 $\boldsymbol{F}$ の作用を受けている物体が，力の方向へ一定の速度 $\boldsymbol{v}$ で動いている場合，この力の仕事率 P を

$$P = \frac{W}{t} = \frac{Fs}{t} = F\frac{s}{t} = Fv \qquad \therefore \quad P = Fv \tag{8.25}$$

と表せる．なお，一定な力 $\boldsymbol{F}$ の作用を受けている物体が速度 $\boldsymbol{v}$ で動いている場合，力 $\boldsymbol{F}$ と速度 $\boldsymbol{v}$ のなす角を θ とすると，この力の仕事率は

$$P = \frac{F\,\Delta s \cos\theta}{\Delta t} = F\frac{\Delta s}{\Delta t}\cos\theta = Fv\cos\theta = \boldsymbol{F}\cdot\boldsymbol{v} \tag{8.26}$$

である．

8.3 保存力と位置エネルギー

学習目標

保存力とはどのような力かを理解し，位置エネルギーは保存力が仕事をする能力であることを，$U(\boldsymbol{r}) = W^{保}_{\boldsymbol{r}\to\boldsymbol{r}_0}$ という関係をもとに説明できるようになる．

重力による位置エネルギーと弾性力による位置エネルギーの定義を覚える．

保存力のする仕事と位置エネルギー　点 $\boldsymbol{r}$ にある質点に作用する力 $\boldsymbol{F}$ が質点の位置 $\boldsymbol{r}$ だけで決まる $\boldsymbol{F}(\boldsymbol{r})$ という形の場合を考える．重力 $\boldsymbol{F} = m\boldsymbol{g}$，ばねの弾性力 $F = -kx$，万有引力 $F = G\dfrac{m_1 m_2}{r^2}$ などはこの形の力である．動摩擦力は，向きが速度 $\boldsymbol{v}$ の逆向きなので，$\boldsymbol{F}(\boldsymbol{r})$ という形の力ではない．力 $\boldsymbol{F}(\boldsymbol{r})$ がする仕事 $W_{\mathrm{A}\to\mathrm{B}}$ は，(8.7) 式の $\boldsymbol{F}$ を $\boldsymbol{F}(\boldsymbol{r})$ で置き換えた

$$W_{\mathrm{A}\to\mathrm{B}} = \int_{\mathrm{A}}^{\mathrm{B}} F_{\mathrm{t}}(\boldsymbol{r})\,\mathrm{d}s \tag{8.27}$$

で与えられる．

任意の点 A から任意の点 B までの積分 (8.27) が，途中の道筋に関係せず，両端の点 A と B の位置だけで決まる場合がある (図 8.10)．このような力を**保存力**という．すなわち，

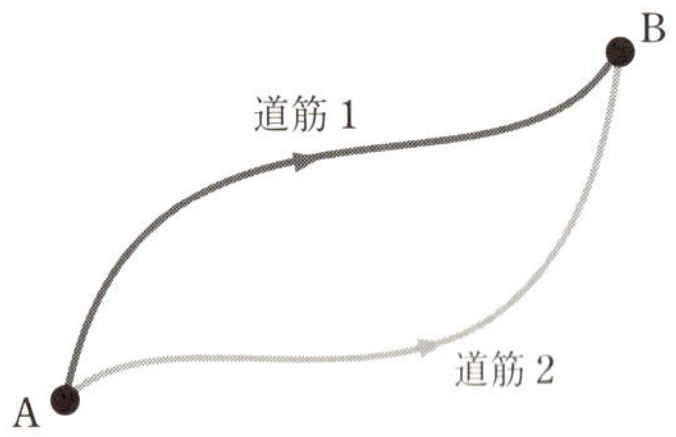

図 8.10　点 A から点 B への 2 つの道筋

保存力とは，物体が 2 点の間を移動するときに，力の行う仕事が途中の道筋によらず一定な力である．

保存力 $\boldsymbol{F}^{保}$ の場合には，位置ベクトルが $\boldsymbol{r}$ の点での位置エネルギー $U(\boldsymbol{r})$ を

$$U(\boldsymbol{r}) = -\int_{\boldsymbol{r}_0}^{\boldsymbol{r}} F^{保}_{\mathrm{t}}(\boldsymbol{r})\,\mathrm{d}s = \int_{\boldsymbol{r}}^{\boldsymbol{r}_0} F^{保}_{\mathrm{t}}(\boldsymbol{r})\,\mathrm{d}s \tag{8.28}$$

によって定義する．ここで $W^{保}_{\mathrm{A}\to\mathrm{B}} = -W^{保}_{\mathrm{B}\to\mathrm{A}}$ を使った [定積分の性質 (5.39) 式参照]．$\boldsymbol{r}_0$ は基準点の位置ベクトルである．基準点を決めると，(8.28) 式の積分の値は，積分の道筋によらず．点 $\boldsymbol{r}$ の位置だけで決まるので，これを点 $\boldsymbol{r}$ での位置エネルギー $U(\boldsymbol{r})$ と定義できるのである．なお，基準点 $\boldsymbol{r}_0$ では $U(\boldsymbol{r}_0) = 0$ である．

保存力 $\boldsymbol{F}^{保}$ の位置エネルギー $U(\boldsymbol{r})$ は，

$$U(\boldsymbol{r}) = W^{保}_{\boldsymbol{r}\to\boldsymbol{r}_0} \tag{8.29}$$

なので [(8.28) 式参照]，質点が点 $\boldsymbol{r}$ から基準点 $\boldsymbol{r}_0$ に移動するときに保存力が行う仕事に等しい．

保存力に対する (8.27) 式の積分の A → B の道筋を A →$\boldsymbol{r}_0$→ B と選

び，(8.28) 式を使えば，

$$W^{保}_{A\to B} = \int_A^B F^{保}_t(\boldsymbol{r})\,ds = \int_A^{r_0} F^{保}_t(\boldsymbol{r})\,ds + \int_{r_0}^B F^{保}_t(\boldsymbol{r})\,ds$$
$$= U(\boldsymbol{r}_A) - U(\boldsymbol{r}_B)$$

$$\therefore\quad W^{保}_{A\to B} = U(\boldsymbol{r}_A) - U(\boldsymbol{r}_B) \tag{8.30}$$

が導かれる．したがって，「保存力 $\boldsymbol{F}^{保}$ のする仕事 $W^{保}_{A\to B}$ は力 $\boldsymbol{F}^{保}$ の位置エネルギー $U(\boldsymbol{r})$ の減少量に等しい」．$\boldsymbol{r}_A$, $\boldsymbol{r}_B$ は点 A, B の位置ベクトルである．

円のように端がない線を閉曲線という．閉曲線 C 上の 1 点 A から線に沿って最初の点 A まで質点が移動する際に保存力がする仕事は，(8.30) 式の右辺が $U(\boldsymbol{r}_A) - U(\boldsymbol{r}_A) = 0$ なので，0 である (図 8.11)．

$$\oint_C F_t(\boldsymbol{r})\,ds = 0 \quad (力\ \boldsymbol{F}(\boldsymbol{r})\ が保存力の場合) \tag{8.31}$$

(8.31) 式は力 $\boldsymbol{F}$ が保存力であるための必要十分条件である．したがって，$\boldsymbol{F}(\boldsymbol{r})$ という形の力でも，(8.31) 式を満たさなければ，非保存力である．

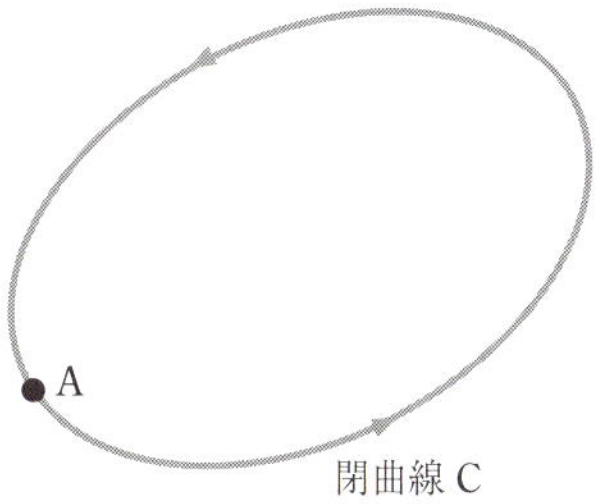

図 8.11 向きのある閉曲線 C

例 6 重力による位置エネルギー $+x$ 軸を鉛直上向きに選ぶ．質量 m の物体が微小変位 $d\boldsymbol{s}$ を行う間に重力 $\boldsymbol{F}(\boldsymbol{r}) = m\boldsymbol{g}$ がする仕事は $dW = F\,ds\cos\theta = -mg\,dx$ なので (図 8.12)*，質量 m の物体が点 A を出発して点 B に行く間に，重力がする仕事は

$$W^{重力}_{A\to B} = \int_A^B F\cos\theta\,ds = -\int_{x_A}^{x_B} mg\,dx = -mg[x]_{x_A}^{x_B} = mg(x_A - x_B) \tag{8.32}$$

である．この仕事は，始点 A と終点 B の x 座標 x_A と x_B だけで決まり，途中の道筋によらない．したがって，重力 $m\boldsymbol{g}$ は保存力で，重力による位置エネルギーをもつ．

$U^{重力}(\boldsymbol{r}) = W^{重力}_{r\to r_0}$ なので，

$$U^{重力}(\boldsymbol{r}) = mg(x - x_0) \tag{8.33}$$

である．基準点の高さ $x_0 = 0$ だとすると，重力による位置エネルギーは

$$U^{重力}(x) = mgx \tag{8.34}$$

となる．x は基準点からの高さ h なので，(8.34) 式を mgh と暗記するとよい．つまり，基準点からの高さが h の所にある質量 m の物体は，重力による位置エネルギー mgh をもつ．

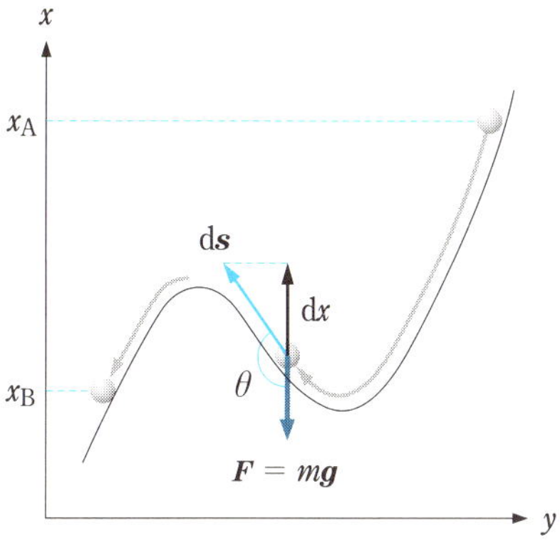

図 8.12 $F\cos\theta\,ds = -mg\,dx$

* $F\cos\theta\,ds$ は $\boldsymbol{F} = (-mg, 0, 0)$ と $d\boldsymbol{s} = (dx, dy, dz)$ の内積
$\boldsymbol{F}\cdot d\boldsymbol{s} = -mg\,dx$
である．

1 次元問題での位置エネルギー x 軸に沿って単振動している物体のように，x 軸に平行な力 $F(x)$ の作用を受け，x 軸に沿って運動している質点の場合を 1 次元問題という．この場合 (8.27) 式は定積分

$$W_{A\to B} = \int_{x_A}^{x_B} F(x)\,dx \tag{8.35}$$

になる．ここで $F(x)$ は，力が $+x$ 方向を向いていれば $F(x)>0$ で，$-x$ 方向を向いていれば $F(x)<0$ である．この定積分は始点と終点の x 座標 x_A と x_B だけで決まるので，1次元問題の x 軸に平行な力 $F(x)$ は保存力である．この場合，力 $F(x)$ の位置エネルギー (8.28) は

$$U(x) = -\int_0^x F(x)\,\mathrm{d}x \tag{8.36}$$

である．ただし，基準点を $x=0$ に選んだ［したがって，$U(0)=0$］．(8.36) 式は，1次元問題での位置エネルギー $U(x)$ は力 $F(x)$ の原始関数の符号を変えたものであることを示すので［(5.37) 式］，力 $F(x)$ は位置エネルギー $U(x)$ から導かれる．

$$F(x) = -\frac{\mathrm{d}U}{\mathrm{d}x} \tag{8.37}$$

例7　ばねの弾性力による位置エネルギー　ばねの弾性力による単振動は，1次元問題で，$F(x)=-kx$ の場合である．したがって，ばねの弾性力 $F=-kx$ は保存力で，自然の長さ ($x=0$) を基準点に選ぶと，弾性力による位置エネルギー $U^{弾力}(x)$ は，

$$U^{弾力}(x) = -\int_0^x (-kx)\,\mathrm{d}x = \frac{1}{2}kx^2 \tag{8.38}$$

であることがわかる．ここで $U^{弾力}(0)=0$ である．

例8　ばねの長さを s だけ伸び縮みさせるときに手のする仕事は $\frac{1}{2}ks^2$
図8.13の水平でなめらかな床の上のばね（ばね定数 k）につけられた物体Aを右に引っ張って，ばねの長さを s だけ引き伸ばしたり，長さ s だけ押し縮めたりすると，弾性力による位置エネルギー $\frac{1}{2}kx^2$ は，$x=0$ での0から $x=s$ あるいは $x=-s$ での $\frac{1}{2}ks^2$ まで，$\frac{1}{2}ks^2$ だけ増加

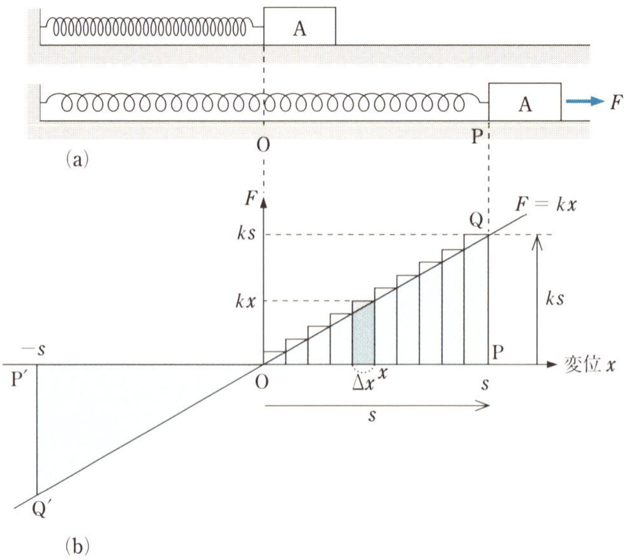

図 8.13

する．弾性力による位置エネルギーの増加量 $\dfrac{1}{2}ks^2$ は，外力のした仕事に等しいことが，次のように示される．

伸びが x のばねの弾性力（復元力）は $-kx$ なので，この状態のばねをさらに引き伸ばすには，人間が外力 $F=kx$ を加なければならない（実際には kx より少し大きな力を加なければならないが，この余分な力のする仕事は無視できる）．力 $F=kx$ はばねの伸び x とともに変化する．外力のする仕事を求めるには，(8.35) 式で $F=kx$ とおけばよい．関数 $\dfrac{1}{2}kx^2$ は関数 kx の原始関数なので，

$$W_{0\to s} = \int_0^s kx\,\mathrm{d}x = \frac{1}{2}kx^2\Big|_0^s = \frac{1}{2}ks^2 \tag{8.39}$$

である．ばねを引き伸ばすための仕事 (8.39) は，図 8.13(b) に示す，底辺の長さが s で高さが ks の三角形 OPQ の面積に等しい．

逆に，ばねを押し縮める場合にも，外力の向きと物体の移動の向きは同じなので，自然な状態のばね ($x=0$) を長さ s だけ押し縮める場合 ($x=-s$) に，外力 $F=kx$ のする仕事は正で，

$$W_{0\to -s} = \int_0^{-s} kx\,\mathrm{d}x = \frac{1}{2}kx^2\Big|_0^{-s} = \frac{1}{2}ks^2 \tag{8.40}$$

である．ばねを押し縮める外力のする仕事 (8.40) は，図 8.13(b) に示す，底辺の長さが s で高さが ks の三角形 OP′Q′ の面積である．三角形 OP′Q′ は横軸の下にあるが，積分の向きが左向き ($0\to -s$) なので，定積分の値は正なのである．

したがって，物体に外力を作用して，ばねを伸ばしたり縮めたりすると，外力のする仕事は弾性力による位置エネルギーに変わることがわかった．

万有引力による位置エネルギー　原点 O に質量 m_1 の物体があり，点 $\boldsymbol{r}$ にある質量 m_2 の物体に大きさが

$$F(r) = G\frac{m_1 m_2}{r^2} \tag{8.41}$$

の万有引力を作用しているとする．図 8.14 からわかるように

$$F\,\mathrm{d}s\cos\theta = -F\,\mathrm{d}r \tag{8.42}$$

なので，2 つの物体をゆっくり引き離して，距離を無限大にする場合に万有引力がする仕事は，途中の道筋に無関係で，

$$W^{\text{万有}}_{r\to\infty} = \int_r^\infty F\cos\theta\,\mathrm{d}s = -\int_r^\infty G\frac{m_1 m_2}{r^2}\,\mathrm{d}r = G\frac{m_1 m_2}{r}\Big|_r^\infty$$
$$= -G\frac{m_1 m_2}{r} \tag{8.43}$$

である．したがって，万有引力は保存力である．そこで質量が m_1 と m_2 の物体の距離 r が無限大の場合を基準点に選べば，万有引力の位置エネルギー $U^{\text{万有}}(r) = W^{\text{万有}}_{r\to\infty}$ は，原点 O からの距離 r だけの関数で，

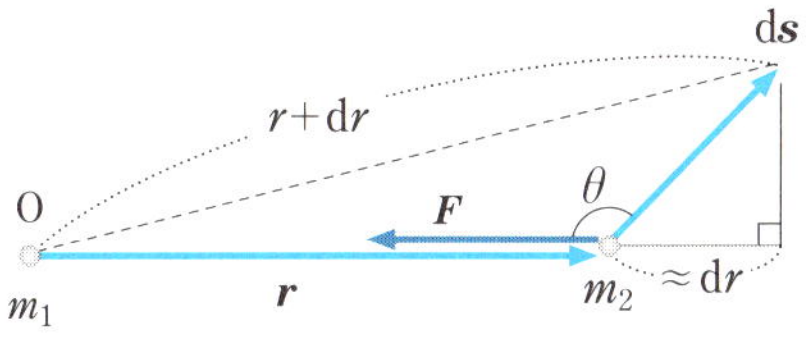

図 8.14　$F\,\mathrm{d}s\cos\theta = -F\,\mathrm{d}r$

$$U^{万有}(r) = W^{万有}_{r\to\infty} = -G\frac{m_1 m_2}{r} \tag{8.44}$$

である．なお，物体に広がりがあるが，それぞれの物体の質量分布が球対称な場合の万有引力による位置エネルギーは，(8.44)式で r を2物体の中心の距離としたものである．

参考　保存力を位置エネルギーから導く

一般の保存力 $\boldsymbol{F}$ の場合，1次元問題での関係(8.37)に対応する，保存力と位置エネルギーの関係は

$$F_x = -\frac{\partial U}{\partial x} \qquad F_y = -\frac{\partial U}{\partial y} \qquad F_z = -\frac{\partial U}{\partial z} \tag{8.45}$$

である．$\dfrac{\partial U}{\partial x}$ は，y と z を一定に保って x で微分した，x による偏微分で，

$$\frac{\partial U}{\partial x} = \lim_{\Delta x\to 0}\frac{U(x+\Delta x, y, z) - U(x, y, z)}{\Delta x} \tag{8.46}$$

である．(8.45)式は，$U(\boldsymbol{r}+\Delta\boldsymbol{r}) - U(\boldsymbol{r}) = W_{r+\Delta r\to r} = -W_{r\to r+\Delta r} \fallingdotseq -\boldsymbol{F}\cdot\Delta\boldsymbol{r}$ と偏微分の定義からすぐに導かれる．たとえば，$\Delta\boldsymbol{r} = (\Delta x, 0, 0)$ の場合は $-\boldsymbol{F}\cdot\Delta\boldsymbol{r} = -F_x\Delta x$ なので，(8.46)式を使えば，(8.45)の第1式が導かれる．

8.4 仕事と運動エネルギーの関係

学習目標

仕事と運動エネルギーの関係を覚える．運動エネルギーが仕事をする能力であることを理解する．

運動エネルギー　質量が m で，速さが v の物体は，**運動エネルギー**

$$K = \frac{1}{2}mv^2 \tag{8.47}$$

をもつ．以下で示すように，運動している物体は，運動エネルギーの大きさだけの仕事をする能力をもつからである．

問1　力が物体に仕事をすると，この仕事が位置エネルギーや運動エネルギーに変わる．逆に，位置エネルギーと運動エネルギーも仕事に変わる．この事実を反映して，仕事の単位のジュールはエネルギーの単位でもある．重力による位置エネルギー mgh，弾性力による位置エネルギー $\dfrac{1}{2}kx^2$，運動エネルギー $\dfrac{1}{2}mv^2$ などのエネルギーの国際単位はジュール $\mathrm{J} = \mathrm{kg\cdot m^2/s^2}$ であることを示せ．

仕事と運動エネルギーの関係　ニュートンの運動の法則によれば，

「力 $\boldsymbol{F}$」=「質量 m」×「加速度 $\boldsymbol{a}$」なので，力が物体に作用すれば，加速度が生じ，物体の速度は変化する．図 8.15 のように，水平な床の上を運動しているドライアイスを運動の向きに押すと，ドライアイスの速さは増し，運動エネルギーは増加する．このとき外力がした仕事 W は正 $(W>0)$ である．逆に，ドライアイスを運動の逆向きに押すと，速さは減り，運動エネルギーは減少する．このとき外力がした仕事 W は負 $(W<0)$ である．

一般に，物体が点 A から点 B に移動するとき，物体に作用する外力（すべての外力の合力）が物体にする仕事の量 $W_{A\to B}$ だけ物体（質量 m）の運動エネルギーが増加する（図 8.15）．式で表すと，

$$W_{A\to B}=\frac{1}{2}mv_B{}^2-\frac{1}{2}mv_A{}^2 \tag{8.48}$$

である．この関係を**仕事と運動エネルギーの関係**という．ここで，v_A，v_B は点 A, B での物体の速さである．力の大きさや力の向きが一定でなく，また運動の道筋が直線でなく曲線であっても，ニュートンの運動方程式から仕事と運動エネルギーの関係 (8.48) を導ける．

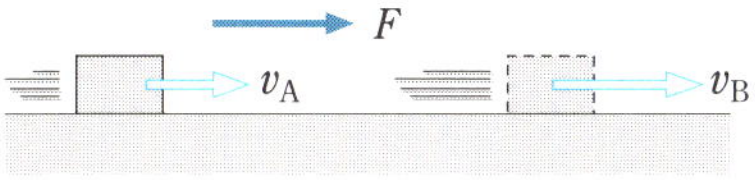

図 8.15　仕事をされると運動エネルギーは増加する．
$\frac{1}{2}mv_B{}^2-\frac{1}{2}mv_A{}^2=W_{A\to B}$

仕事と運動エネルギーの関係は，(1) ある物体が仕事をされると，運動エネルギーが増加することを意味するが，(2) 大きな運動エネルギーを持つ物体は，他の物体に仕事をする能力をもつことも意味する．

滝を落下した水が発電所のタービンの羽に衝突する場合を考える．水はタービンを回転させ，水の運動エネルギーは減少する．仕事と運動エネルギーの関係によれば，この減少量 $\frac{1}{2}mv_B{}^2-\frac{1}{2}mv_A{}^2$ はタービンの羽が水に作用した力 $\boldsymbol{F}_{水\leftarrow羽}$ によるマイナスの仕事 $-W(=W_{A\to B})$ に等しい．このとき，作用反作用の法則によって水は羽に力 $\boldsymbol{F}_{羽\leftarrow水}$ $(=-\boldsymbol{F}_{水\leftarrow羽})$ を作用してプラスの仕事 W をするので，水の運動エネルギーは水がタービンの羽にした仕事になることがわかる．このように，速さ v で運動している質量 m の物体は $\frac{1}{2}mv^2$ だけ仕事をする能力をもつので，$\frac{1}{2}mv^2$ を**運動エネルギー**というのである．

(8.48) 式の証明　まず，直線運動の場合を証明する．運動方程式

$$m\frac{\mathrm{d}v}{\mathrm{d}t}=F \tag{8.49}$$

の両辺に，$v(t)=\frac{\mathrm{d}x(t)}{\mathrm{d}t}$ を掛けて，時刻 t_A から t_B まで積分すると

$$\begin{aligned} m\int_{t_A}^{t_B}v(t)\frac{\mathrm{d}v(t)}{\mathrm{d}t}\,\mathrm{d}t &= \frac{m}{2}\int_{t_A}^{t_B}\frac{\mathrm{d}v(t)^2}{\mathrm{d}t}\,\mathrm{d}t=\left.\frac{mv(t)^2}{2}\right|_{t_A}^{t_B} \\ &=\frac{1}{2}mv_B{}^2-\frac{1}{2}mv_A{}^2=\int_{t_A}^{t_B}\boldsymbol{F}\frac{\mathrm{d}x}{\mathrm{d}t}\,\mathrm{d}t=\int_{x_A}^{x_B}F\,\mathrm{d}x=W^F_{A\to B} \end{aligned} \tag{8.50}$$

ここで，x_A, x_B, v_A, v_B は時刻 t_A, t_B での位置 $x_A = x(t_A)$，$x_B = x(t_B)$ と速度 $v_A = (t_A)$，$v_B = v(t_B)$ である．$\frac{dx}{dt} dt = dx$ を利用し，積分変数を t から $x(t)$ に変換した．これに伴って，積分の上限と下限が t_A と t_B から $x_A = x(t_A)$ と $x_B = x(t_B)$ に変わった．

3 次元運動の場合は，運動方程式 $m \frac{d\boldsymbol{v}}{dt} = \boldsymbol{F}$ の両辺と $\boldsymbol{v}(t) = \frac{d\boldsymbol{r}(t)}{dt}$ のスカラー積を作り，

$$v_x(t) \frac{dv_x(t)}{dt} + v_y \frac{dv_y(t)}{dt} + v_z \frac{dv_z(t)}{dt} = \frac{1}{2} \frac{d}{dt} [v_x{}^2(t) + v_y{}^2(t) + v_z{}^2(t)] \tag{8.51}$$

$$F_x \, dx + F_y \, dy + F_z \, dz = \boldsymbol{F} \cdot d\boldsymbol{s} \tag{8.52}$$

に注意すると，(8.50) 式と同じように (8.48) 式が証明できる．

問 2　粗い水平面の上を速さ v_0 で動いている物体が静止するまでに動く距離 d は $\frac{v_0{}^2}{2\mu' g}$ であることを示せ．μ' は動摩擦係数である．

8.5　エネルギー保存則

学習目標

エネルギー保存則とはどのような法則かを理解し，いろいろな形態のエネルギーの相互転換を具体的な例で説明できるようになる．

物体の落下運動と上昇運動で，重力による位置エネルギーと運動エネルギーが重力による仕事を仲立ちにして相互転換することを理解する．

力学的エネルギーが保存しない場合の具体的な例を示せるようになる．

保存力，非保存力，束縛力　　力 $\boldsymbol{F}$ には保存力 $\boldsymbol{F}^{保}$，非保存力 $\boldsymbol{F}^{非}$，束縛力 $\boldsymbol{F}^{束}$ の 3 種類がある．

$$\boldsymbol{F} = \boldsymbol{F}^{保} + \boldsymbol{F}^{非} + \boldsymbol{F}^{束} \tag{8.53}$$

保存力とは，重力や弾性力のように，物体が点 A から点 B まで移動するときに力の行う仕事が，途中の経路によらず一定で，位置エネルギー $U(\boldsymbol{r})$ の差として，

$$W^{保}_{A \to B} = U(\boldsymbol{r}_A) - U(\boldsymbol{r}_B) \tag{8.30}$$

と表される力である．高い所にある物体や引き伸ばされたばねは仕事をする潜在的能力をもつので，この能力をポテンシャル (潜在的) エネルギーともいう．物体の位置と結びついたエネルギーなので，本書では**位置エネルギー**という．

束縛力は，垂直抗力のように運動の向きと力の向きが垂直なので，仕事をしない力である．

摩擦力，粘性抵抗，慣性抵抗，筋力のように，物体の移動の始点と終点が同じでも，途中の経路が異なれば行う仕事が異なる力を**非保存力**という．

力学的エネルギー保存則　質点に作用する外力 $\boldsymbol{F}$ が非保存力を含まない場合，つまり，$\boldsymbol{F} = \boldsymbol{F}^{保}+\boldsymbol{F}^{束}$ の場合には，仕事と運動エネルギーの関係(8.48)と保存力のする仕事と位置エネルギーの関係(8.30)から次の関係が導かれる．

$$\frac{1}{2}m{v_\mathrm{B}}^2-\frac{1}{2}m{v_\mathrm{A}}^2 = W^{保}_{\mathrm{A}\to\mathrm{B}} = U(\boldsymbol{r}_\mathrm{A})-U(\boldsymbol{r}_\mathrm{B}) \tag{8.54}$$

この場合，運動エネルギーの増加分（あるいは減少分）が位置エネルギーの減少分（あるいは増加分）に等しいので，「運動エネルギー」+「位置エネルギー」= 一定

$$\frac{1}{2}m{v_\mathrm{B}}^2+U(\boldsymbol{r}_\mathrm{B}) = \frac{1}{2}m{v_\mathrm{A}}^2+U(\boldsymbol{r}_\mathrm{A}) = 一定 \tag{8.55}$$

という関係が成り立つ．「運動エネルギー」+「位置エネルギー」を「力学的エネルギー」とよぶので，(8.55)式は**力学的エネルギー保存則**とよばれる．

物体が重力や弾性力のような保存力および垂直抗力のような仕事をしない束縛力だけの作用を受けて運動する場合には，物体の力学的エネルギー $U+\dfrac{1}{2}mv^2$ は一定である

という力学的エネルギー保存則が成り立つことが導かれた．空気抵抗が無視できる場合の空気中での物体の運動やばねに付けられたおもりの単振動では，運動エネルギーと位置エネルギーが転換し合っているが，このエネルギーの転換を仲立ちしているのが重力や弾性力という保存力のする仕事であることを，(8.54)式の $W^{保}_{\mathrm{A}\to\mathrm{B}}$ という項が示している．

例 9　空気の抵抗が無視できる場合に，重力だけの作用を受けて運動する質量 m の物体の力学的エネルギー，つまり，重力による位置エネルギーと運動エネルギーの和は一定である．図 8.16 で，

$$\frac{1}{2}mv^2+mgh = \frac{1}{2}m{v_0}^2+mgh_0 \tag{8.56}$$

なので，同じ高さの所を上昇するときと落下するときの速さは同じである．

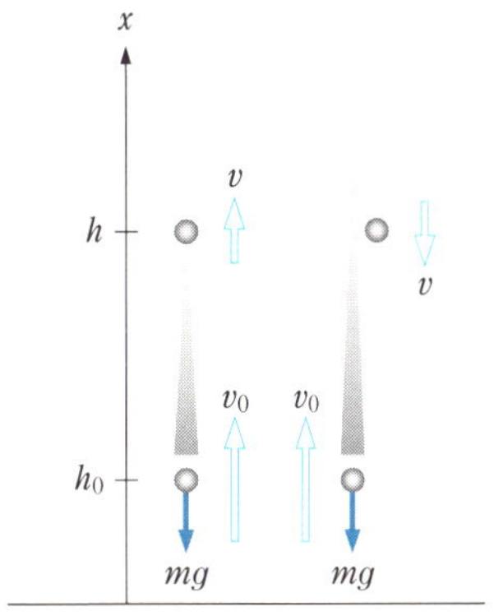

図 8.16　$\frac{1}{2}mv^2+mgh = \frac{1}{2}m{v_0}^2+mgh_0$．上昇するときと落下するときの速さは同じ．

例 10　自転車で高さ $H = 5\,\mathrm{m}$ の丘の上から，初速 0 でこがずに降りてくると，丘の上での重力による位置エネルギー mgH が丘の下では運動エネルギー $\frac{1}{2}mv^2$ になるので，丘の下での速さ v は

$$v = \sqrt{2gH} = \sqrt{2\times(9.8\,\mathrm{m/s^2})\times(5\,\mathrm{m})} = 10\,\mathrm{m/s^2}$$

である（図 8.17）．

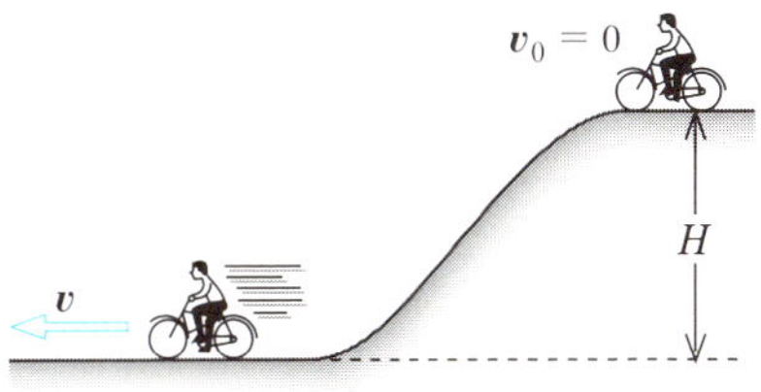

図 8.17　坂の下での速さ $v = \sqrt{2gH}$

問3　石を真上に投げ上げる．空気の抵抗が無視できない場合，同じ高さの点を石が上昇中に通過する速さと下降中に通過する速さを比べよ．

非保存力のする仕事と力学的エネルギー　手の力や摩擦力は非保存力である．物体に非保存力 $\boldsymbol{F}^{非}$ が作用する場合には，仕事と運動エネルギーの関係(8.48)に保存力と位置エネルギーの関係(8.30)を代入すると，

$$\frac{1}{2}m{v_\mathrm{B}}^2-\frac{1}{2}m{v_\mathrm{A}}^2 = W^{保}_{\mathrm{A}\to\mathrm{B}}+W^{非}_{\mathrm{A}\to\mathrm{B}} = U(\boldsymbol{r}_\mathrm{A})-U(\boldsymbol{r}_\mathrm{B})+\int_\mathrm{A}^\mathrm{B}\boldsymbol{F}^{非}\cdot\mathrm{d}\boldsymbol{s}$$

$$\therefore\quad \frac{1}{2}m{v_\mathrm{B}}^2+U(\boldsymbol{r}_\mathrm{B}) = \frac{1}{2}m{v_\mathrm{A}}^2+U(\boldsymbol{r}_\mathrm{A})+\int_\mathrm{A}^\mathrm{B}\boldsymbol{F}^{非}\cdot\mathrm{d}\boldsymbol{s} \qquad (8.57)$$

が導かれる．つまり，非保存力 $\boldsymbol{F}^{非}$ のする仕事 $W^{非}_{\mathrm{A}\to\mathrm{B}}$ だけ物体の力学的エネルギーが増加する（$W^{非}_{\mathrm{A}\to\mathrm{B}}$ が負の場合には力学的エネルギーは減少する）．

非保存力 $\boldsymbol{F}^{非}$ のする仕事 $W^{非}_{\mathrm{A}\to\mathrm{B}}$ がプラスの場合の例として，質量 m の物体を手にもって，重力に逆って，ゆっくり高さ h の所に持ち上げる場合がある．このとき手が作用する力の大きさはほぼ mg で，手の力がする仕事 W はほぼ mgh である．この仕事が重力による位置エネルギーの増加量 mgh になる．手のする仕事の源は腕の筋肉の化学エネルギーである．

非保存力 $\boldsymbol{F}^{非}$ のする仕事 $W^{非}_{\mathrm{A}\to\mathrm{B}}$ がマイナスの場合の例として，粘性抵抗を受けながら空気中を一定の速さ（終端速度）v_t で落下している雨滴がある．雨滴は等速運動をしているので，運動エネルギーは一定である．したがって，質量 m の雨滴が高さ h 落下すると，雨滴の重力による位置エネルギーも力学的エネルギーも mgh だけ減少する．この原因は，雨滴に働く粘性抵抗 bv_t ($= mg$) の向きは雨滴の運動方向とは逆向きなので，粘性抵抗が雨滴にする仕事はマイナスの量 $-bv_\mathrm{t}h = -mgh$ だからである．この場合，空気の作用する抵抗力の行った負の仕事によって失われた力学的エネルギーは熱になる．厳密にいうと，空気が雨滴に及ぼす抵抗力に対する反作用として雨滴が空気に行った仕事は，最終的に空気分子の熱運動のエネルギーである空気の内部エネルギーになるのである．

エネルギー保存則　すべての物体は分子から構成されており，物体の中で分子は熱運動とよばれる乱雑な運動を行っている．物体を構成する分子の熱運動の運動エネルギーと位置エネルギーの総和をその物体の**内部エネルギー**という．物理用語としての熱は，ミクロな分子運動のエネルギーという形で，物体の間や物体の内部を移動するエネルギーや高温の物体のもつ内部エネルギーを指す．

摩擦や抵抗のある場合には力学的エネルギーは保存しない．しかし，1 g の水の温度を 1 ℃上げるのに必要な熱量である熱量の実用単位の 1

cal（カロリー）を約 4.2 J だとすると，内部エネルギーと力学的エネルギーの和が保存することは，図 8.18 に示す装置による実験で，1843 年にジュールによって確かめられた．この実験では，おもりの重力による位置エネルギーは，羽根車が水にする仕事を媒介にして，容器中の水の運動エネルギーになり，最終的に水温の上昇，つまり，水の内部エネルギーになる．つまり，熱まで考えるとエネルギー保存則は成り立っている．熱は仕事をする能力をもっており，熱機関に利用されている．

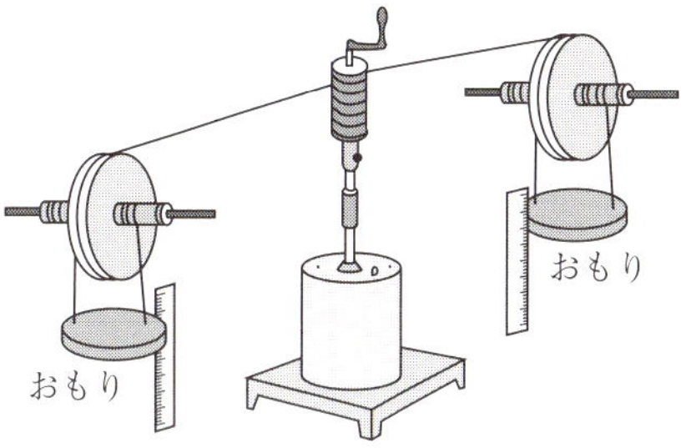

(a) ジュールの実験

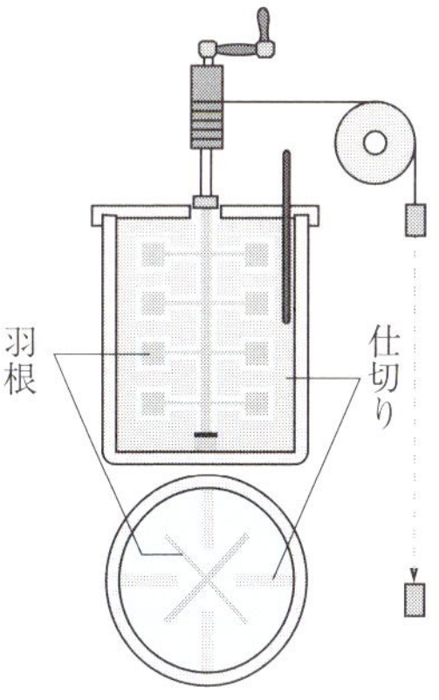

(b) 概念図

図 8.18 ジュールの実験

熱とともにわれわれの日常生活に関係深いのが，電気エネルギーと化学エネルギーである．電気エネルギーはモーターによって力学的エネルギーに変換され，電熱器によって熱（内部エネルギー）に変換される．また，力学的エネルギーは発電機によって電気エネルギーに変換される．エネルギー源としての石油や石炭は，燃焼によって熱を発生するが，燃焼は化学変化なので，石油や石炭のもつエネルギーは**化学エネルギー**とよばれる．人間のする仕事は筋肉に蓄えられた化学エネルギーによる．

相対性理論によれば，質量はエネルギーの一形態であり，質量 m が他の形態のエネルギーに変わるとき，その量は $E = mc^2$ である（c は真空中の光の速さ）．原子力発電では，ある種の原子核反応で質量が減少し，その分のエネルギーが反応生成物の運動エネルギーになることを利用している．

このように，いろいろな形態のエネルギーを考えると，エネルギーの形態は変化し，存在場所も移動するが，その総量はつねに一定で，増加したり減少したりすることはないことが実験によって確かめられている．この事実を**エネルギー保存則**という．ある量が保存するとは，その量が時間の経過とともに変化せず，一定であることを意味する．エネルギー保存の考えは，19 世紀の中ごろまでに，マイヤー，ジュール，ヘルムホルツなどによって提案された．その後，エネルギー保存則は実験的に確かめられ，現在では物理学のもっとも基本的な法則の 1 つとして認められている．

エネルギー保存則の表し方　ある過程の前後での，物体系（1 つの物体あるいは複数の物体の集まり）の巨視的な運動エネルギーの増加量を $\Delta K (= K_{後} - K_{前})$，巨視的な重力による位置エネルギーの増加量を $\Delta(mgh)$，内部エネルギーの増加量を $\Delta U (= U_{後} - U_{前})$，化学エネルギーの増加量を $\Delta E_{化学}$，外部から物体系に作用する非保存力のした仕事を W，外部から物体系に移動した熱量を Q とすると，エネルギー保存則は

$$\Delta U + \Delta E_{化学} + \Delta K + \Delta(mgh) = W + Q \tag{8.58}$$

と表せる．これら以外のエネルギーが変化すれば左辺に追加する．右辺の W は，系に作用する外力（非保存力）$\boldsymbol{F}^{非}$ の作用点の移動距離 s と作

用点の移動方向への $\boldsymbol{F}^{非}$ の成分 $F_{\mathrm{t}}^{非}$ の積，$W = F_{\mathrm{t}}^{非}s$ である．

系の外部と仕事や熱のやりとりをする場合には，外部の相手も系に含めると，$W = Q = 0$ となるので，(8.58) 式は，

$$\Delta U + \Delta E_{化学} + \Delta K + \Delta(mgh) = 0 \tag{8.59}$$

となる．この式は，外部と熱や仕事のやりとりをしない孤立した系のエネルギーは一定で変化しないという，エネルギー保存則である．

例 11　自動車の運動とエネルギー保存則　自動車に作用する外力のうち非保存力は空気の抵抗力と路面がタイヤに作用する摩擦力である．路面とタイヤの接触点でタイヤが滑らないとすると，作用点が動かないので，路面がタイヤに作用する摩擦力はタイヤに仕事をしない．そこで，外部から自動車への熱の移動 Q と空気の抵抗を無視すると，自動車のエネルギー保存則 (8.58) は

$$\Delta K + \Delta(mgh) + \Delta U = -\Delta E_{化学} \tag{8.60}$$

となる．この式は，自動車の運動エネルギーの増加 ΔK と位置エネルギーの増加 $\Delta(mgh)$ および自動車の温度上昇による内部エネルギーの増加 ΔU はエンジンで消費された燃料の化学エネルギーの減少 $\Delta E_{化学}$ によるものであることを示す．物体系に地球と大気を含めると，この系には非保存力の外力は作用しないので，タイヤが路面上で滑っても，空気の抵抗が無視できなくても，(8.60) 式はそのままの形で成り立つ．ただし，この場合の ΔU には，空気と路面の温度上昇による内部エネルギーの増加分が含まれる．

8.6　運動量と力積

学習目標

「運動量」=「質量」×「速度」は物体の運動の勢いを表すベクトル量であることを理解し，運動量の変化と力積の関係を理解する．

運動量　質量 m と速度 $\boldsymbol{v}$ の積

$$\boldsymbol{p} = m\boldsymbol{v} \tag{8.61}$$

を**運動量**とよぶ．運動量は，運動の勢いを表すベクトル量で，運動方向を向いている．運動量を t で微分して，ニュートンの運動の第 2 法則を使うと，

$$\frac{\mathrm{d}(m\boldsymbol{v})}{\mathrm{d}t} = m\frac{\mathrm{d}\boldsymbol{v}}{\mathrm{d}t} = \boldsymbol{F}$$

$$\therefore \quad \frac{\mathrm{d}\boldsymbol{p}}{\mathrm{d}t} = \boldsymbol{F} \tag{8.62}$$

となるので，「運動量の時間変化率は，その物体に作用する力に等しい」．(8.62) 式は運動の第 2 法則の別な表現である．

力積と運動量の変化　運動方程式 (8.62) を時刻 t_1 から t_2 まで積分すると，

$$\int_{t_1}^{t_2} \frac{\mathrm{d}\boldsymbol{p}(t)}{\mathrm{d}t}\,\mathrm{d}t = [\boldsymbol{p}(t)]_{t_1}^{t_2} = \boldsymbol{p}(t_2) - \boldsymbol{p}(t_1) = \int_{t_1}^{t_2} \boldsymbol{F}(t)\,\mathrm{d}t$$

$$\therefore \quad \boldsymbol{p}(t_2) - \boldsymbol{p}(t_1) = \int_{t_1}^{t_2} \boldsymbol{F}(t)\,\mathrm{d}t \tag{8.63}$$

という関係が得られる．右辺の「力と力の作用した時間の積」を表す積分を**力積**をとよぶ．時刻 t_1 から t_2 までの時間 $T = t_2 - t_1$ に一定の力 $\boldsymbol{F}$ が作用する場合の力積は

$$\int_{t_1}^{t_2} \boldsymbol{F}\,\mathrm{d}t = \boldsymbol{F}(t_2 - t_1) = \boldsymbol{F}T \tag{8.64}$$

である［図 8.19(a)］．力 $\boldsymbol{F}(t)$ の向きが時間とともに変化しないときには，図 8.19(b) の山の面積が力積の大きさである．

力積と運動量の変化の関係を表す (8.63) 式は

運動量の変化はその間に作用した力積に等しい

ことを意味している．この事実は，同じ運動量変化 $\boldsymbol{p}(t_2) - \boldsymbol{p}(t_1) = m\boldsymbol{v}(t_2) - m\boldsymbol{v}(t_1)$ を引き起こす力の大きさは，力の作用時間に反比例することを意味する．運動量の変化が同じなら，力積も同じである．シートベルトやエアバッグは，身体に加わる力の作用時間を長くすることによって，加わる力の大きさを弱める装置である．

スポーツでも運動量の変化と力積の関係は利用されている．野球でバッターがボールを遠くに飛ばすためにも，投手が速いボールを投げるた

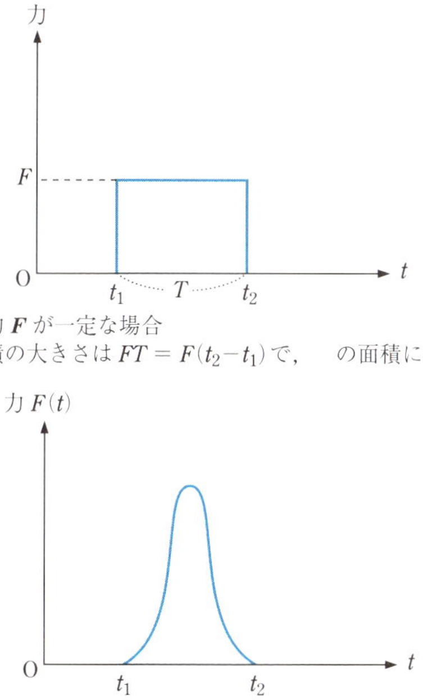

(a) 力 $\boldsymbol{F}$ が一定な場合
力積の大きさは $FT = F(t_2 - t_1)$ で，　の面積に等しい．

(b) 力 $\boldsymbol{F}$ の大きさは変化するが向きは変化しない場合．
力積の大きさは $\int_{t_1}^{t_2} F(t)\,\mathrm{d}t$ で，　の面積に等しい．

図 8.19　力積

めにも，なるべく長い間ボールに強い力を加え続ける必要がある．これがフォロースルーである．

運動量は，物体の運動の勢いを表す運動方向を向いたベクトル量で，その変化は力の作用時間の効果を表す量の力積（「力」×「時間」）に等しい．これに対して，物体の運動の勢いを表すもう1つの量である運動エネルギーは，向きを持たないスカラー量で，その変化は力の作用距離の効果を表す量の仕事（「力」×「距離」）に等しい．

問4　高い台の上から飛び降りるとき，ひざを曲げながら着地すると，身体への衝撃が減少する理由を説明せよ．

演習問題8

A

1. (1)　重量挙げの選手が質量 $m = 80$ kg のバーベルを高さ 2.0 m までゆっくりと持ち上げるときに，選手がバーベルにする仕事は何 J か．
 (2)　この選手がバーベルを持ち上げたまま横に 5 m 動いた．選手がバーベルにした仕事は何 J か．
 (3)　この選手がバーベルを静かに床に下ろした．選手がバーベルにした仕事は何 J か．
2. ジェットコースターがコースを1周する間に，重力が乗客にする仕事はいくらか．
3. 体重が 50 kg の人間が階段を，1秒あたり高さ 2 m の割合でかけ上がっている．この人間が自分に対して行う仕事の仕事率を求めよ．
4. 質量 1 t の鋼材を1分間あたり 10 m 引き上げたい場合，クレーンのモーターは，滑車その他の摩擦による損失がないとすれば，出力は何 W 以上あればよいか．
5. 投手が 0.15 kg の野球のボールを 144 km/h の速さで投げた．このボールの運動エネルギーはいくらか．投手がボールにした仕事は何 J か．
6. 速球投手が投げたボールをバッターが同じ速さで打ち返すときに，運動エネルギーは変化しない．このときバッターがボールにする仕事はいくらか．
7. 建物の屋上から2個の同じボールを同じ速さで別の方向に投げた．ボールが地面に到達したときの速さは違うか．空気の抵抗は無視せよ．
8. 図1のような摩擦のない斜面上の点Aから球を静かに放した．点Bから飛び出した物体の軌道は a, b のどちらになるか．理由を述べよ．

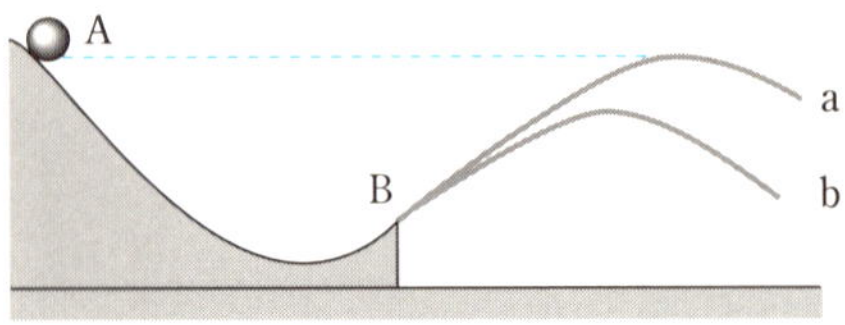

図1

9. ひもの長さが L，おもりの質量が m の振り子のひもを水平にして，初速度0で放した．ひもが鉛直になったときのひもの張力 S を求めよ．
10. 図2のように天井から長さ 1 m の糸でおもりを吊るして，鉛直と角 30° の状態にして静かに放す．高さが 50 cm の吊り戸棚に糸が接触してからおもりが最高点Bに到達したときに，糸が鉛直となす角 θ を求めよ．

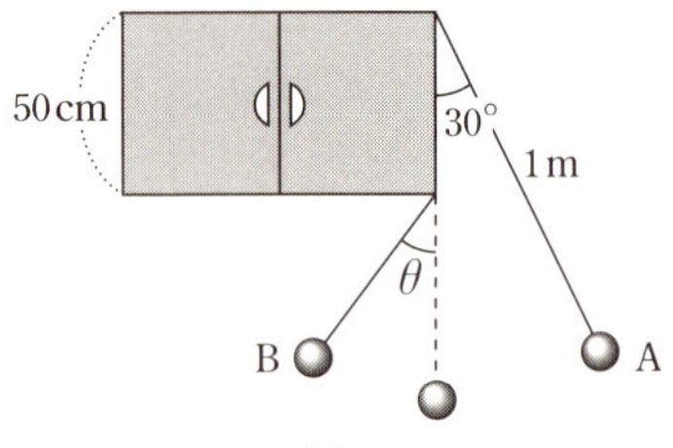

図2

11. ゴムを使ったパチンコで玉を飛ばす（図3）．このとき，伸びたゴムの弾性力による位置エネルギーのすべてが玉の運動エネルギーに変わるとする．ゴムの伸びが2倍になるように引き伸ばすと，弾性力による位置エネルギー $\frac{1}{2}kx^2$ は4倍になる．初速 v_0 は何倍になり，玉を真上に飛ばすと，最高点の高さ H は何倍になるか．水平方向に飛び出させると，何倍の距離まで届くか．

図3

12. 群馬県にある須田貝発電所では，毎秒 65 m^3 の水量が有効落差 77 m を落ちて，発電機の水車を回転させ，46000 kW の電力を発電する．この発電所では，水の重力による位置エネルギーの何%が電気エネルギーになるか．

13. 40 kg の人間が 3000 m の高さの山に登る．
 (1) この人間のする仕事はいくらか．
 (2) 1 kg の脂肪は約 3.8×10^7 J のエネルギーを供給するが，この人間が 20%の効率で脂肪のエネルギーを仕事に変えるとすると，この登山でどれだけ脂肪を減らせるか．

14. **ジュールの実験** 図 8.18 の装置では，おもりの降下によって回転する羽根車が水をかき混ぜると水の温度が上昇する．0.5 kg の水と合計 3.0 kg のおもりを用いて実験した．3.0 m の高さからおもりを 10 回降下させると，水温は何度上昇するか．容器の熱容量は無視できるものとせよ．

15. 質量 1000 kg の自動車が時速 72 km (v_0=20 m/s) で壁に正面衝突して，大破して速さ v = 3.0 m/s で跳ね返された（図 4）．衝突時間を 0.10 秒とする．壁が自動車に 0.10 秒間作用した力の大きさ F を求めよ．

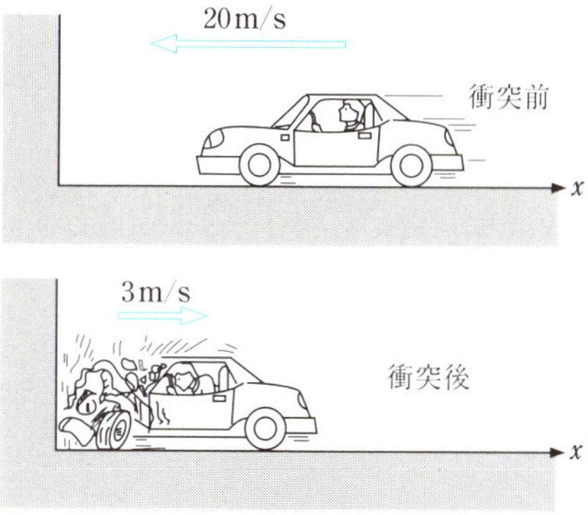

図 4

16. ピッチャーが投げた時速 144 km の球 (0.15 kg) をキャッチャーがミットを 0.2 m 引きもどして捕球するとき，ミットに働く平均の力を推定せよ．

B

1. 乗る人も含めて質量 75 kg の自転車が，傾斜角 5° の直線道路を 10.8 km/h の速さで 2 分間上がった場合，上がった高さ h を求め，この高さに上がるのに必要なパワー（仕事率）を求めよ．$\sin 5° = 0.087$ とせよ．

2. 仕事率の実用単位に**馬力**がある．もともとは蒸気機関の改良を行ったワットが，自分の製造した蒸気機関の性能を示すのに，標準的な荷役馬 1 頭の仕事率を基準にしたものである．イギリスでは長さと質量の単位にヤードとポンドを使うので，日本では，1 馬力は 75 kg の物体を 1 秒間に 1 m 持ち上げる場合の仕事率とされている．1 馬力は何ワットか．標準重力加速度 $g = 9.80665\ \mathrm{m/s^2}$ を使え．なお，現在の馬のパワーは 1 馬力以上である．

3. 長さが 3.5 m の糸に質量が 10 kg のおもりがつけてある振り子を A の位置から静かに放した場合，おもりが点 A より 1 m 低い最低点 B を通過するときの速さを求めよ（図 5）．糸の張力は仕事をせず，おもりの重力による位置エネルギーはすべて運動エネルギーに変わることを使え．

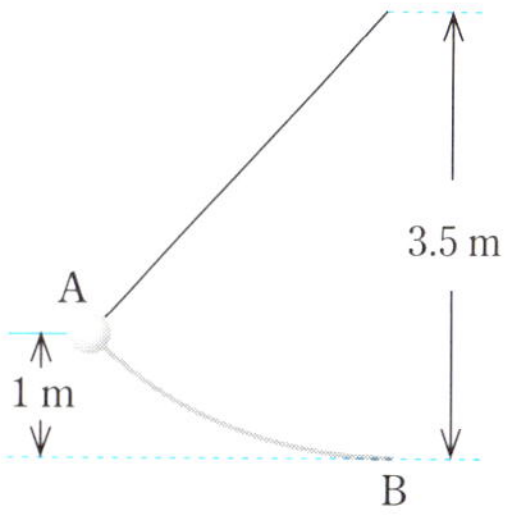

図 5

4. 地球の大気圏外で太陽の方向に垂直な面積 1 $\mathrm{m^2}$ の平面が 1 秒間に受ける太陽の放射エネルギー量は 1.37 kJ である．これを太陽定数という．効率 10%の太陽電池を使って 1 kW の電力をつくるには，少なくとも何 $\mathrm{m^2}$ の太陽電池が必要か．

5. 密度 ρ の水が速度 v で面積 A の板にあたっている．板を支えるのに必要な力を求めよ．

9 回転運動と剛体のつり合い

この章では回転運動に関する2つのトピックスを扱う．1つは固定点のまわりでの質点の回転運動である．地球の公転は，力の中心である太陽のまわりでの回転運動である．おもりをひもにくくりつけて，ぐるぐる振り回す場合のおもりの運動も，力の中心である指先のまわりでの回転運動である．もう1つは，静止している剛体（広がった硬い物体）が動き始めないための条件，つまり，剛体のつり合いである．この章でもっとも重要な物理量は，質点や剛体を回転させる力の働きを表す力のモーメントである．なお，この章では，物体の外部にある力の中心のまわりでの，物体の回転運動を扱う際には，物体ではなく，質点という用語を用いることにする．

9.1 質点の回転運動

学習目標

力によって運動量が変化するのに対応して，力のモーメントによって角運動量が変化することを理解する．

中心力とはどのような力なのかを理解し，中心力だけの作用を受けている質点の運動では，力の中心のまわりの角運動量が保存することを理解する．

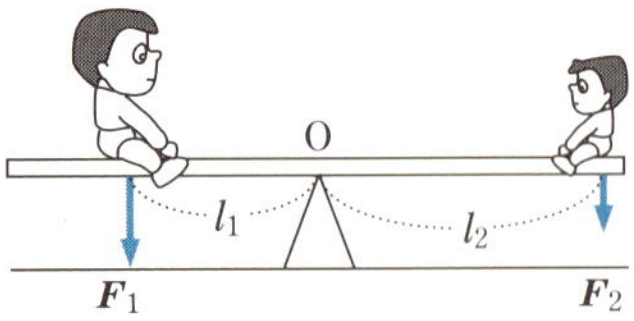

(a) $F_1l_1 = F_2l_2$ ならシーソーはつり合う．

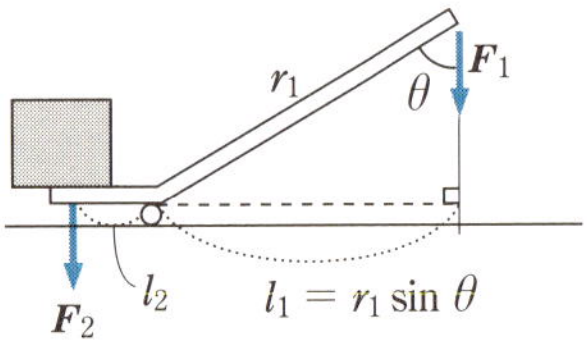

(b) $F_1l_1\ (= F_1r_1 \sin\theta) > F_2l_2$ なら荷物を持ち上げられる．

図 9.1

力のモーメント　物体の運動の勢いを表す量である運動量 p（= 質量 $m\times$ 速度 v）を変化させる原因は力である．しかし，物体の運動を点Oのまわりを回る運動だと考える場合には，回転運動の勢いを表す量として角運動量を考え，角運動量を変化させる原因として力のモーメントを考える方が便利である．

シーソーで遊び，てこで重い物を持ち上げた経験から，物体に作用する力が物体を支点（回転軸）Oのまわりに回転させる能力は，

「力の大きさ F」×「支点から力の作用線までの距離 l」

であることはよく知られている（図9.1）．この

$$N = Fl \tag{9.1}$$

を点Oのまわりの力 $\boldsymbol{F}$ の**モーメント**あるいは**トルク**とよぶ（図9.2）．力のモーメントの単位はN·mである．

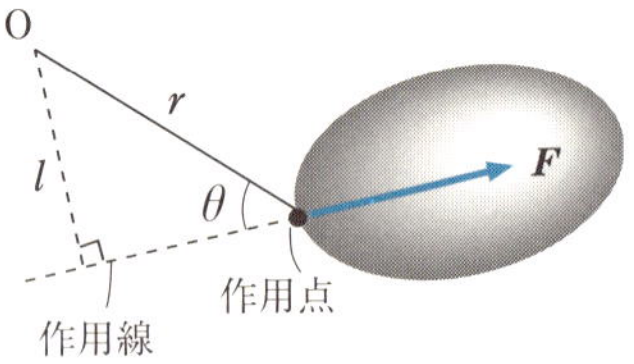

図 9.2 点Oのまわりの力 $\boldsymbol{F}$ のモーメント．$N = Fl = Fr\sin\theta$

力 $\boldsymbol{F}$ が物体を回転させようとする向きの違いを，力のモーメントに正負の符号をつけて区別する．回転させようとする向きが時計の針の回る向きと逆の場合には正符号をつけ ($N = Fl$)，同じ場合には負符号をつける ($N = -Fl$) (図 9.3)．

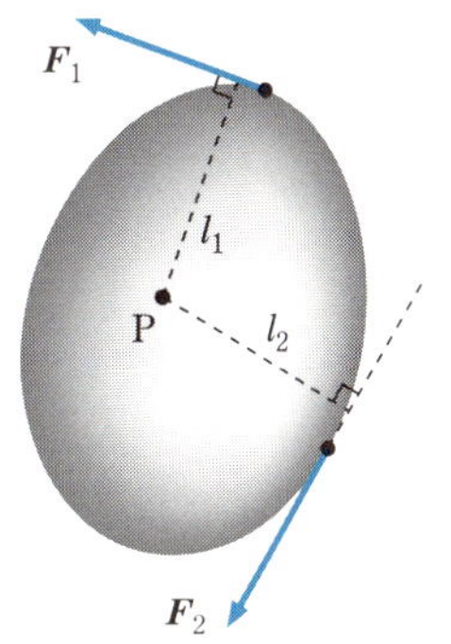

図 9.3 $N = F_1 l_1 - F_2 l_2$

図 9.4 のように，xy 平面に平行な力 $\boldsymbol{F}$ が xy 平面上の作用点 (x, y) に作用している場合，力のモーメントへの力 $\boldsymbol{F}$ の分力 $\boldsymbol{F}_x$ の寄与は $-yF_x$，分力 $\boldsymbol{F}_y$ の寄与は xF_y である．したがって，原点 O のまわりの力 $\boldsymbol{F}$ のモーメント N は

$$N = xF_y - yF_x \tag{9.2}$$

と表される．

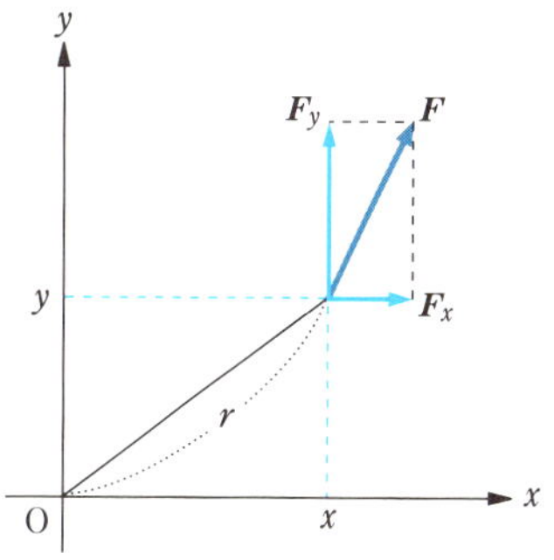

図 9.4 原点 O のまわりの力 $\boldsymbol{F}$ のモーメント N．$N = xF_y - yF_x$

角運動量 力のモーメントに対応して，質点の運動量 $\boldsymbol{p} = m\boldsymbol{v}$ の点 O のまわりのモーメントである，点 O のまわりの質点の**角運動量**を定義する．図 9.5 に示した，点 P にある質量 m，速度 $\boldsymbol{v}$，運動量 $\boldsymbol{p} = m\boldsymbol{v}$ の質点の点 O のまわりの角運動量の大きさ L は，「運動量の大きさ $p = mv$」と「点 O から質点 P を通る運動量 $\boldsymbol{p}$ におろした垂線の長さ d」の積

$$L = pd = mvd \tag{9.3}$$

である．角運動量 L にも，力のモーメントの場合と同じように，正負の符号をつける．(9.2) 式に対応して，xy 平面上を運動している質量 m の質点の原点 O のまわりの角運動量 L は

$$L = m(xv_y - yv_x) \tag{9.4}$$

と表される．角運動量は回転運動の勢いを表す量である．

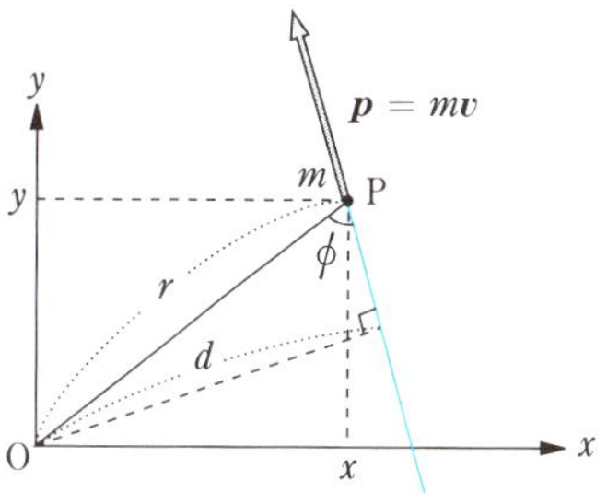

図 9.5 原点 O のまわりの角運動量 $L = pd = mvd = pr\sin\phi$

例 1 質量 m の質点が，点 O を中心とする半径 r の円周上を，角速度 ω，速さ $v = r\omega$ で等速円運動している場合，この質点の点 O のまわりの角運動量の大きさは

$$L = mvr = mr^2\omega \tag{9.5}$$

である (図 9.6)．

回転運動の法則 (9.4) 式の両辺を t で微分すると，

$$\frac{\mathrm{d}L}{\mathrm{d}t} = m\frac{\mathrm{d}}{\mathrm{d}t}(xv_y - yv_x) = m(v_x v_y + xa_y - v_y v_x - ya_x)$$
$$= x(ma_y) - y(ma_x) = xF_y - yF_x = N,$$

$$\therefore \quad \frac{\mathrm{d}L}{\mathrm{d}t} = N \tag{9.6}$$

という**回転運動の法則**が導かれる．すなわち，

質点の角運動量の時間変化率は，質点に働く力のモーメントに等しい

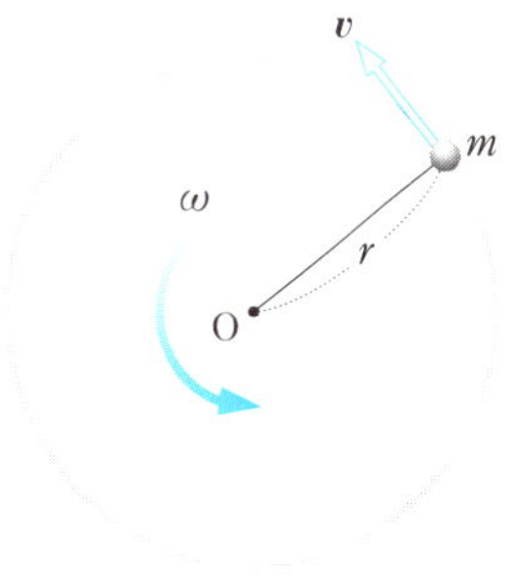

図 9.6 等速円運動の場合 $L = mvr = mr^2\omega$

ここで，角運動量と力のモーメントは原点Oのまわりのものでなくても，両者が同一の点のまわりのものであれば，この法則は成り立つ．

中心力　ある質点に作用する力の作用線がつねに一定の点Oと質点を結ぶ直線上にあり，その強さが点Oと質点の距離 r だけで決まる場合，この力を**中心力**といい，点Oを**力の中心**という．太陽が惑星に作用する万有引力や荷電粒子が他の荷電粒子に作用する電気力は中心力である．また，ひもに石をくくりつけて水平に振りまわし，石を等速円運動させる場合のひもの張力は中心力である．

中心力と角運動量保存則　ある質点が原点Oを力の中心とする中心力だけの作用を受けて運動する場合は，この力の作用線は原点Oを通るので，原点Oと力の作用線の距離は0である．したがって，原点Oのまわりの力のモーメントは0なので，この質点の原点Oのまわりの角運動量を L とすると，(9.6) 式から

$$\frac{\mathrm{d}L}{\mathrm{d}t} = 0 \quad（中心力の場合） \tag{9.7}$$

となり，角運動量 L の時間変化率は0である．したがって，

$$L = 一定 \quad（中心力の場合） \tag{9.8}$$

という関係が導かれる［(5.38) 式参照］．つまり，

質点が中心力の作用だけを受けて運動する場合には，力の中心のまわりの角運動量は一定である．

これを**角運動量保存則**という．なお，質点が中心力だけの作用を受けて運動する場合，この質点は力の中心を含む平面上を運動する（9.3節参照）．

点Oと質点を結ぶ線分が単位時間に通過する面積を，この質点の点Oに対する**面積速度**という．次の問1で確かめるように，面積速度は角運動量に比例する．したがって，角運動量保存則を次のように表すことができる．

中心力の作用だけを受けて運動する質点の，力の中心に対する面積速度は一定である．

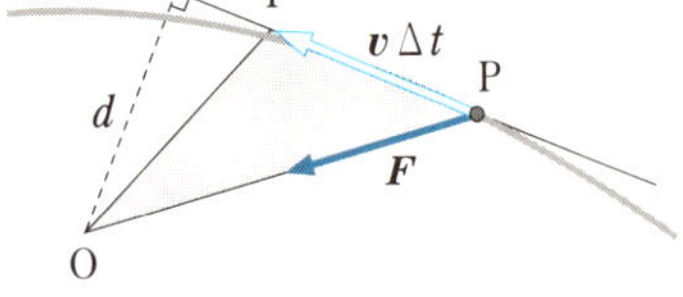

図 9.7

問1　図9.7を使って，

「角運動量 $L = mvd$」$= 2$「質量 m」×「面積速度 $\dfrac{d(v\,\Delta t)}{2}\dfrac{1}{\Delta t}$」

を確かめよ．

例題 1 鉛直な細い管を通したひもの先端に質量 m の小石をつけ，水平面内で半径 r_0，速さ v_0 の等速円運動をさせる（図 9.8）．小石に働く重力は無視し，ひもと管の間に摩擦はないものとする．

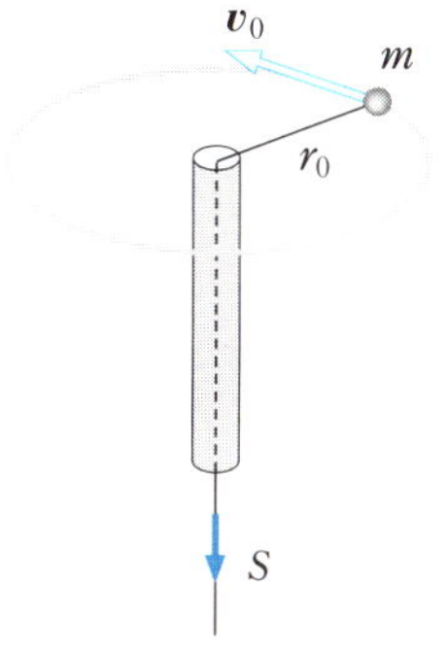

図 9.8

(1) このひもをゆっくり引っ張って，円運動の半径を r_1 に縮めたときの小石の速さ v_1 を求めよ．このとき小石の運動エネルギーはどのように変化したか．この変化は何によって生じたか．

(2) このとき小石の円運動の角速度はどのように変化したか．

解 (1) 小石に働くひもの張力は中心力なので，小石の角運動量 L は保存し，

$$L = mr_0v_0 = mr_1v_1 \qquad \therefore \quad v_1 = \frac{r_0}{r_1}v_0$$

$r_1 < r_0$ だから $v_1 > v_0$ なので，小石の運動エネルギーは増加する．この運動エネルギーの増加はひもの張力 $S = \dfrac{mv^2}{r}$ のする仕事によって生じる．

(2) (9.5) 式から $L = mr_0{}^2\omega_0 = mr_1{}^2\omega_1$．$r_1 < r_0$ なので

$$\omega_1 = \frac{r_0{}^2}{r_1{}^2}\omega_0 > \omega_0$$

したがって，小石の円運動の角速度 ω も増加する．

問 2 爪先だって，両手を大きく広げてゆっくりスピンしているフィギュアスケーターが両腕を縮めていくと，回転の角速度 ω が増していく理由を説明せよ（図 9.9）．このとき運動エネルギーも増加することを示せ．この増加はどのような力が行った仕事によるのか．問題を単純化して，例題 1 を参考にして説明せよ．

図 9.9 フィギュアスケーター

参考 ケプラーの法則

16 世紀の後半にティコ・ブラーエは惑星の運行の精密な観測を行った．彼の助手であったケプラーは，地球を含むすべての惑星が太陽のまわりを回るという地動説に基づいて，ティコの観測データを解析し，**ケプラーの法則**とよばれる次の 3 つの法則を発見した．

第 1 法則 惑星の軌道は太陽を 1 つの焦点とする楕円である．楕円とは 2 つの焦点からの距離の和が一定な点の集まりである（図 9.10）．

第 2 法則 太陽と惑星を結ぶ線分が一定時間に通過する面積は等しい（**面積速度一定の法則**）．

第 3 法則 惑星が太陽を 1 周する時間（周期）T の 2 乗と軌道の長軸半径 a の 3 乗の比は，すべての惑星について同じ値である $\left(\dfrac{a^3}{T^2} = \text{一定}\right)$．

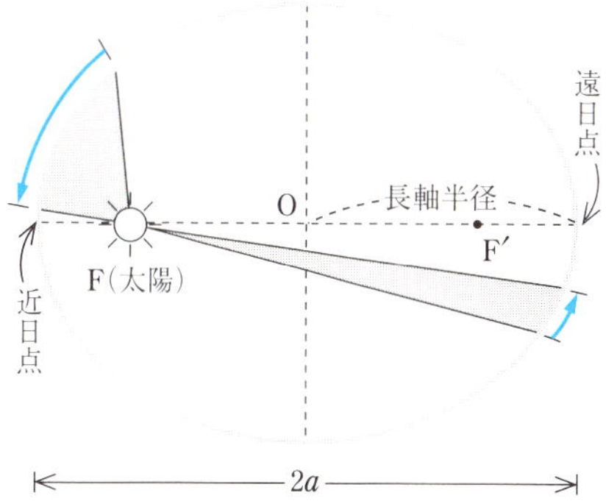

図 9.10 惑星の楕円軌道と面積速度一定．
惑星は太陽を焦点の 1 つ（F）とする楕円軌道上を運動する．太陽と惑星を結ぶ線分が同じ時間に通過する面積は一定である．その結果，太陽から遠い遠日点付近では惑星は遅く，太陽に近い近日点付近では速い．

ケプラーの法則が発見されてから約 100 年後に，ニュートンは，自分が発見した運動の法則と万有引力の法則に基づいて，ケプラーの

法則をすべて説明できることを示した.

太陽と惑星の間に作用する万有引力は太陽を力の中心とする中心力なので，角運動量保存則，つまり面積速度一定の法則が成り立つ．これはケプラーの第2法則である.

円は楕円の2つの焦点が一致した場合である．惑星の軌道が半径 r の円の場合には，質量 m の惑星に対するニュートンの運動方程式は

$$mr\omega^2 = \frac{Gmm_S}{r^2} \quad (m_S \text{ は太陽の質量}) \tag{9.9}$$

である．周期 T を使って，惑星の角速度 ω を $\omega = \dfrac{2\pi}{T}$ と表すと

$$\frac{r^3}{T^2} = \frac{Gm_S}{4\pi^2} \tag{9.10}$$

が導かれる．右辺は太陽系のすべての惑星について共通なので，「周期 T の2乗と軌道半径 r の3乗とが比例する」というケプラーの第3法則が円軌道の場合に証明できた．ケプラーの第1法則と楕円軌道の場合の第3法則の証明は省略する.

9.2 剛体のつり合い

学習目標

剛体（広がりのある硬い物体）に作用する力がつり合うための2つの条件を理解する.

広がりがある物体に作用する重力は，その合力が重心に作用すると見なせる事実とつり合いの条件を使って，簡単なつり合いの問題を解けるようになる.

剛　体　これまでは，大きさが無視できる物体，つまり質点だけを考えてきた．しかし，現実の物体には大きさがあり，変形や回転を無視できない場合が多い．物体には鉄や石のような硬い物体もあれば，ゴムのような軟らかい物体もある．硬い物体とは，力を加えた場合に変形がごくわずかな物体である．力を加えてもまったく変形しない物体を仮想して，これを**剛体**とよぶ.

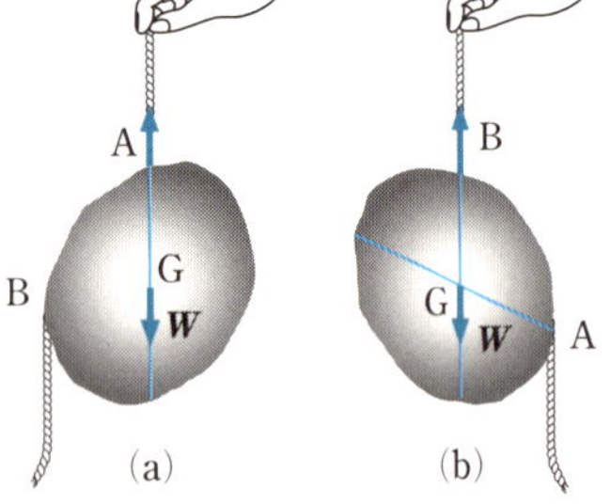

図 9.11　重心Gは糸の支点の真下にある.

重心の2つの重要な性質　剛体の運動やつり合いを考える際に，**重心**が重要な役割を演じる．剛体の重心には2つの重要な性質がある．まず，重心とは，その点を支えると重力によってその物体が動きはじめないような点である．剛体の運動やつり合いを考える際には，「剛体の各部分に作用する重力の合力が重心に作用する」と考えてよい．この性質を使うと，重心Gの位置が図9.11のようにして求められる.

第2の重要な性質は，「剛体の重心は，剛体のいろいろな部分に作用するすべての外力の和 $\boldsymbol{F}$ が作用している，同じ質量の質点と同じ運動

を行う」という事実で，質量 M の剛体の重心の加速度を $\boldsymbol{A}$ とすると，剛体の重心は，運動方程式

$$M\boldsymbol{A} = \boldsymbol{F} \tag{9.11}$$

にしたがう．重心の 2 つの性質は，質量が重力を受ける大きさを表すとともに慣性の大きさを表すという 2 つの性質をもつ事実に対応している．

剛体のつり合い　日常生活では，身のまわりの物体が静止しつづけることが望ましい場合が多い．たとえば，はしごを登っているときに，はしごが動きだしたら危険である．いくつかの力 $\boldsymbol{F}_1, \boldsymbol{F}_2, \cdots$ が剛体に作用しているときに，剛体が静止しつづけている場合，これらの力はつり合っているという．

剛体に作用する力 $\boldsymbol{F}_1, \boldsymbol{F}_2, \cdots$ がつり合うための条件は 2 つある．簡単のために，剛体に作用するすべての外力の作用線は一平面（xy 面）上にあるものとする．

第 1 の条件は，質量 M の剛体に作用する外力のベクトル和 $\boldsymbol{F} = \boldsymbol{F}_1 + \boldsymbol{F}_2 + \cdots$ が $\boldsymbol{0}$

$$\boldsymbol{F}_1 + \boldsymbol{F}_2 + \cdots = \boldsymbol{0} \tag{9.12}$$

$$(F_{1x} + F_{2x} + \cdots = 0,\ F_{1y} + F_{2y} + \cdots = 0)$$

という条件である．この条件が満たされると剛体の重心の加速度 $\boldsymbol{A} = \dfrac{\boldsymbol{F}_1 + \boldsymbol{F}_2 + \cdots}{M} = \boldsymbol{0}$ なので，この条件は，静止している剛体の重心が動きはじめないという条件である．

第 2 の条件は，1 つの軸のまわりの外力のモーメントの和 $N = N_1 + N_2 \cdots$ が 0,

$$N = 「\boldsymbol{F}_1 \text{ のモーメント}」+「\boldsymbol{F}_2 \text{ のモーメント}」+ \cdots = 0 \tag{9.13}$$

という条件である．つまり，静止していた剛体が，この軸のまわりで回転しはじめないという条件である．回転軸が z 軸の場合には，

$$(x_1F_{1y} - y_1F_{1x}) + (x_2F_{2y} - y_2F_{2x}) + \cdots = 0 \tag{9.13$'$}$$

という条件である．ここで，$(x_1, y_1), (x_2, y_2)$ は力 $\boldsymbol{F}_1, \boldsymbol{F}_2$ の作用点である．

2 つの条件 (9.12) と (9.13) が満たされていれば，静止している剛体の重心は静止しつづけ，1 つの軸のまわりで回転しはじめないので，剛体は静止しつづける．したがって，2 つの条件 (9.12) と (9.13) が，剛体に作用する力がつり合うための条件である．

例 2　図 9.12 のように，質量 50 kg の物体を水平な軽い棒で 2 人の人間 A, B が支えるとき，2 人の肩が棒を支える力 F_A, F_B を，棒に作用する 3 つの力 F_A, F_B と重力 $W = 50$ kgw のつり合いの条件から求める．鉛直方向の力のつり合いの条件は，

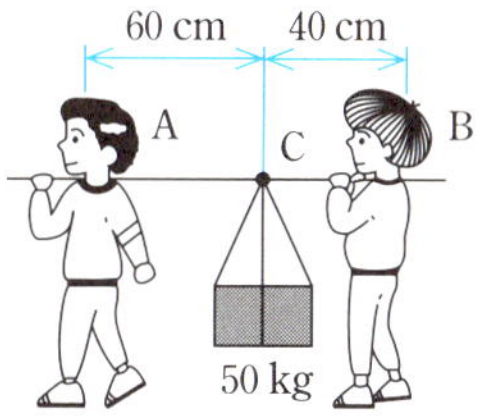

(a)

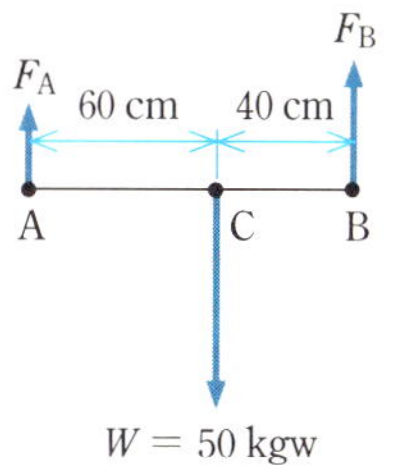

(b)

図 9.12

$$F_A + F_B - W = 0 \qquad \therefore \quad F_A + F_B = W = 50\ \text{kgw}$$

点Cのまわりの力のモーメントのつり合いの条件は，符号まで考慮すると，

$$-F_A \times (60\ \text{cm}) + F_B \times (40\ \text{cm}) = 0 \qquad \therefore \quad 3F_A = 2F_B$$

となるので，2つの条件から

$$F_A = \frac{2}{5}W = 20\ \text{kgw}, \qquad F_B = \frac{3}{5}W = 30\ \text{kgw}$$

が導かれる．なお，棒が水平でなくても，この結果は変わらない．

例題2　厚さも幅も材質も一様な板が壁に立てかけてある（図9.13）．板をどこまで傾けると板は床に倒れるか．板と床，板と壁の静止摩擦係数をμ_1, μ_2，板の長さをLとせよ．

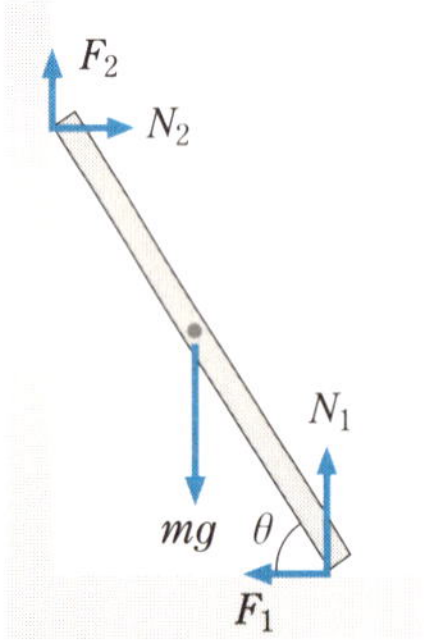

図9.13

解　板の質量をmとする．板には，重心（中心）に重力mg，下端に床の垂直抗力N_1と静止摩擦力F_1，上端に壁の垂直抗力N_2と静止摩擦力F_2が図9.13のように作用する．水平方向と鉛直方向の力のつり合い条件から

$$N_2 - F_1 = 0, \quad N_1 + F_2 - mg = 0 \qquad (9.14)$$

板の上端のまわりの力のモーメントの和が0という条件から

$$N_1 L\cos\theta - F_1 L\sin\theta - \frac{1}{2}mgL\cos\theta = 0 \qquad (9.15)$$

となる．$\theta = \theta_C$で板が滑りはじめると，$\theta = \theta_C$では

$$F_1 = \mu N_1, \qquad F_2 = \mu_2 N_2 \qquad (9.16)$$

なので，(9.14)式に(9.16)式を代入し，N_1, N_2について解くと，

$$N_2 = F_1 = \mu_1 N_1, \quad N_1 + F_2 = N_1 + \mu_2 N_2 = mg$$

$$\therefore \quad N_1 = \frac{mg}{1+\mu_1\mu_2} \qquad N_2 = \frac{\mu_1 mg}{1+\mu_1\mu_2} = F_1 \qquad (9.17)$$

(9.17)式を$\theta = \theta_C$とおいた(9.15)式に代入すると，

$$\tan\theta_C = \frac{1-\mu_1\mu_2}{2\mu_1}$$

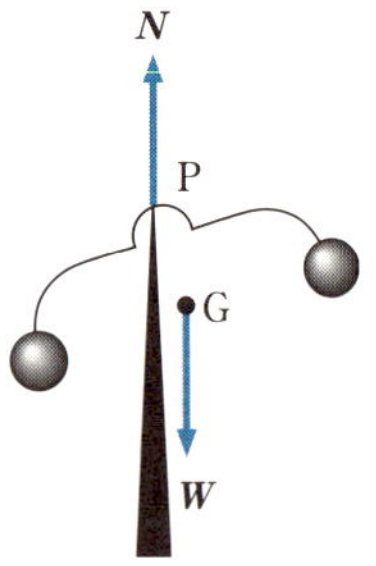

図9.14　やじろべえ．やじろべえの重心Gは支点Pより低いので，やじろべえを傾けた場合，抗力$\boldsymbol{N}$と重力$\boldsymbol{W}$の作用はやじろべえを水平に戻そうとする復元力になる．このやじろべえの重心はやじろべえの外にあることに注意．

問3　例題2で，板と床，板と壁の静止摩擦係数を$\mu_1 = \mu_2 = \frac{1}{3}$とすると，$\theta_C$は何度か．

安定なつり合いと不安定なつり合い　ある物体に作用する力がつり合っている場合に，安定なつり合いと不安定なつり合いがある．物体をつり合いの状態から少しずらしたときに復元力が働く場合を安定なつり合いといい，そうでない場合を不安定なつり合いという．図9.14のやじろべえは安定なつり合いの例である．

9.3 ベクトル積で表した回転運動の法則

回転軸には方向があるので，力のモーメントと角運動量にも大きさと方向と向きがある．力のモーメントと角運動量はベクトルであり，節末の参考で説明するベクトル積を使って表される．

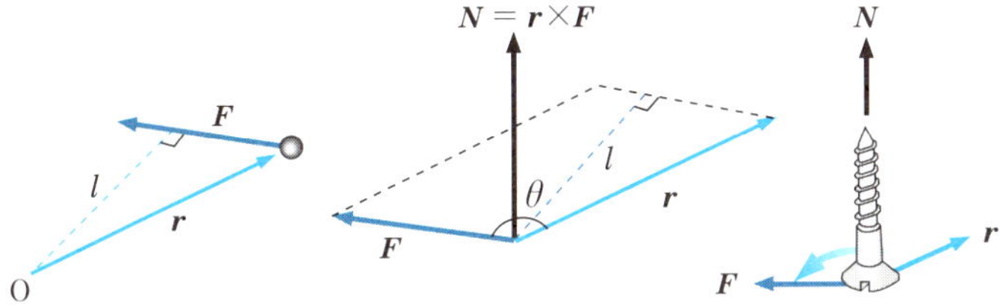

図 9.15　力のモーメント $\boldsymbol{N} = \boldsymbol{r} \times \boldsymbol{F}$
2 つのベクトル $\boldsymbol{r}, \boldsymbol{F}$ のベクトル積 $\boldsymbol{r} \times \boldsymbol{F}$ はベクトルで，大きさは $\boldsymbol{r}, \boldsymbol{F}$ を隣り合う 2 辺とする平行四辺形の面積 $rF\sin\theta$，方向は $\boldsymbol{r}$ と $\boldsymbol{F}$ の両方に垂直，向きは $\boldsymbol{r}$ から $\boldsymbol{F}$ へ（180° より小さい角を通って）右ねじを回すときにねじの進む向き．

点 $\boldsymbol{r}$ にある質量 m，速度 $\boldsymbol{v}$ の質点に力 $\boldsymbol{F}$ が作用しているとき，原点 O のまわりの力 $\boldsymbol{F}$ のモーメント $\boldsymbol{N}$ と角運動量 $\boldsymbol{L}$ は，ベクトル積を使って，

$$\boldsymbol{N} = \boldsymbol{r} \times \boldsymbol{F} \tag{9.18}$$

$$\boldsymbol{L} = \boldsymbol{r} \times \boldsymbol{p} = \boldsymbol{r} \times m\boldsymbol{v} \tag{9.19}$$

と定義される（図 9.15，図 9.16）．ベクトル $\boldsymbol{N}$ と $\boldsymbol{L}$ の成分は

$$\begin{aligned} N_x &= yF_z - zF_y & L_x &= m(yv_z - zv_y) \\ N_y &= zF_x - xF_z & L_y &= m(zv_x - xv_z) \\ N_z &= xF_y - yF_x & L_z &= m(xv_y - yv_x) \end{aligned} \tag{9.20}$$

と表される．したがって，9.1 節で考えた z 軸のまわりの回転運動の場合の定義の一般化になっている（9.1 節の N は N_z，L は L_z である）．

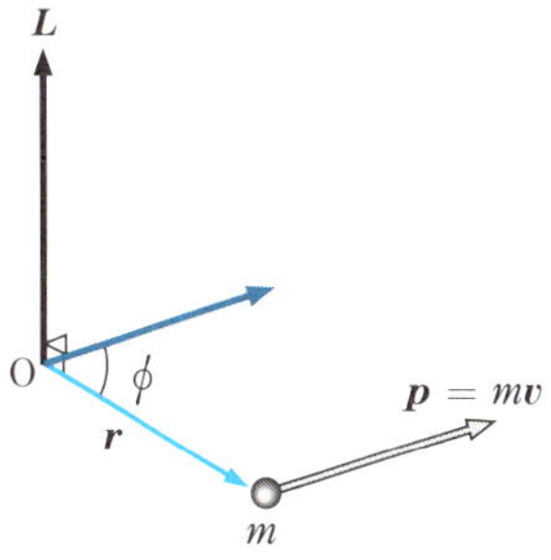

図 9.16　角運動量
$\boldsymbol{L} = \boldsymbol{r} \times \boldsymbol{p} = \boldsymbol{r} \times m\boldsymbol{v}$
$L = rp\sin\phi = rmv\sin\phi$

原点 O のまわりの角運動量 $\boldsymbol{L}$ の時間変化率は，(9.19) 式の $\boldsymbol{L}$ を t で微分して，$\boldsymbol{v} \times m\boldsymbol{v} = \boldsymbol{0}$ と $m\boldsymbol{a} = \boldsymbol{F}$ を使うと，(9.6) 式を一般化した

$$\frac{\mathrm{d}\boldsymbol{L}}{\mathrm{d}t} = \boldsymbol{N} \tag{9.21}$$

で与えられることがわかる．この式は $\boldsymbol{L}$ と $\boldsymbol{N}$ が平行でない場合にも成り立つ式である．

ある質点に，原点 O に力の中心がある中心力 $\boldsymbol{F}$ しか作用しない場合には，力の中心のまわりの力 $\boldsymbol{F}$ のモーメント $\boldsymbol{N}$ は $\boldsymbol{0}$ なので，この質点の力の中心のまわりの角運動量 $\boldsymbol{L}$ は一定である．

$$\boldsymbol{L} = \boldsymbol{r} \times m\boldsymbol{v} = \text{一定} \quad \text{（中心力の場合）} \tag{9.22}$$

したがって，この質点の位置ベクトル $\boldsymbol{r}$ は一定のベクトル $\boldsymbol{L}$ に垂直な平面上にあるので（図 9.16），中心力だけの作用を受けて運動する質点は，力の中心を含む平面上を運動することが導かれた．

偶力　図 9.17 に示すように，平行で異なる 2 本の作用線上で作用し，大きさが等しく，逆向きであるような 1 対の力 $\boldsymbol{F}$，$-\boldsymbol{F}$ を偶力という．すべての点のまわりの偶力のモーメント $\boldsymbol{N}$ は

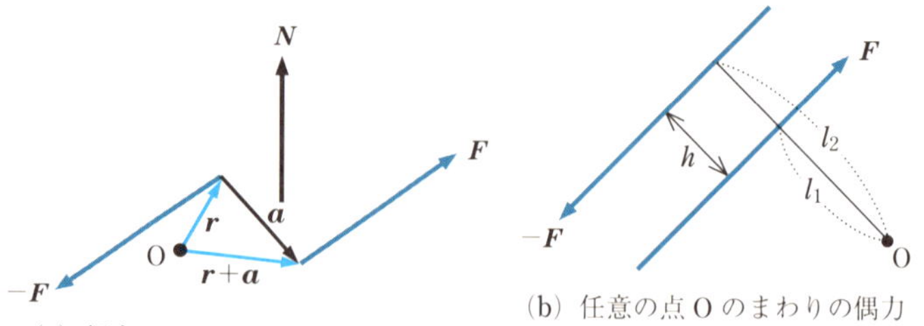

図 9.17　(a) 偶力 $\boldsymbol{F}$，$-\boldsymbol{F}$ のモーメント．偶力 $\boldsymbol{N}=(\boldsymbol{r}+\boldsymbol{a})\times\boldsymbol{F}+\boldsymbol{r}\times(-\boldsymbol{F})=\boldsymbol{a}\times\boldsymbol{F}$

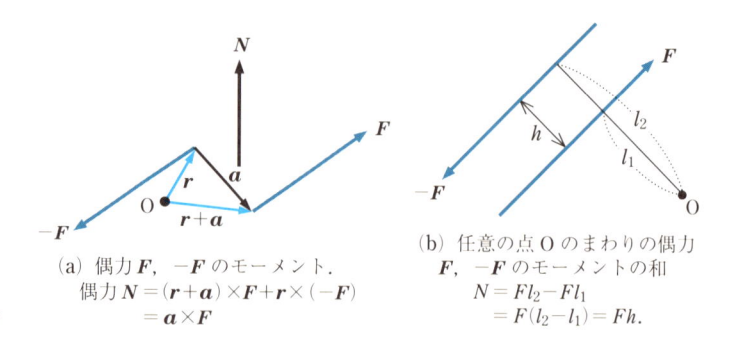

(b) 任意の点 O のまわりの偶力 $\boldsymbol{F}$，$-\boldsymbol{F}$ のモーメントの和 $N=Fl_2-Fl_1=F(l_2-l_1)=Fh.$

$$\boldsymbol{N}=\boldsymbol{a}\times\boldsymbol{F} \tag{9.23}$$

である［図 9.17(a)］．$\boldsymbol{a}$ は力 $-\boldsymbol{F}$ の作用点を始点とし，力 $\boldsymbol{F}$ の作用点を終点とするベクトルである．静止している剛体に，偶力が作用すると，剛体は回転するが，剛体の重心は移動しない．なお，偶力のモーメントの大きさ N は，2 つの力の大きさ F と 2 本の作用線の間隔 h の積

$$N=Fh \tag{9.24}$$

である［図 9.17 (b)］．

参考　ベクトル積

2 つのベクトル $\boldsymbol{A}, \boldsymbol{B}$ の**ベクトル積**（外積ともいう）$\boldsymbol{A}\times\boldsymbol{B}$ は次のように定義されるベクトルである（図 9.18）．

(1)　大きさ：$\boldsymbol{A}, \boldsymbol{B}$ を隣り合う 2 辺とする平行四辺形の面積，すなわち，ベクトル $\boldsymbol{A}, \boldsymbol{B}$ のなす角を θ とすると，

$$|\boldsymbol{A}\times\boldsymbol{B}|=AB\sin\theta \tag{9.25}$$

(2)　方向：$\boldsymbol{A}, \boldsymbol{B}$ の両方に垂直，すなわち，$\boldsymbol{A}, \boldsymbol{B}$ がのっている平面に垂直．

(3)　向き：$\boldsymbol{A}$ から $\boldsymbol{B}$ へ（180° より小さい角を通って）右ねじを回すときにねじの進む向き．$\theta=180°$ の場合は $\sin\theta=0$ なので問題は起こらない．

この定義から，ベクトル積は分配則

$$\boldsymbol{A}\times(\boldsymbol{B}+\boldsymbol{C})=\boldsymbol{A}\times\boldsymbol{B}+\boldsymbol{A}\times\boldsymbol{C} \tag{9.26}$$

は満たすが（図 9.19 参照），交換則は満たさず，そのかわりに

$$\boldsymbol{A}\times\boldsymbol{B}=-\boldsymbol{B}\times\boldsymbol{A} \tag{9.27}$$

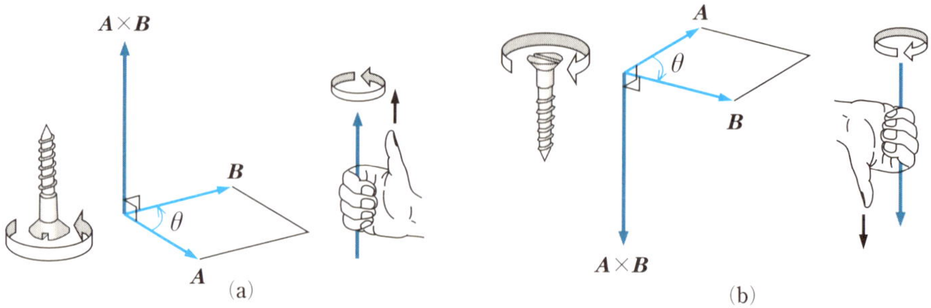

図 9.18　2 つのベクトル $\boldsymbol{A}, \boldsymbol{B}$ のベクトル積 $\boldsymbol{A}\times\boldsymbol{B}$．ベクトル積は大きさと方向と向きをもつベクトルである．向きは右手を使って図のようにしても求められる．

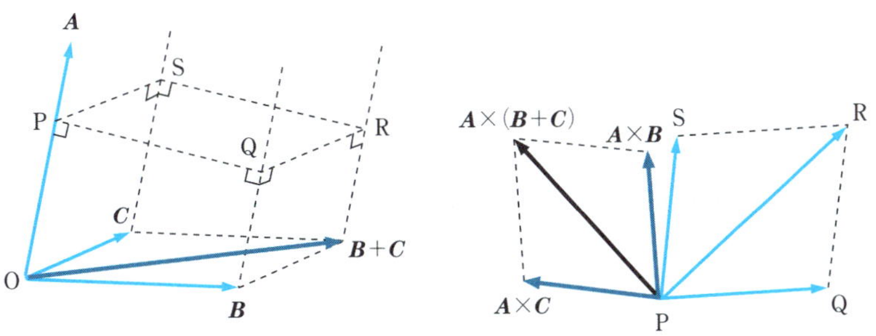

図 9.19
$\boldsymbol{A}\times(\boldsymbol{B}+\boldsymbol{C}) = \boldsymbol{A}\times\boldsymbol{B}+\boldsymbol{A}\times\boldsymbol{C}$.
$|\boldsymbol{A}\times\boldsymbol{B}| = |\boldsymbol{A}|\times\overline{\mathrm{PQ}}$,
$|\boldsymbol{A}\times\boldsymbol{C}| = |\boldsymbol{A}|\times\overline{\mathrm{PS}}$,
$|\boldsymbol{A}\times(\boldsymbol{B}+\boldsymbol{C})| = |\boldsymbol{A}|\times\overline{\mathrm{PR}}$,
$\overrightarrow{\mathrm{PQ}}\perp\boldsymbol{A}\times\boldsymbol{B}$, $\overrightarrow{\mathrm{PS}}\perp\boldsymbol{A}\times\boldsymbol{C}$,
$\overrightarrow{\mathrm{PR}}\perp\boldsymbol{A}\times(\boldsymbol{B}+\boldsymbol{C})$.
したがって，
$\boldsymbol{A}\times\boldsymbol{B}$, $\boldsymbol{A}\times\boldsymbol{C}$, $\boldsymbol{A}\times(\boldsymbol{B}+\boldsymbol{C})$
は，$\overrightarrow{\mathrm{PQ}}$，$\overrightarrow{\mathrm{PS}}$，$\overrightarrow{\mathrm{PR}}$ を同じ向きに 90° 回転した方向を向いている．$\overrightarrow{\mathrm{PQ}}+\overrightarrow{\mathrm{PS}} = \overrightarrow{\mathrm{PR}}$ なので，
$\boldsymbol{A}\times(\boldsymbol{B}+\boldsymbol{C}) = \boldsymbol{A}\times\boldsymbol{B}+\boldsymbol{A}\times\boldsymbol{C}$.

という性質のあることがわかる．また，定義から明らかなように

$$\boldsymbol{A}\times\boldsymbol{A} = 0 \tag{9.28}$$

$$\boldsymbol{A}\cdot(\boldsymbol{A}\times\boldsymbol{B}) = \boldsymbol{B}\cdot(\boldsymbol{A}\times\boldsymbol{B}) = 0 \tag{9.29}$$

である．

右手系（図 9.20）では，$+x$, $+y$, $+z$ 軸方向を向いた単位ベクトル $\boldsymbol{i}, \boldsymbol{j}, \boldsymbol{k}$ のベクトル積が

$$\boldsymbol{i}\times\boldsymbol{i} = 0,\quad \boldsymbol{j}\times\boldsymbol{j} = 0,\quad \boldsymbol{k}\times\boldsymbol{k} = 0,\quad \boldsymbol{i}\times\boldsymbol{j} = -\boldsymbol{j}\times\boldsymbol{i} = \boldsymbol{k},$$
$$\boldsymbol{j}\times\boldsymbol{k} = -\boldsymbol{k}\times\boldsymbol{j} = \boldsymbol{i},\quad \boldsymbol{k}\times\boldsymbol{i} = -\boldsymbol{i}\times\boldsymbol{k} = \boldsymbol{j} \tag{9.30}$$

という関係を満たすので，(9.26)，(9.27)，(9.30) 式を使うと，2 つのベクトル

$$\boldsymbol{A} = A_x\boldsymbol{i}+A_y\boldsymbol{j}+A_z\boldsymbol{k} \text{ と } \boldsymbol{B} = B_x\boldsymbol{i}+B_y\boldsymbol{j}+B_z\boldsymbol{k}$$

のベクトル積は，

$$\begin{aligned}\boldsymbol{A}\times\boldsymbol{B} &= (A_x\boldsymbol{i}+A_y\boldsymbol{j}+A_z\boldsymbol{k})\times(B_x\boldsymbol{i}+B_y\boldsymbol{j}+B_z\boldsymbol{k})\\ &= (A_yB_z-A_zB_y)\boldsymbol{i}+(A_zB_x-A_xB_z)\boldsymbol{j}+(A_xB_y-A_yB_x)\boldsymbol{k}\end{aligned} \tag{9.31}$$

と表されることがわかる．ベクトル積 $\boldsymbol{A}\times\boldsymbol{B}$ の成分は

$$\begin{aligned}(\boldsymbol{A}\times\boldsymbol{B})_x &= A_yB_z-A_zB_y\\ (\boldsymbol{A}\times\boldsymbol{B})_y &= A_zB_x-A_xB_z\\ (\boldsymbol{A}\times\boldsymbol{B})_z &= A_xB_y-A_yB_x\end{aligned} \tag{9.32}$$

である．

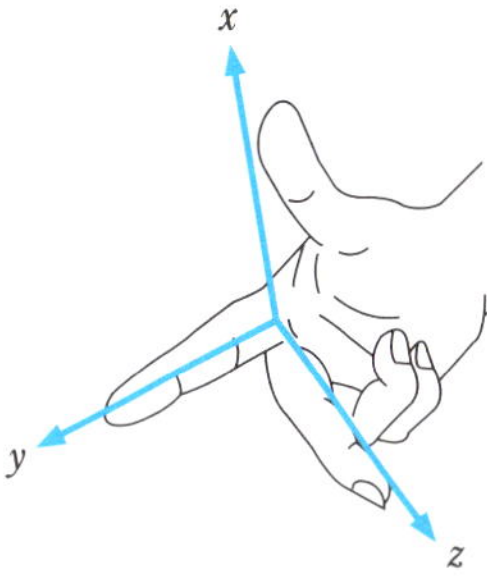

図 9.20　右手系．右手系とは，右手の親指を $+x$ 軸の方向，人差し指を $+y$ 軸の方向に向けるときに，$+z$ 軸が中指の方向を向いている直交座標系である．

演習問題9

A

1. ある種類の木の実を割るには，その両側から 3 kgw 以上の力を加える必要がある．図 1 の道具を使うと，木の実を割るために必要な力はいくらか．

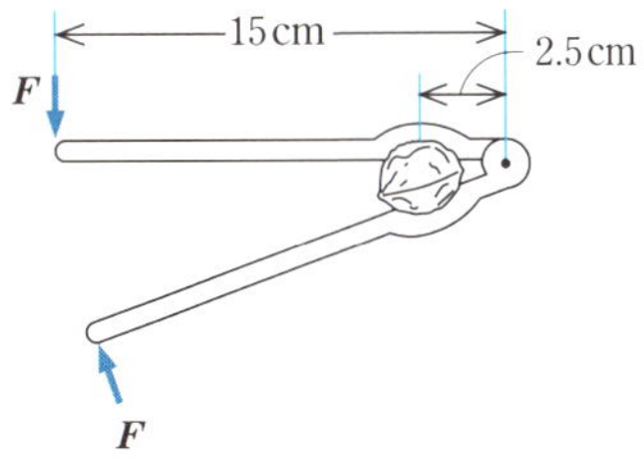

図 1

2. 糸の長さが l の単振り子の運動方程式 $ml\frac{\mathrm{d}^2\theta}{\mathrm{d}t^2} = -mg\sin\theta$［(7.19) 式］を回転運動の法則 (9.6) から導け．**ヒント**：角運動量 $L = ml^2\omega = ml^2\frac{\mathrm{d}\theta}{\mathrm{d}t}$，$N = -mgl\sin\theta$ を使え．

3. 周期が 70 年の彗星の軌道の長軸半径は地球の公転軌道の長軸半径の何倍か．

4. 図 2 のように棒が点 A でピンによって支持されている．棒の点 C, D にそれぞれ下向きに 10 N，20 N の力が加わっているとき，棒を水平に保持するために点 B に上向きに加える力 F の大きさを求めよ．棒の質量は無視できるものとせよ．

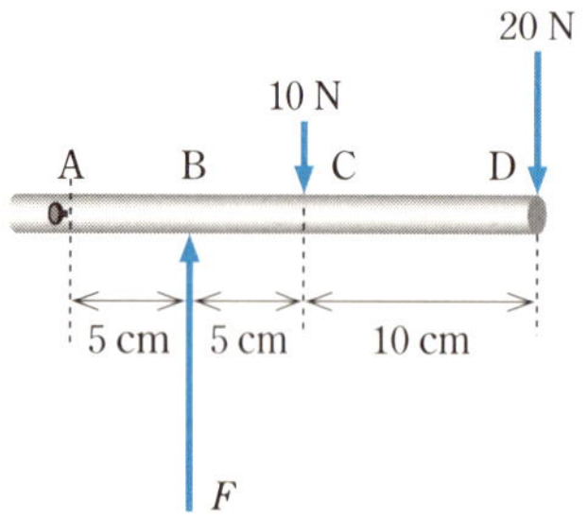

図 2

5. 図 3(a) の飛び込み台の長さ 4.5 m の板の端に体重が 50 kg の選手が立っている．1.5 m 間隔の 2 本の支柱に働く力 $\boldsymbol{F}_1, \boldsymbol{F}_2$ を求めよ．

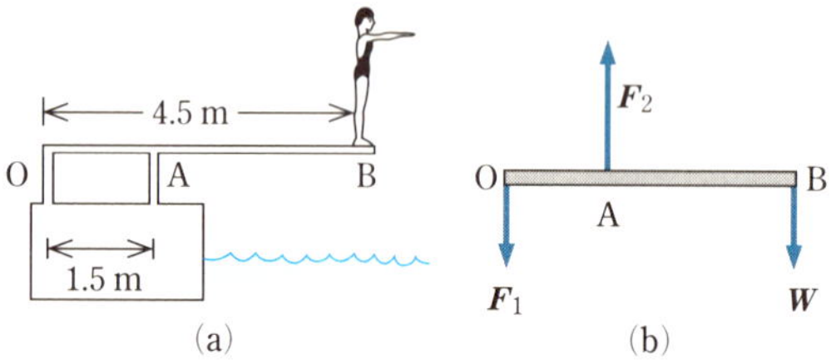

図 3

6. 図 4 のように，斜面の上に角柱が静止している．この角柱が倒れない条件は，重力の作用線と斜面の交点 A が斜面と角柱の接触面の中にあることである．このことを示せ．

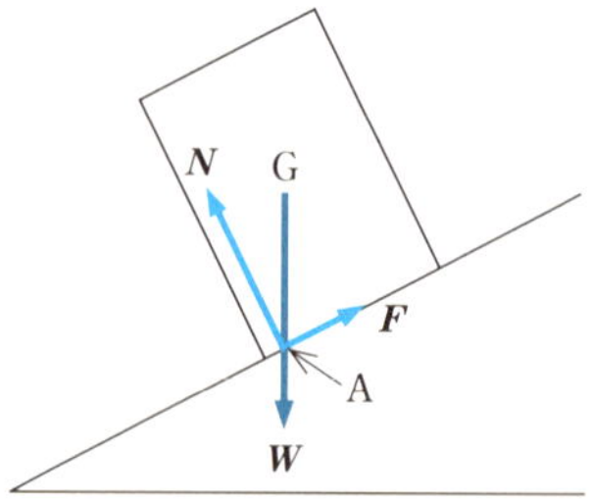

図 4

7. 質量 M のはしご AB を，壁と角 θ をなすように立てかけておくには，はしごの下端に，水平にどれだけの力を加えなければならないか（図 5）．はしごは一様で，壁と床はなめらかであるとする（摩擦力がないとする）．

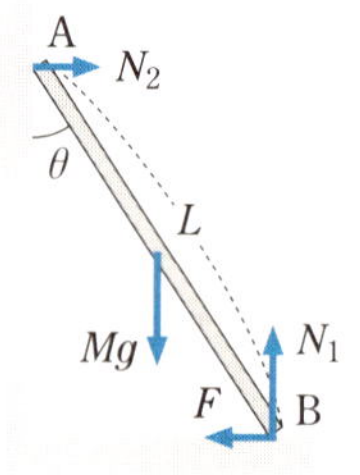

図 5

B

1. 人工衛星の打ち上げに多段ロケットを使い，つぎつぎに加速するとともに軌道を修正して，人工衛星を所定の軌道にのせる．多段ロケットを使わず，1 段ロケット（= 人工衛星）で打ち上げて軌道修正しない場合に，人工衛星（= 1 段ロケット）はどうなるか．

2. 縦 2.0 m，横 2.4 m，質量 40 kg の一様な長方形の板を，図 6 のように，長さ $L = 3.0$ m の水平な軽い棒につける．棒は壁に固定したちょうつがいと綱で固定されている．

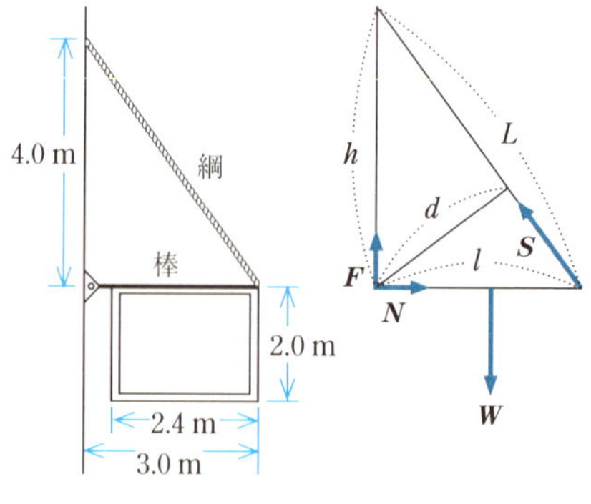

図 6

(1)　綱の張力 S を求めよ．

(2)　ちょうつがいが棒に及ぼす力を求めよ．

付録 A

微分をさらに学ぶ

学習目標

微分は理学と工学で広く応用されている．これらの応用では変数は時刻 t とは限らない．そこで，$y = f(x)$ という形の関数の導関数の表現に慣れる．

関数 $f(x)$ の近似式の求め方を身につける．

関数 $f(x)$ の極小値，極大値と導関数の関係を理解する．

A.1 関数 $y = f(x)$ の導関数 $\dfrac{dy}{dx} = f'(x)$

変数 x の関数

$$y = f(x) \tag{A.1}$$

の導関数は，3.2 節で学んだ $x = x(t)$ の場合と同じように

$$\frac{dy}{dx} = \lim_{\Delta x \to 0} \frac{f(x+\Delta x) - f(x)}{\Delta x} \tag{A.2}$$

で定義される．(A.2) 式の右辺を $f'(x)$ と記して，「関数 $f(x)$ の導関数は $f'(x)$ である」とか「関数 $f(x)$ を x で微分すると $f'(x)$ になる」と表現する．つまり，

$$f'(x) = \lim_{\Delta x \to 0} \frac{f(x+\Delta x) - f(x)}{\Delta x} \tag{A.3}$$

である．関数 $y = f(x)$ の導関数を，$\dfrac{dy}{dx}$ と記してもよいし，$f'(x)$ あるいは $(f(x))'$ と記してもよいし，y'，$\dfrac{df}{dx}$ あるいは $\dfrac{d}{dx}f(x)$ と表してもよい．状況に応じて使いわければよい．

問 1　関数 $f(x)$ の導関数 $f'(x)$ は，関数 $f(t)$ の導関数 $f'(t)$ の t を x で置き換えたものなので，$(at^2+bt+c)' = 2at+b$ [(3.18) 式] から

$$(ax^2+bx+c)' = 2ax+b \tag{A.4}$$

であることがわかる．次の関数の導関数を求めよ．

(1)　$y = 3x^2+2x+3$

(2)　$y = 4x^2+3x+2$

(3)　$y = 1-x+2x^2+3x^3$

参考　微分可能

関数 $f(x)$ を表すグラフがなめらかでなく，途中で切れていたり，

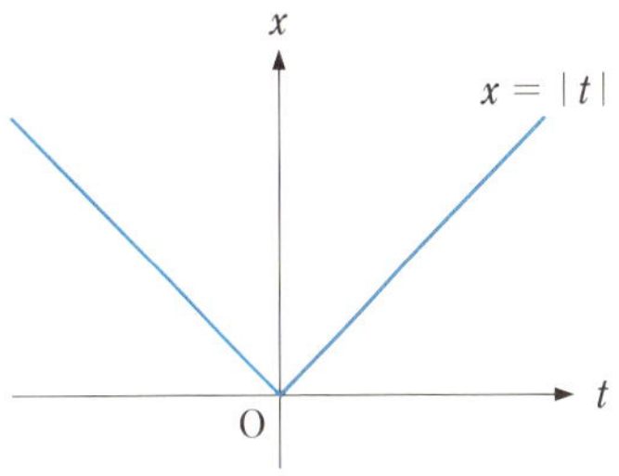

図 A.1

関数

$$x(t) = |t| = \begin{cases} t & t \geqq 0 \\ -t & t < 0 \end{cases}$$

の導関数は

$$x'(t) = \begin{cases} 1 & t > 0 \\ -1 & t < 0 \end{cases}$$

である．

関数 $x(t) = |t|$ を表す線が折れ曲がっている $x = 0$ では，

$$\lim_{t \to 0+0} x'(t) = \lim_{t \to 0+0} 1 = 1,$$

$$\lim_{t \to 0-0} x'(t) = \lim_{t \to 0-0} (-1) = -1$$

で，$x'(t)$ が存在しないので，$x(t)$ は $t = 0$ で微分不可能

折れ曲がっている場合には，切れている場所と折れ曲がっている場所で (A.3) 式の極限値が存在しない (図 A.1)．このような場合，それらの点では導関数は存在しないので，**微分不可能**であるという．本書で，なめらかな関数とよんでいる関数を，数学では，いたるところで微分可能な関数という．

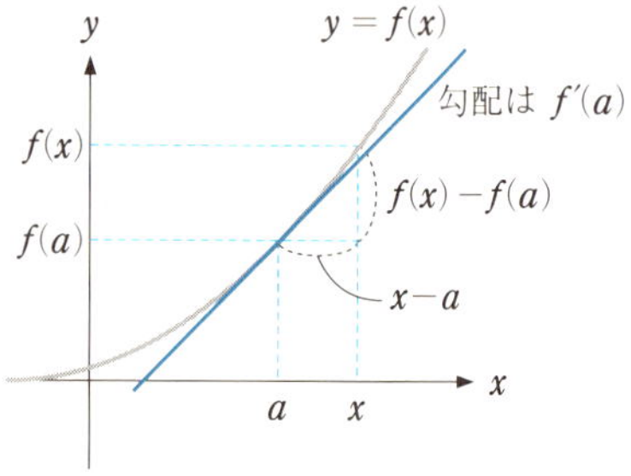

図 A.2　接線の方程式
$y=f(a)+f'(a)(x-a)$
$x=a$ の近傍では
$f(x)\fallingdotseq f(a)+f'(a)(x-a)$

A.2　微分係数と接線の方程式

関数 $y=f(x)$ の導関数 $f'(x)$ の $x=a$ での値 $f'(a)$ を，関数 $y=f(x)$ の $x=a$ での**微分係数**あるいは変化率という．微分係数 $f'(a)$ は，関数 $y=f(x)$ を表す曲線の点 $(a, f(a))$ での接線の勾配である．接線の方程式は

$$\frac{y-f(a)}{x-a}=f'(a)$$

$$\therefore \quad y=f(a)+f'(a)(x-a) \tag{A.5}$$

である (図 A.2)．

例題 1　(1)　$f(x)=x^2$ の $x=-2$ における微分係数を求めよ．

(2)　$f(x)=(x-1)^2$ の $x=2$ における微分係数を求めよ．

解　(1)　$f'(x)=2x$ なので，

$f'(-2)=2(-2)=-4$

(2)　$f(x)=(x-1)^2=x^2-2x+1$ なので，

$f'(x)=2x-2$

$f'(2)=2\times 2-2=2$

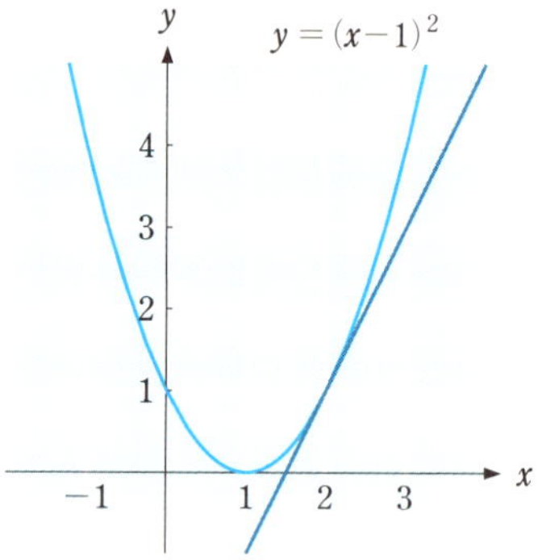

図 A.3　$y=(x-1)^2$

例題 2　関数 $y=(x-1)^2$ のグラフの $x=2$ での接線の方程式を求めよ (図 A.3)．

解　$f(2)=1, f'(2)=2$ なので，

$y=1+2(x-2)=2x-3$

問 2　関数 $y=x^2$ のグラフの $x=-2$ での接線の方程式を求めよ．

A.3　関数 $f(x)$ の近似式

1 次の近似式　図 A.2 を見ればわかるように，点 $(a, f(a))$ の近くでは，関数 $y=f(x)$ を表す曲線は接線 (A.5) で近似できる．そこで $x=a$ の付近で連続でなめらかな関数 $f(x)$ は

$$f(x)\fallingdotseq f(a)+f'(a)(x-a) \tag{A.6}$$

と近似できることがわかる．(A.6) 式を関数 $f(x)$ の **1 次の近似式**という．

テイラー級数　数列の和を級数という．$x=a$ を含む領域において無限回微分可能な関数は，**テイラー級数**

$$f(x)=f(a)+f'(a)(x-a)+\frac{1}{2!}f''(a)(x-a)^2+\cdots$$
$$+\frac{1}{n!}f^{(n)}(a)(x-a)^n+\cdots \tag{A.7}$$

として表される．ここで $f^{(n)}(a)$ は，$f(x)$ を x で n 回微分した n 次の導関数 $f^{(n)}(x)$ の $x=a$ での値で，$n!$ は n の階乗，

$$n!=n\cdot(n-1)\cdot(n-2)\cdots3\cdot2\cdot1$$

である．(A.7) 式の右辺を n 回微分して $x=a$ とおくと，$f^{(n)}(a)$ となる．つまり，(A.7) 式の右辺は $f(x)$ の $x=a$ でのすべて次数の微分係数 $f^{(n)}(a)$ を正しく与える式である．(A.7) 式の数列の和を途中で打ち切ったものを，点 $x=a$ での関数 $f(x)$ の**テイラー展開**という．

テイラー級数の $(n+1)$ 番目の項 a_{n+1} と n 番目の項 a_n の比の大きさが

$$\lim_{n\to\infty}\frac{|a_{n+1}|}{|a_n|}=\lim_{n\to\infty}\frac{|f^{(n+1)}(a)|}{|f^{(n)}(a)|}\frac{|x-a|}{n+1}<1 \tag{A.8}$$

という条件を満たす x の値に対して，テイラー級数の無限項の数列の和は有限の値になるが，それ以外の場合には，無限項の数列の和は有限の値に収束しないので，(A.7) 式は使えない．つまり，(A.7) 式が成り立つのは，(A.8) 式が満たされる x に対してである．

$a=0$ の場合のテイラー級数

$$f(x)=f(0)+f'(0)x+\frac{1}{2!}f''(0)x^2+\cdots+\frac{1}{n!}f^{(n)}(0)x^n+\cdots \tag{A.9}$$

を**マクローリン級数**といい，$a=0$ の場合のテイラー展開を **マクローリン展開** という．

導関数の公式とマクローリン級数の公式 (A.9) を使うと，次の 2 次の近似式を導くことができる（図 A.4，図 A.5）．証明は演習問題 A の 3, 4 を参照．

$$(1+x)^n \fallingdotseq 1+nx+\frac{1}{2}n(n-1)x^2 \tag{A.10}$$

$$\sin x \fallingdotseq x \tag{A.11}$$

$$\cos x \fallingdotseq 1-\frac{1}{2}x^2 \tag{A.12}$$

$$e^x \fallingdotseq 1+x+\frac{1}{2}x^2 \tag{A.13}$$

注意　$\sin x \fallingdotseq x$ と $\cos x \fallingdotseq 1-\frac{1}{2}x^2$ が成り立つのは，x の単位に rad を使う場合に限る．

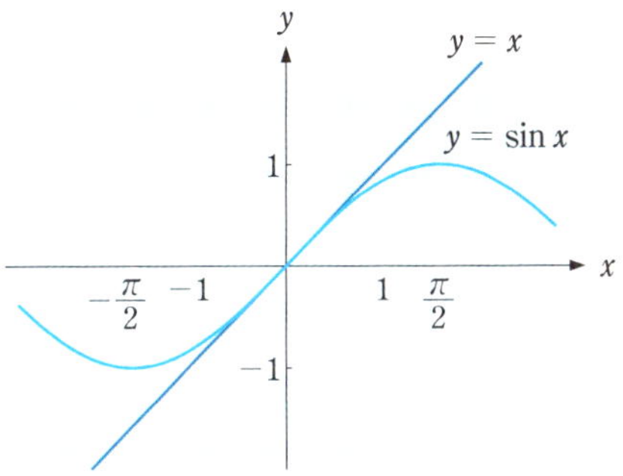

図 A.4　$\sin x \fallingdotseq x$

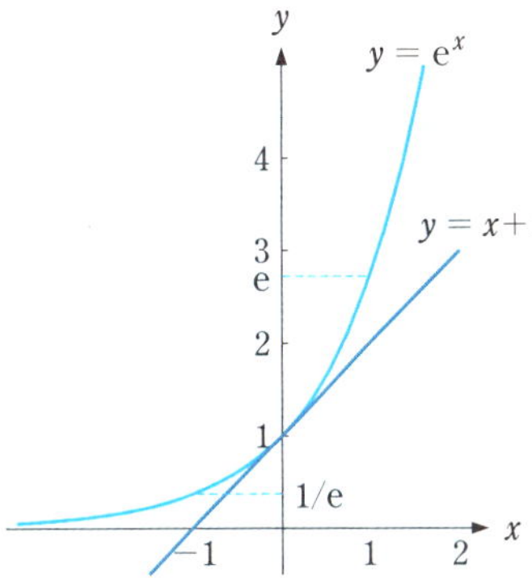

図 A.5　$e^x \fallingdotseq x+1$

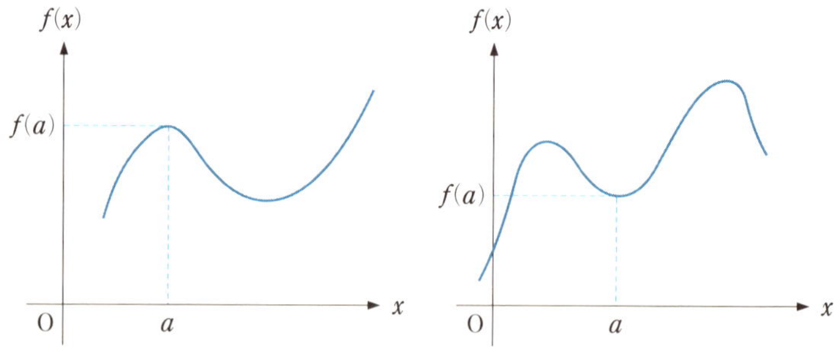

図 A.6　(a)　極大　(b)　極小

A.4　極大値と極小値

テイラー級数の $(x-a)$ の 3 次以上の項を無視すると，なめらかな関数 $f(x)$ の $x=a$ の近くでの次のような **2 次の近似式**が得られる．

$$f(x) \fallingdotseq f(a)+f'(a)(x-a)+\frac{1}{2}f''(a)(x-a)^2 \tag{A.14}$$

なめらかな関数 $f(x)$ のグラフが，$x=a$ に山の頂上をもつとき，関数 $f(x)$ は $x=a$ で極大であるといい，$f(a)$ を極大値という [図 A.6(a)]．$x=a$ にグラフの谷の底があれば，関数 $f(x)$ は $x=a$ で極小であるといい，$f(a)$ を極小値という [図 A.6(b)]．

なめらかな関数 $f(x)$ が点 $x=a$ で極小あるいは極大であるとすると，$f'(a)=0$ なので，(A.14) 式は

$$f(x) \fallingdotseq f(a)+\frac{1}{2!}f''(a)(x-a)^2 \tag{A.15}$$

となる．極大の付近でグラフは上に凸なので，x が増加すると $f'(x)$ は減少し，$f''(x)<0$ である．極小の付近でグラフは下に凸なので，x が増加すると $f'(x)$ は増加し，$f''(x)>0$ である．したがって，

$f'(a)=0$ かつ $f''(a)<0$ なら $f(a)$ は極大値であり，　(A.16a)

$f'(a)=0$ かつ $f''(a)>0$ なら $f(a)$ は極小値である．　(A.16b)

なめらかな関数の場合，隣り合う極大と極小の間に $f''(x)=0$ になる点が少なくとも 1 つ存在する．

$f''(c)=0$ で，かつ，$x>c$ と $x<c$ で $f''(x)$ の符号が異なる場合，つまり，$f'''(c)\neq 0$ の場合，$x=c$ の点を変曲点という (図 A.7)．

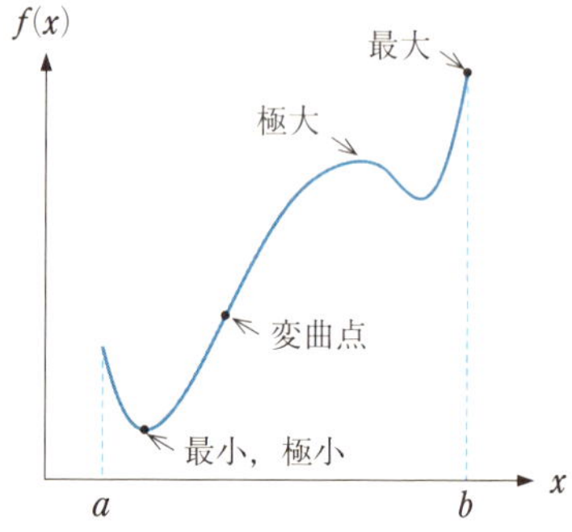

図 A.7　極大，極小，最大，最小，変曲点

$f'(a)=0$ かつ $f''(a)=0$ なら，$x=a$ は極大点，極小点，変曲点のどれかである (問 3 参照)．

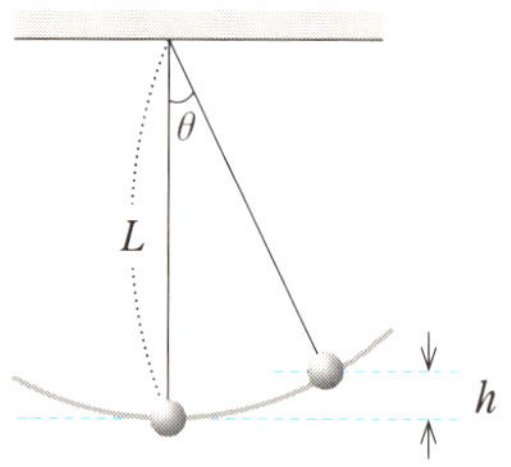

図 A.8　$h \fallingdotseq \frac{1}{2}L\theta^2$

問 3　(1)　$f(x)=x^3$ と (2)　$f(x)=x^4$ の場合，$f'(0)=f''(0)=0$ である．2 つの場合，$x=0$ はどのような点か．グラフを描いて考えよ．

問 4　長さ L の糸でおもりを吊り下げる．糸が鉛直と角 θ をなす場合のおもりの高さ h は $h=L(1-\cos\theta)$ である．ただし，おもりの高さの基準点をおもりの最低点とした (図 A.8)．角 θ が小さい場合の h の近似式は

$$h \fallingdotseq \frac{1}{2}L\theta^2 \tag{A.17}$$

であることを示せ．

演習問題A

1. 関数 $f(x)$ の導関数を $f'(x)$ と記すと，$f(x)=x^2$ のとき，$f'(x)=$ (1) である．$f'(1)$ を関数 $f(x)$ の $x=1$ での (2) という．$f'(1)=$ (3) である．$f'(1)$ は関数 $y=f(x)$ を表す曲線の $x=1$ での (4) 線の (5) に等しい．関数 $y=f(x)$ のグラフの $x=1$ での接線の方程式は (6) である．

2. 関数 $y=x^2$ や $y=\cos x$ のように，グラフが y 軸に関して対称な関数(図1)は

$$f(x)=f(-x) \quad (\text{偶関数}) \qquad (1)$$

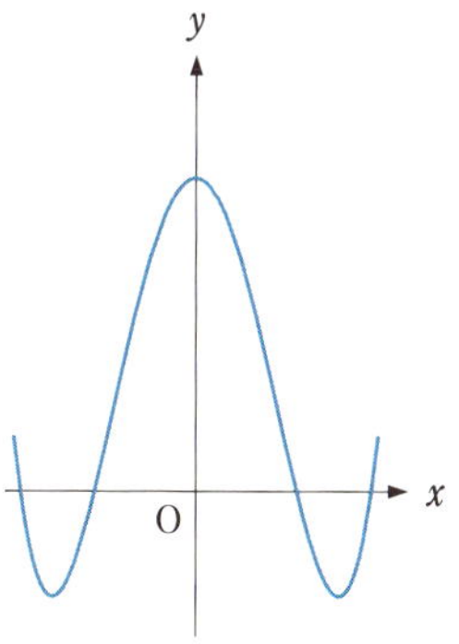

図1　偶関数 $f(-x)=f(x)$

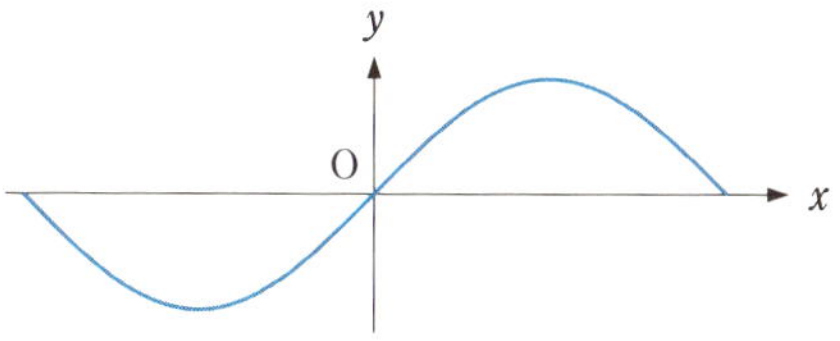

図2　奇関数 $f(-x)=-f(x)$

という性質をもつ．(1) 式を満たす関数を **偶関数** という．

関数 $y=x$ や $y=\sin x$ のように，グラフが原点に関して対称な関数(図2)は

$$f(x)=-f(-x) \quad (\text{奇関数}) \qquad (2)$$

という性質をもつ．(2) 式を満たす関数を**奇関数**という．

図を見れば明らかなように，偶関数 $f_{偶}(x)$ の導関数 $f_{偶}'(x)$ は奇関数 $[f_{偶}'(-x)=-f_{偶}'(x)]$ で，奇関数 $f_{奇}(x)$ の導関数 $f_{奇}'(x)$ は偶関数 $[f_{奇}'(-x)=f_{奇}'(x)]$ である．このことを証明せよ．

ヒント：

$$f'(-x)=\lim_{\Delta x\to 0}\frac{f(-x+\Delta x)-f(-x)}{\Delta x}$$
$$=\lim_{-\Delta x\to 0}\frac{f(-x-\Delta x)-f(-x)}{-\Delta x}$$

を使え．

3. (A.10) 式を証明せよ．

4. 指数関数 e^x と三角関数 $\sin x$，$\cos x$ のマクローリン展開は

$$e^x=1+x+\frac{1}{2}x^2+\frac{1}{3!}x^3+\frac{1}{4!}x^4+\cdots+\frac{1}{n!}x^n+\cdots \qquad (1)$$

$$\sin x=x-\frac{1}{3!}x^3+\cdots+\frac{(-1)^m}{(2m+1)!}x^{2m+1}+\cdots \qquad (2)$$

$$\cos x=1-\frac{1}{2}x^2+\cdots+\frac{(-1)^m}{(2m)!}x^{2m}+\cdots \qquad (3)$$

であることを証明せよ．

付録 B

積分をさらに学ぶ

学習目標

積分は理学と工学で広く応用されている．これらの応用では変数は時刻 t とは限らない．そこで，変数が時刻 t 以外の場合の定積分に慣れる．

球の表面積と体積および円錐と角錐の体積の定積分による求め方を理解する．そのために必要な，図形の面積と体積の機能的な定義を理解し，相似形の相似比（辺の長さの比）と面積比と体積比の関係を次元という概念と関連して理解する．

B.1 関数 $f(x)$ の定積分

5.2 節では，位置 $x(t)$ の時間微分が既知の関数 $f(t)$ に等しく，

$$\frac{\mathrm{d}x}{\mathrm{d}t} = f(t) \tag{5.27}$$

である場合の変位は，

$$x(t) - x(t_0) = \int_{t_0}^{t} f(t)\,\mathrm{d}t \tag{5.34}$$

と表されることを学んだ．

独立変数が x で従属変数が y の場合にも，導関数 $\frac{\mathrm{d}y}{\mathrm{d}x}$ の計算規則

$$\frac{\mathrm{d}y}{\mathrm{d}x} = f(x) \tag{B.1}$$

が与えられている場合には，(5.34) 式に対応して，

$$y(x) - y(x_0) = \int_{x_0}^{x} f(x)\,\mathrm{d}x \tag{B.2}$$

が成り立つ．右辺の定積分は，(5.33) 式に対応して，次の極限値によって定義される．

$$\int_{x_0}^{x} f(x)\,\mathrm{d}x = \lim_{N\to\infty} \sum_{i=1}^{N} f(x_i)\Delta x \tag{B.3}$$

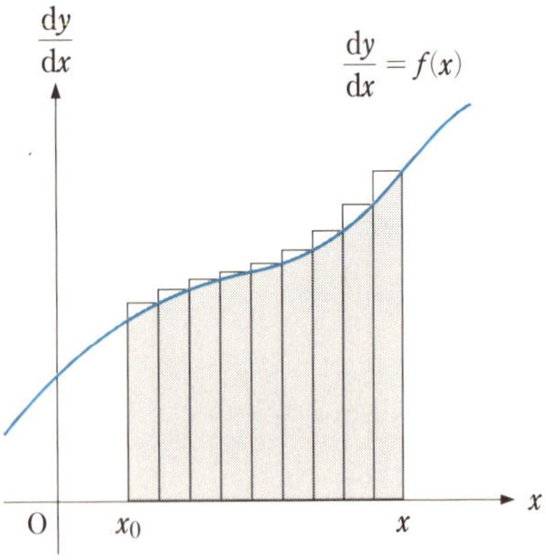

図 B.1 $\int_{x_0}^{x} f(x)\,\mathrm{d}x = \lim_{N\to\infty} \sum_{i=1}^{N} f(x_i)\,\Delta x$

(B.3) 式の左辺と右辺は，それぞれ，図 B.1 のアミの部分の面積と細長い長方形の面積の和の $N\to\infty$ の極限に等しい．(B.1) 式は，

$$\lim_{\Delta x\to 0} \frac{\Delta y}{\Delta x} = f(x) \quad を意味するので \quad \frac{\Delta y}{\Delta x} \fallingdotseq f(x)$$

が成り立つ．この式から，変数 x の微小変化 Δx とそれに伴う変数 y の微小変化 Δy の関係

$$\Delta y \fallingdotseq f(x)\Delta x \tag{B.4}$$

が導かれる．$\Delta x \to 0$ の極限で，この式の左右両辺の比は 1 になるので，この事実を

$$\mathrm{d}y = f(x)\,\mathrm{d}x \tag{B.5}$$

と記すと考え，この極限での $\sum$ を $\int$ という記号が表すと考えれば，(B.2) 式，(B.3) 式の意味が理解できる．

関数 $F(x)$ を $f(x)$ の原始関数とすると，5.2 節で証明した微分積分学の基本定理 [(5.36) 式] によって，定積分 $\int_{x_0}^{x} f(x)\,\mathrm{d}x$ は $[F(x)]_{x_0}^{x} = F(x)-F(x_0)$ に等しい．そこで，(B.2) 式は

$$y(x)-y(x_0) = \int_{x_0}^{x} f(x)\,\mathrm{d}x = F(x)-F(x_0) \tag{B.6}$$

となる．

なお，$x < x_0$ の場合は，(B.3) 式の $\Delta x = \dfrac{x-x_0}{N} < 0$ なので，定積分 (B.3) は図 B.1 で $f(x) > 0$ の部分の面積を負，$f(x) < 0$ の部分の面積を正としたものに等しい (8.3 節例 8 参照)．

例 1　弾性力のする仕事　8.3 節の例 8 で学んだ，自然な長さのばね ($x = 0$) に外力を加えて，長さを s だけ伸ばす ($x = s$) ときに外力のする仕事 $W(s)$ の計算法を復習する．伸びが x の状態のばねに外力 $F = kx$ を加えて微小な長さ Δx だけ引き伸ばすときに，外力のする微小な仕事は $\Delta W = F\,\Delta x = (kx)\Delta x$ である．これは (B.4) 式の y を W，$f(x)$ を kx とした式なので，(B.6) 式の $y(x)$ を $W(x)$，積分領域の $[x_0, x]$ を $[0, s]$，$f(x)$ を kx とおくと，(B.6) 式は

$$W(s) = \int_0^s kx\,\mathrm{d}x = \left[\frac{1}{2}kx^2\right]_0^s = \frac{1}{2}ks^2 \tag{B.7}$$

となる．ここで $W(0) = 0$ を使った．

B.2　面積と体積の機能的定義，相似形の相似比と面積比と体積比

平面図形の面積の定義　曲線で囲まれた平面図形の面積を求めるには次のようにすればよい．図 B.2 に示すように，この図形の上に一定の間隔 d の格子を引き，曲線で囲まれた部分を，正方形 (面積 d^2) の集合とみなし，その面積の和として平面図形の面積 A を求める．正方形の数を N とすれば，面積は Nd^2 である．なお，図形で部分的に占められた正方形の数は近似的に $\dfrac{1}{2}$ として数える．つまり，曲線の中の完全な正方形の数を n_1，不完全な正方形の数を n_2 とすると，正方形の数 N を $N = n_1+\dfrac{1}{2}n_2$ として，図形の面積 A を

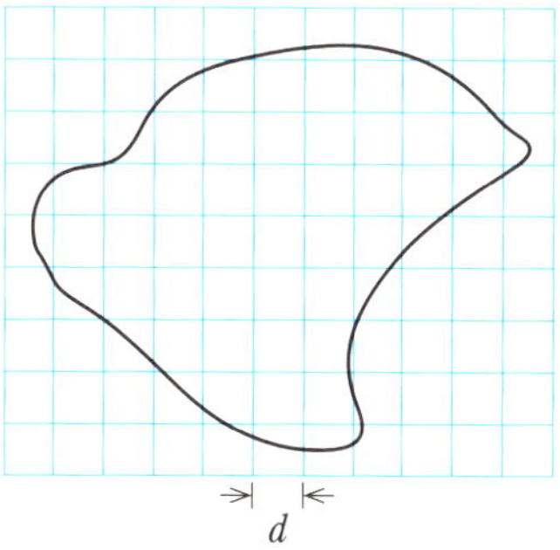

図 B.2

$$A = Nd^2 = \left(n_1+\frac{1}{2}n_2\right)d^2 \tag{B.8}$$

と近似する．格子間隔 d を小さくすると，$\dfrac{n_2}{n_1}$ は小さくなるので，$d \to 0$ の極限で，(B.8) 式の面積は，正しい面積になる．ただし，フラクタル図形は考えない．

曲面図形の面積の定義　球や円錐の表面のような曲面の面積は，曲面を 1 つひとつが微小平面と見なせるような微小部分に分割し，すべての微小部分の面積の和として定義する．

立体図形の体積の定義　曲面で囲まれた立体図形の体積を求めるには，平面図形の場合の平面格子を立体的にして，立体図形を微小な立方体 (体積 d^3) に細分する．立体図形によって占められている立方体の数を N とすれば，立体図形の体積 V は Nd^3 である．

$$V = Nd^3 \tag{B.9}$$

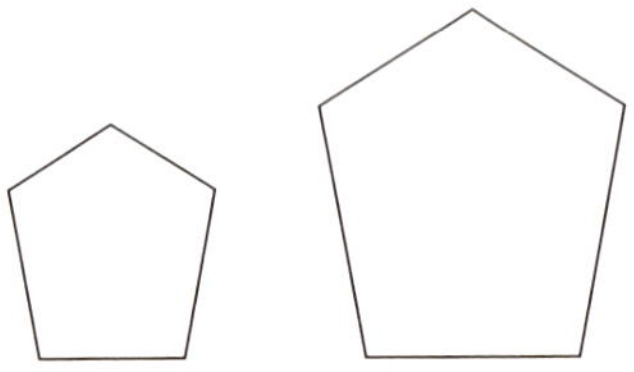

図 B.3　相似比が 1：k の相似形

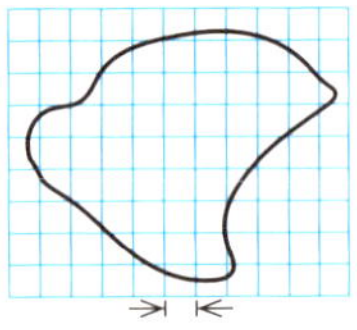

図 B.4

相似形の相似比 (辺の長さの比) と面積比と体積比　2 つの図形 A, B が相似形であるとは，図形 A, B の各部分が対応し，対応する線分の長さの比がつねに一定で，対応する角度がつねに等しい場合である．相似形の対応する線分の長さの比が 1：k の場合，2 つの図形は「相似比が 1：k の相似形」だという (図 B.3)．

相似比が 1：k の相似形の面積を計算する場合 (図 B.2，図 B.4)，図 B.2 での格子間隔 d を図 B.4 では kd として，格子間隔の比を 1：k にする．図 B.2 での正方形の面積は d^2 であるが，図 B.4 での正方形の面積は $(kd)^2 = k^2d^2$ である．図 B.2 と図 B.4 で正方形の数は同じ N なので，全面積は Nd^2 と k^2Nd^2 である．つまり，相似比が 1：k の相似形の面積比は 1：k^2 である．

相似比が 1：k の相似形の体積比は 1：k^3 であることが，面積比の場合と同じような議論で導かれる．

したがって，2 つの図形 A, B が相似比 1：k の相似形である場合，

図形 A, B の対応する部分の長さの比は 1：k

図形 A, B の対応する部分の面積比は　1：k^2

図形 A, B の対応する部分の体積比は　1：k^3

である．1.3 節で学んだ次元が $[\mathrm{L}^n]$ の量の相似比は 1：k^n であることに注意しよう．

例 2　2 つの正方形がある．辺の長さの比は 1 対 2 である．面積比は 1

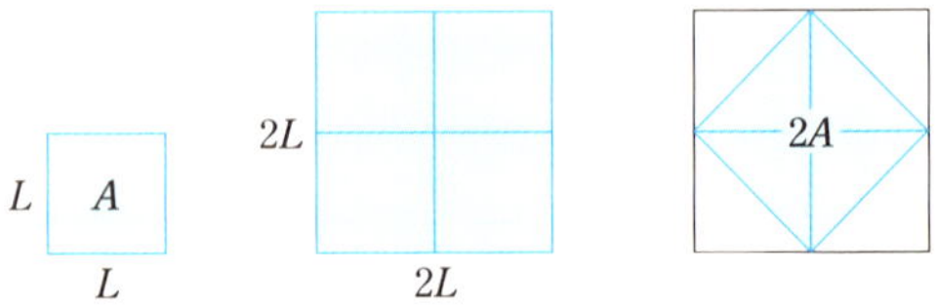

図 B.5

対 $2^2 = 4$ である (図 B.5)．2 つの正方形がある．面積比は 1 対 2 である．辺の長さの比は 1 対 $\sqrt{2}$ である (図 B.5)．2 つの立方体がある．辺の長さの比は 1 対 2 である．体積比は 1 対 $2^3 = 8$ である (図 B.6)．2 つの立方体がある．体積比が 1 対 2 のとき，辺の長さの比は 1 対 $\sqrt[3]{2}$ である．

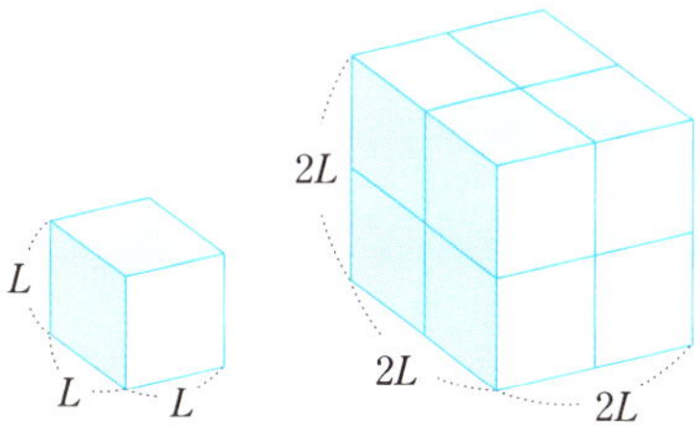

図 B.6

例 3　円周率 円は平面上の 1 点 O から等距離の点の集合である．すべての円はたがいに相似なので，円周 L と直径 d の比は一定である．この比を**円周率**とよび π と記す．

$$L = \pi d \quad (\pi \text{ の定義}) \tag{B.10}$$

直径 d は半径 r の 2 倍なので，

$$\text{円周の長さ } L = 2\pi r \tag{B.11}$$

と表される (図 B.7)．

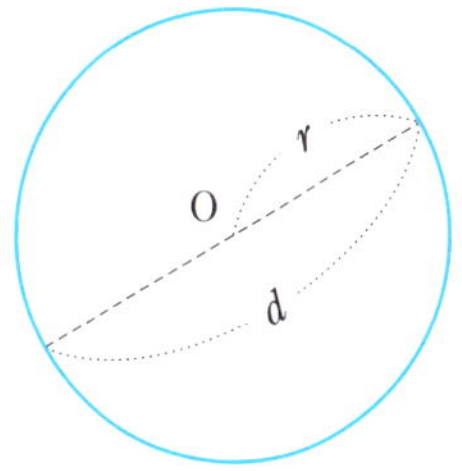

図 B.7　円

例 4　円の面積 円の面積 A は半径 r だけで決まる．面積は 2 次元の量なので，半径 r の 2 乗に比例する，つまり $A = cr^2$．比例定数 c が円周率 π に等しいことは，円を中心角の小さな扇形の集合と考えると，半径 r の円の面積 A は，図 B.8 に示した高さが r で底辺が短い三角形の面積の和に等しいという事実から導かれる．つまり，

$$A = \frac{1}{2}(\text{底辺の長さの和}) \times \text{高さ} = \frac{1}{2}(2\pi r)r = \pi r^2 \quad \therefore \quad A = \pi r^2 \tag{B.12}$$

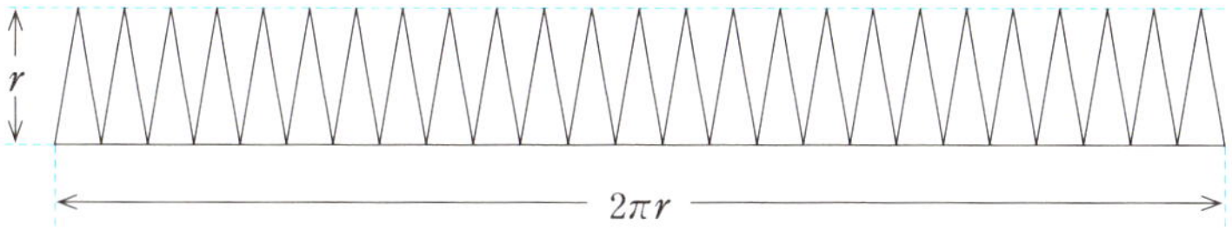

図 B.8　円を中心角の小さな扇形に分割し展開する

例 5　球の表面積 球は，中心からの距離が一定な点の集合である．すべての球は相似で，球の表面は 2 次元なので，球の表面積 A は半径 r の 2 乗に比例する．

球面を x 軸に垂直な等間隔の多くの平面によって，微小な幅の多くの環に分割する (図 B.9)．環の数を N とすると，平面の間隔 Δx は

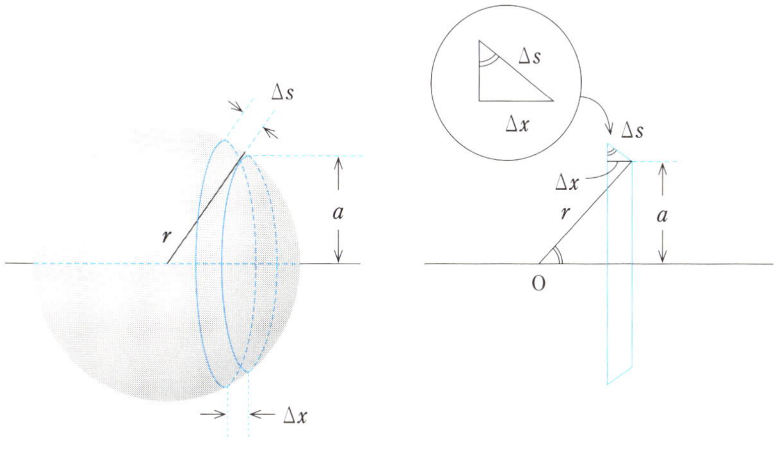

図 B.9　球の表面積

$\Delta x = \dfrac{2r}{N}$ である．個々の環の面積は，環の周囲の長さ $2\pi a$ と微小な幅 Δs の積である．図 B.9 の右図の 2 つの相似な三角形の辺の比 $\dfrac{\Delta x}{\Delta s} = \dfrac{a}{r}$ から導かれる関係 $a(\Delta s) = r(\Delta x)$ を使うと，すべての環の面積は等しく，

$$(2\pi a)\times(\Delta s) = 2\pi r\,(\Delta x) \tag{B.13}$$

であることがわかる．したがって，半径 r の球の表面積 A は

$$A = 2\pi r\,(\Delta x)\times N = (2\pi r)\,\frac{2r}{N}\,N = 4\pi r^2$$

$$\therefore\quad A = 4\pi r^2 \quad (\text{球の表面積}) \tag{B.14}$$

(B.13) 式で与えられる微小な環の面積の和である球の表面積 A は，定積分を使って，

$$A = \int_{-r}^{r} 2\pi r\,\mathrm{d}x = 2\pi r\int_{-r}^{r}\mathrm{d}x = 2\pi r[x]_{-r}^{r} = 2\pi r[r-(-r)] = 4\pi r^2 \tag{B.15}$$

と表すことができる．

B.3　球の体積と円錐・角錐の体積

球の体積　半径が微小な長さ Δr だけ異なる，半径 $r+\Delta r$ の球と半径 r の球の体積の差 $\Delta V = V(r+\Delta r)-V(r)$ は，表面積が $A = 4\pi r^2$ で厚さが Δr の薄い球殻の体積 $4\pi r^2(\Delta r)$ にほぼ等しいので，

$$\Delta V \fallingdotseq (4\pi r^2)\times(\Delta r) \tag{B.16}$$

である．この式は (B.4) 式の y を V，$f(x)$ を $4\pi r^2$，x を r とした式なので，積分領域を $[0, R]$ とした (B.6) 式は

$$V(R)-V(0) = \int_0^R 4\pi r^2\,\mathrm{d}r = \left[\frac{4\pi}{3}\,r^3\right]_0^R = \frac{4\pi}{3}\,R^3 \tag{B.17}$$

となる．半径が 0 の球の体積 $V(0)$ は 0 なので，半径 R の球の体積 $V = V(R)$ は

$$V = \frac{4}{3}\,\pi R^3 \quad (\text{球の体積}) \tag{B.18}$$

円錐と角錐の体積　ある円錐を底面に平行な面で切断して作られるすべての円錐はたがいに相似で，相似比は高さの比である．したがって，高さが H，底面積が A，体積が V の円錐と相似な，高さが h の円錐の底面積を $A(h)$，体積を $V(h)$ とすると，面積は 2 次元なので，

$$A(h) : A = h^2 : H^2 \quad \therefore\quad A(h) = \frac{h^2}{H^2}\,A \tag{B.19}$$

である．高さが微小な長さ Δh だけ異なる 2 つの円錐の体積の差 $\Delta V = V(h+\Delta h)-V(h)$ は，底面積が $A(h) = \dfrac{h^2}{H^2}\,A$ で高さが Δh の薄い円柱

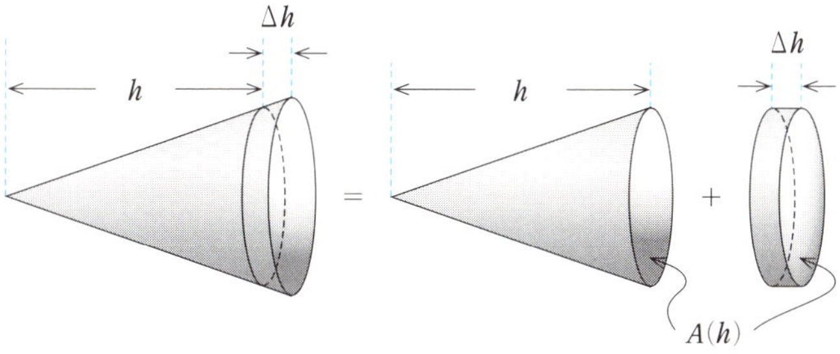

図 B.10　$V(h+\Delta h)-V(h) \fallingdotseq A(h)\Delta h$

の体積 $\dfrac{h^2}{H^2}A(\Delta h)$ にほぼ等しいので（図 B.10），

$$\Delta V \fallingdotseq \frac{h^2}{H^2}A(\Delta h) \tag{B.20}$$

が導かれる．高さが H，底面積が A の円錐［図 B.11(a)］の体積 $V=V(H)$ は

$$V(H) = \int_0^H \frac{h^2}{H^2}A\,\mathrm{d}h = \left[\frac{h^3}{3H^2}A\right]_0^H = \frac{1}{3}AH$$

$$\therefore \quad V = \frac{1}{3}AH \quad (\text{円錐の体積}) \tag{B.21}$$

である．ここで，高さ $h=0$ の円錐の体積 $V(0)=0$ を使った．

高さが H，底面積が A の角錐［図 B.11(b)］の体積 V も同じようにして

$$V = \frac{1}{3}AH \quad (\text{角錐の体積}) \tag{B.22}$$

であることが証明できる．

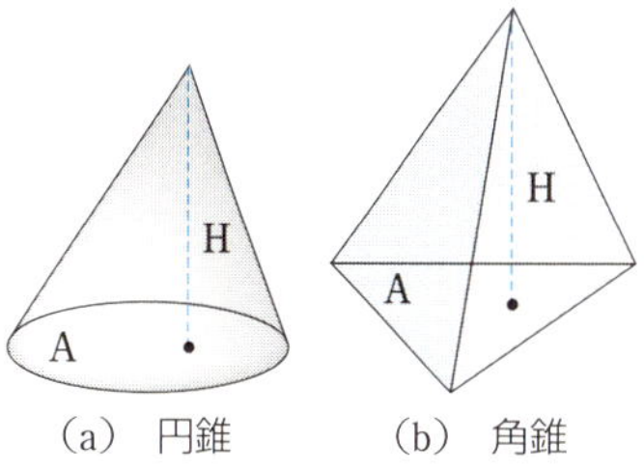

図 B.11

演習問題B

1. 相似形 A, B の面積比が $1:k$ の場合，相似比は 1：何か．体積比は 1：何か．

2. 相似な立体図形 A, B の体積比が $1:k$ の場合，相似比は 1：何か．面積比は 1：何か．

3. 建築家が建物の模型をつくった（図 1）．模型の高さは建物の高さの $\dfrac{1}{10}$ 倍である．

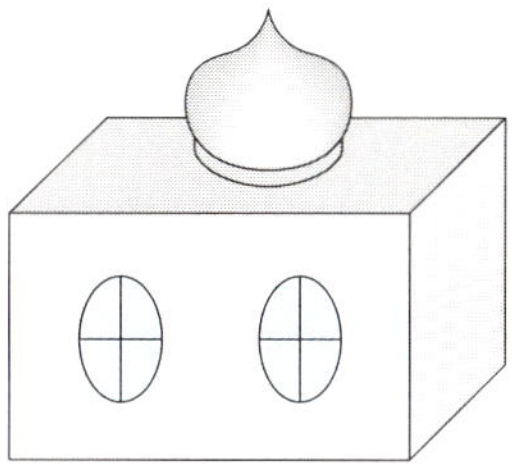

図 1

(1)　模型の楕円形の窓の周囲の長さは実物の何倍か．理由を説明せよ．

(2)　模型の楕円形の窓の面積は実物の何倍か．理由を説明せよ．

(3)　建物の屋根は玉ねぎ型である．屋根の面積をどのように測るか．模型の屋根の面積は実物の屋根の面積の何倍か．理由を説明せよ．

(4)　模型の体積は実物の体積の何倍か．

4. 円を微小な三角形の和と考えて円の面積の公式を導いたように，半径 R の球の体積が $\dfrac{4}{3}\pi R^3$ であることは，半径 R の球を高さが R で底面が微小な多数の角錐に分割して，角錐の底面積の和が球の表面積 $4\pi R^2$ であることを使って導けることを示せ．

付録 C

三角関数の公式

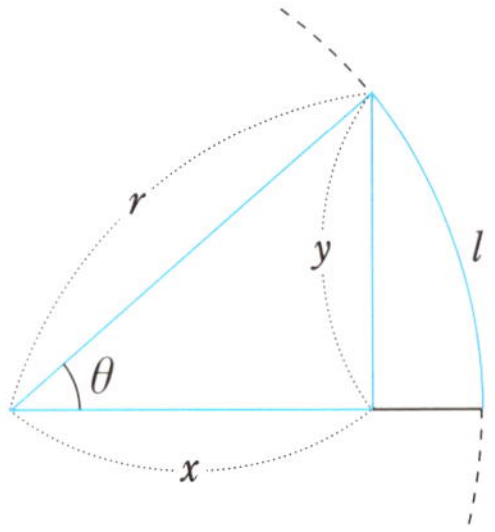

図 C.1　$\theta = \dfrac{l}{r}$ [rad]

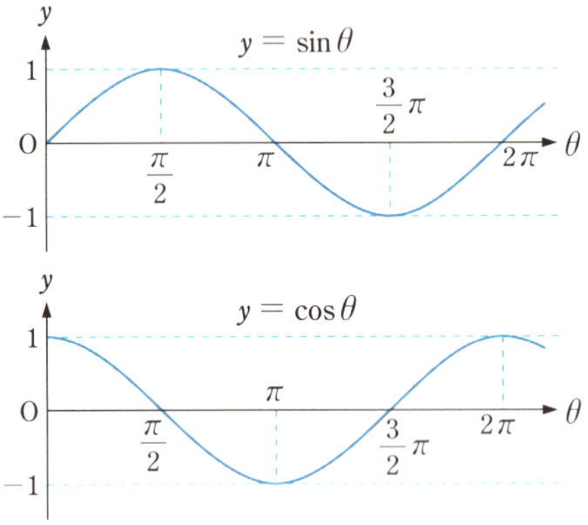

図 C.2

$$\sin\theta = \frac{y}{r}, \quad \cos\theta = \frac{x}{r}, \quad \tan\theta = \frac{y}{x}$$

$$\sin^2\theta + \cos^2\theta = 1, \quad \tan\theta = \frac{\sin\theta}{\cos\theta}$$

$$\sin 2\theta = 2\sin\theta\cos\theta$$

$$\cos 2\theta = \cos^2\theta - \sin^2\theta = 2\cos^2\theta - 1 = 1 - 2\sin^2\theta$$

$$\sin^2\theta = \frac{1-\cos 2\theta}{2}, \quad \cos^2\theta = \frac{1+\cos 2\theta}{2}$$

$$\sin(\theta+\phi) = \sin\theta\cos\phi + \cos\theta\sin\phi$$

$$\cos(\theta+\phi) = \cos\theta\cos\phi - \sin\theta\sin\phi$$

$$\sin(\theta-\phi) = \sin\theta\cos\phi - \cos\theta\sin\phi$$

$$\cos(\theta-\phi) = \cos\theta\cos\phi + \sin\theta\sin\phi$$

付録 D

指数関数と対数関数

指数関数，対数関数は自分には縁がないと考えている読者がいるかもしれない．しかし，指数や対数と結びついた考えは日常生活でよく使われている．

指数関数に関する昔から知られている話として，豊臣秀吉のお伽衆の一人といわれる曽呂利新左衛門のとんち話がある．

ある日，秀吉からお前が欲しいものをやるから言ってみろといわれ，新左衛門は側の将棋盤を指して，「米粒を今日は一粒，明日は二粒，三日目は四粒と次の日は前日の倍にし，盤の目の数の八十一日間いただきたい」といった．秀吉はいとも易きことと返事したが，米の量は日本中の米を集めても全然だめということがわかって，秀吉もあやまったという話である．

81 日目には 2^{80} 粒 $= 1\,208\,925\,819\,614\,629\,174\,706\,176$ 粒になるのである．$2^{10} = 1024 \fallingdotseq 10^3$ なので，$2^{80} \fallingdotseq (10^3)^8 = 10^{24}$ であり，25 桁の数であることが暗算でもわかる．

2^{80} の右肩の 80 を指数という．指数を変数に置き換えた

$$y = 2^x \quad や \quad y = 10^x$$

などを指数関数という．

日常生活でも対数という考え方は無意識に使っている．われわれは 3 桁の数とか 5 桁の数とかいう．3 桁の数は 100 と 999 の間の整数，つまり 10^2 以上で 10^3 未満の整数であり，5 桁の数は 10000 と 99999 の間の整数，つまり 10^4 以上で 10^5 未満の整数である．

$100 = 10^2$ の常用対数は 2，$1000 = 10^3$ の常用対数は 3，$10000 = 10^4$ の常用対数は 4 なので，常用対数は桁数と結びついた数なのである．数が 10 倍になるたびに常用対数は 1 ずつしか増えないので，桁数が大きく異なる対象を一まとめにして 1 つの図表に表すときには便利である．たとえば，電波を

波長[m]	10^5 ～	10^4 ～	10^3 ～	10^2 ～	10^1 ～	10^0 ～	10^{-1}
電波の名称	超長波 VLF	長波 LF	中波 MF	短波 HF	超短波 VHF	極超短波 UHF	
[常用対数	5	4	3	2	1	0	−1]

と分類するとき，横軸は波長の常用対数である．

これまでは指数も対数も整数であるような例を挙げたが，一般に指数も対数も任意の実数値をとることを注意しておこう．

この付録では，指数と指数関数，対数と対数関数，指数的な考え方および対数的な考え方を具体的な応用例を通じて学ぶ．

D.1 指　数

指数　10 をいくつか掛け合わせるときは，

$$10\times10\times10=10^3$$

というように，10 の右肩に掛け合わせた個数を小さな文字で書いて表す．

a を 0 でない数とすると．

$$a\times a=a^2\ \ (a \text{の 2 乗})\qquad a\times a\times a=a^3\ \ (a \text{の 3 乗})$$

と記す．一般に，m を正の整数とし，m 個の a を掛け合わせたものを a^m と記す．つまり，

$$\underbrace{a\times a\times a\times a\times\cdots\times a\times a}_{m\text{ 個}}=a^m\ \ (a \text{の } m \text{ 乗})$$

である，a^m の右肩の m を a^m の**指数**という．

指数の性質

1. $10^3\times10^2=(10\times10\times10)\times(10\times10)=10^5$ なので，$10^3\times10^2=10^{3+2}=10^5$
2. $10^4\div10^2=\dfrac{10\times10\times10\times10}{10\times10}=10\times10=10^2$ なので，$10^4\div10^2=10^{4-2}=10^2$
3. $(10^3)^4=10^3\times10^3\times10^3\times10^3=10^{3+3+3+3}=10^{12}$ なので，$(10^3)^4=10^{3\times4}=10^{12}$
4. $(3\times4)^3=(3\times4)\times(3\times4)\times(3\times4)=(3\times3\times3)\times(4\times4\times4)=3^3\times4^3$ なので，$(3\times4)^3=3^3\times4^3$

などの性質から，一般に，$a\neq0$，$b\neq0$ で，m, n を正の整数とするとき，指数は

Ⅰ．$a^m\times a^n=a^{m+n}$　(D.1)

Ⅱ．$a^m\div a^n=a^{m-n}\quad(m>n)$　(D.2)

Ⅲ．$(a^m)^n=a^{mn}$　(D.3)

Ⅳ．$(ab)^m=a^mb^m$　(D.4)

という**指数の法則**を満たすことがわかる．

上では a^m は正の整数 m に対して定義されていたが，以下では，指数の法則 (D.1)～(D.4) が任意の実数 m, n に対して成り立つように，任意の実数 m に対する a^m を定義できることを示す．ただし，m, n が整数でない場合には，$a>0$，$b>0$ でなければならない．

指数の拡張 1（指数が 0 や負の整数の場合）

m が正の整数の場合，a^{-m} と a^0 を

$$a^{-m}=\frac{1}{a^m}\quad(a\neq0)\tag{D.5}$$

$$a^0 = 1 \quad (a \neq 0) \tag{D.6}$$

と定義する．そうすると

$$10^3 \div 10^3 = \frac{10\times10\times10}{10\times10\times10} = 1 \text{ は } 10^3\times10^{-3} = 10^{3+(-3)} = 10^0 = 1$$

$$10^3 \div 10^4 = 10^3\times\frac{1}{10^4} = \frac{10\times10\times10}{10\times10\times10\times10} = \frac{1}{10} \text{ は}$$

$$10^3\times10^{-4} = 10^{3+(-4)} = 10^{-1} = \frac{1}{10}$$

となる．そこで，指数 m が 0 や負の整数の場合の a^m を (D.5)，(D.6) 式で定義すると，$a \neq 0$，$b \neq 0$ の数 a, b に対する指数の法則 (D.1)～(D.4) は任意の整数 m, n に対して成り立つ．

問 1　3^0，3^{-1}，3^{-2}，$(3^{-1})\div(3^{-2})$，$(3^{-1})\times(3^{-2})$ はそれぞれいくらか．

指数の拡張 2（指数が分数の場合）　指数が分数でも指数の法則が成り立つように指数を拡張する．a を正の実数とすると，

$\sqrt{a}$ を $a^{\frac{1}{2}}$ と表せば，$\sqrt{a}\times\sqrt{a} = a$ は，$a^{\frac{1}{2}}\times a^{\frac{1}{2}} = a^{\frac{1}{2}+\frac{1}{2}} = a^1 = a$

$\sqrt[3]{a}$ を $a^{\frac{1}{3}}$ と表せば，$\sqrt[3]{a}\times\sqrt[3]{a}\times\sqrt[3]{a} = a$ は，

$$a^{\frac{1}{3}}\times a^{\frac{1}{3}}\times a^{\frac{1}{3}} = a^{\frac{1}{3}+\frac{1}{3}+\frac{1}{3}} = a^1 = a$$

となるので，一般に，任意の正の整数 q に対して

$$a^{\frac{1}{q}} = \sqrt[q]{a} \quad (a > 0) \tag{D.7}$$

と定義すればよいことがわかる．

また，$\sqrt[3]{a^5}$ を $a^{\frac{5}{3}}$，$\sqrt[3]{\frac{1}{a^5}}$ を $a^{-\frac{5}{3}}$ と表せば

$$\sqrt[3]{a^5}\times\sqrt[3]{a^5}\times\sqrt[3]{a^5} = a^5 \text{ は } a^{\frac{5}{3}}\times a^{\frac{5}{3}}\times a^{\frac{5}{3}} = a^{\frac{5}{3}+\frac{5}{3}+\frac{5}{3}} = a^{\frac{5}{3}\times3} = a^5$$

$$\sqrt[3]{\frac{1}{a^5}}\times\sqrt[3]{\frac{1}{a^5}}\times\sqrt[3]{\frac{1}{a^5}} = \frac{1}{a^5} \text{ は } a^{-\frac{5}{3}}\times a^{-\frac{5}{3}}\times a^{-\frac{5}{3}} = a^{-\frac{5}{3}-\frac{5}{3}-\frac{5}{3}}$$

$$= a^{-\frac{5}{3}\times3} = a^{-5} = \frac{1}{a^5}$$

となるので，a を正の実数，p を任意の整数，q を任意の正の整数とすると

$$a^{\frac{p}{q}} = \sqrt[q]{a^p} \quad (a > 0) \tag{D.8}$$

と定義すればよい．つまり，任意の有理数 $m = \frac{p}{q}$ に対する $a^m = a^{\frac{p}{q}}$ を (D.8) で定義すると，任意の有理数 m, n に対して，指数の法則 (D.1)～(D.4) が成り立つ．

$\sqrt{2}$ や π のような無理数を，$\sqrt{2} = 1.414\cdots$ や $\pi = 3.14\cdots$ のように，有限小数の桁数を限りなく大きくしていった極限値だと考える．有限小数は有理数なので，指数の法則は極限に近づく各段階で成り立ち，したがって，極限でも成り立つ．つまり，a, b を正の実数とすると，任意の

実数 m, n に対して指数の法則

Ⅰ．$a^m \times a^n = a^{m+n}$　(D.9)

Ⅱ．$a^m \div a^n = a^{m-n}$　(D.10)

Ⅲ．$(a^m)^n = a^{mn}$　(D.11)

Ⅳ．$(ab)^m = a^m b^m$　(D.12)

が成り立つ．

問 2　$81^{\frac{3}{2}}$，$64^{-\frac{2}{3}}$，$27^{-\frac{4}{3}}$，$(3^{\sqrt{2}})^{\sqrt{2}}$，$\sqrt[3]{a^5} \times \sqrt[3]{a}$　$(a > 0)$ を求めよ．

D.2　指数関数

指数関数を学ぶ第 1 歩として，指数関数が自然現象に現れる例を 2 つ示す．

例 1　バクテリアの増殖 あるバクテリアを培養器に入れると，一定時間が経過するたびに同じ割合で増殖し，2 時間経過するたびにその数が 2 倍になる．つまり，ある時刻のバクテリアの数を N_0 とすると，

2 時間後のバクテリアの数は　$2N_0$

4 時間後には　$2\times 2N_0$　$4N_0$

6 時間後には　$2\times 2\times 2N_0 =$　$8N_0$

8 時間後には　$2\times 2\times 2\times 2N_0 = 16N_0$

……………………………………………

したがって，

t	$=$	0 h	2 h	4 h	6 h	8 h	…
$\dfrac{t}{2\text{h}}$	$=$	0	1	2	3	4	…
$2^{\frac{t}{2\text{h}}}$	$=$	$2^0 = 1$	$2^1 = 2$	$2^2 = 4$	$2^3 = 8$	$2^4 = 16$	…

なので，基準の時刻からの経過時間を t とし，そのときのバクテリアの数を $N(t)$ とすると，$\dfrac{t}{2\text{h}}$ が整数の場合には次のように表される．

$$N(t) = 2^{\frac{t}{2\text{h}}} N_0 \quad [N_0 = N(0)] \tag{D.13}$$

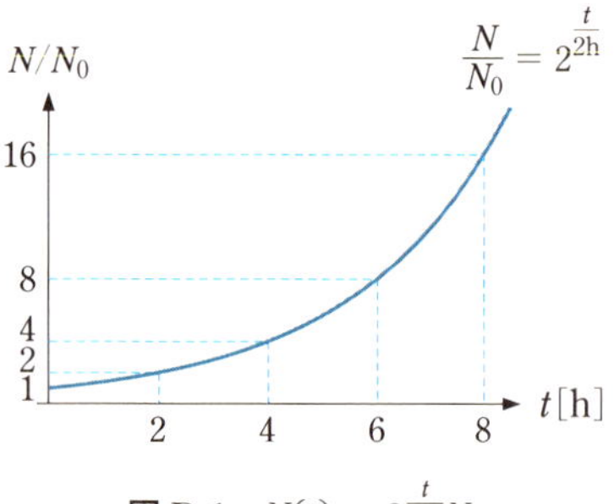

図 D.1　$N(t) = 2^{\frac{t}{2\text{h}}} N_0$

$\dfrac{t}{2\text{h}}$ が整数でない場合のバクテリアの数はどう表せるのだろうか．たとえば，1 時間経過するとバクテリアの数は a 倍になるとすると，次の 1 時間でも a 倍になるので，2 時間後には $a\times a = a^2$ 倍になるが，2 時間後には 2 倍になるので，$a^2 = 2$ という関係から，$a = 2^{1/2}$ である．これは (D.13) 式で $t = 1$ h とおいた場合である．このように考えると，任意の経過時間 t に対して (D.13) 式が成り立つことがわかる (図 D.1)．

また，基準の時刻の 2 時間前 ($t = -2$ h) にはバクテリアの数は $\dfrac{1}{2}N_0$ であったはずだが，これは (D.13) 式で $t = -2$ h とおいた場合

である．なお，(D.13) 式は培養開始前や増殖しすぎた後の時刻 t には適用できない．

例 2　崩壊の法則と半減期　原子核には放射線を放出して自然に崩壊し，別の原子核になるものがある．このような原子核を放射性同位体(アイソトープ) という．ある放射性同位体がいつ崩壊するかを正確には予言できない．1 秒後に壊れるかもしれないし，1 万年後に壊れるかもしれない．崩壊現象は不規則に起こるが，次に示す確率の法則に従う．

ある放射性同位体を多量に含む物質中の放射性同位体の量が半分になる時間 T は，各放射性同位体に固有のもので，同位体の種類だけで決まり，同位体が生成されてからの時間，温度，圧力，化学的結合状態などとは無関係である．半分になる時間 T を放射性同位体の**半減期**という．放射性同位体の量 N は時間 t とともに図 D.2 のように減少していく．

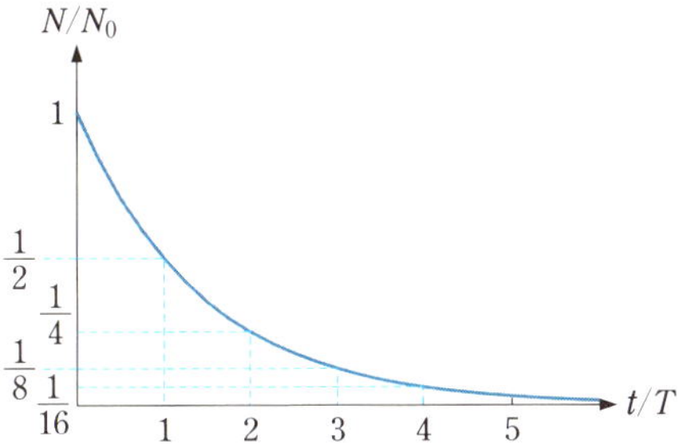

図 D.2　$N(t) = N_0\left(\frac{1}{2}\right)^{\frac{t}{T}}$

時刻 $t = 0$ に N_0 個の放射性同位体があったとすると，時刻 t に残っている放射性同位体の個数 $N(t)$ は

$$N(t) = N_0\left(\frac{1}{2}\right)^{\frac{t}{T}} \tag{D.14}$$

である．これを**崩壊の法則**という．(D.13) 式の場合と同じようにして，(D.14) 式を導くことができる．

半減期 T が短いほど崩壊速度は速く，長いほど崩壊速度は遅い．単位時間あたりに崩壊する同位体の数はそのときまで崩壊せずに残っていた放射性同位体の数に比例する．

問 3　半減期が 8 時間の放射性同位体の数は 24 時間後には何分の 1 になるか．

指数関数　a を 1 でない正の実数とすると，任意の実数 x に対して a^x が定義される．そこで，関数

$$y = a^x \quad (a \text{ は 1 でない正の実数}) \tag{D.15}$$

を考え，**y は a を底とする変数 x の指数関数である**という．図 D.3 に $a = 2$ と $\frac{1}{2}$ の場合の $y = a^x$ を示す．

$a^0 = 1$ なので，指数関数のグラフは必ず点 $(0, 1)$ を通る．

$a > 1$ のとき，$y = a^x$ は x の増加とともに急激に増加するので，右上がりのグラフである [図 D.3(a)，例 1 参照]．

$1 > a > 0$ のとき，$y = a^x$ は x の増加とともに急激に減少するので，右下がりのグラフである [図 D.3(b)，例 2 参照]．

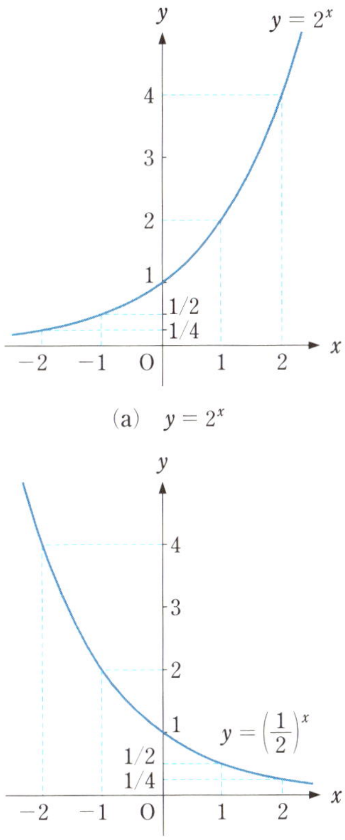

(a)　$y = 2^x$

(b)　$y = \left(\frac{1}{2}\right)^x$

図 D.3

指数関数の性質　指数の性質

$$a^0 = 1, \quad a^1 = a, \quad a^{-m} = \frac{1}{a^m} \quad (a \neq 0), \tag{D.16}$$

$$a^m \times a^n = a^{m+n}, \quad a^m \div a^n = a^{m-n}, \quad (a^m)^n = a^{mn} \tag{D.17}$$

などを使うと，指数関数 $y = a^x$ の次の性質が導かれる．

$$a^0 = 1,\quad a^1 = a,\quad a^{-x} = \frac{1}{a^x} \tag{D.18}$$

$$a^x \times a^y = a^{x+y},\ a^x \div a^y = a^{x-y},\ (a^x)^n = a^{nx},\ \left(\frac{1}{a}\right)^x = \frac{1}{a^x} = a^{-x} \tag{D.19}$$

問 4　$y = 10^x$，$y = 10^{-x}$ のグラフを $-2 \leqq x \leqq 2$ の範囲で描け．

オイラーの数（ネピアの数）　指数関数 a^x の底 a は 1 ではない任意の正の実数でよいが，

$$\mathrm{e} = \lim_{n\to\infty}\left(1+\frac{1}{n}\right)^n = 2.7182\cdots \tag{D.20}$$

で定義される，**オイラーの数**あるいは**ネピアの数**とよばれる無理数 e を底とする指数関数

$$y = \mathrm{e}^x \tag{D.21}$$

（図 D.4）は，点 (0, 1) での接線の傾きが 1 であり（付録 A.3 節参照），理論面でも応用面でも重要である．

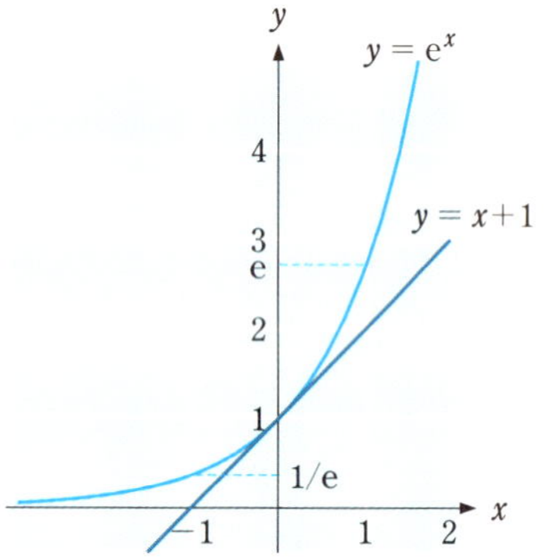

図 D.4　$y = \mathrm{e}^x$

指数関数 a^x の計算法 1．Windows の関数電卓の x^y キーの使用

（x^y は x^y を意味する）

①a を入力，②x^y のボタンをクリック，③x を入力，④= のボタンをクリック．

例 3　4^3(＝4^3)=64 の計算　4　x^y　3=　答　64

例 4　2^(7/12)(＝$2^{7/12}$) の計算　2　x^y　(7/12)=　答　1.4983…

指数関数 a^x の計算法 2．ポケット関数電卓の使用　関数電卓では 10^x と e^x を $\log x = \log_{10} x$ と $\ln x = \log_{\mathrm{e}} x$ の逆関数 (inv) として計算できる．底が 10 と e 以外の場合は，次の節で導く $a^x = 10^{x(\log_{10} a)}$ や $a^x = e^{x(\log_{\mathrm{e}} a)}$ を使用して，底を 10 や e に変換して計算することができる．

例 5　2^(5/12)(＝$2^{5/12}$) の Windows の電卓計算．2 を入力，log をクリックして (0.301)，そのあと ×，5/12，= を順に入力し (0.1254…)，逆関数を意味する inv の前の四角い穴をクリック，log をクリックすれば，答が出る (1.3348…)．

参考　底の異なる指数関数の関係（導出は次節参照）

$$a^x = 10^{x(\log_{10} a)} \tag{D.22}$$

$$a^x = \mathrm{e}^{x(\log_{\mathrm{e}} a)} \tag{D.23}$$

D.3 対　数

対数　図 D.5 の $y=2^x$ のグラフからわかるように，任意の正の数 b に対して

$$2^x = b$$

となる x の値 c がただ 1 つ定まる．この $2^c=b$ を満たす c を「2 を底とする b の対数」といい，

$$c = \log_2 b \tag{D.24}$$

と記す．たとえば，8 は 2 の 3 乗 $(8=2^3)$ なので，2 を底とする 8 の対数は 3 であり，

$$3 = \log_2 8$$

と記す．いうまでもなく，

$$c=\log_2 b \quad と \quad b = 2^c$$

は同じ事実の別の表現である．

一般に，a が 1 でない正の実数であるとき，

$$y = a^x \quad (a\text{は}1\text{でない正の実数}) \tag{D.25}$$

という x から y への関係を逆に y から x への関係として

$$x = \log_a y\,(y\text{は正の実数，}a\text{は}1\text{でない正の実数}) \tag{D.26}$$

と表し，**x は a を底とする y の対数である**という．

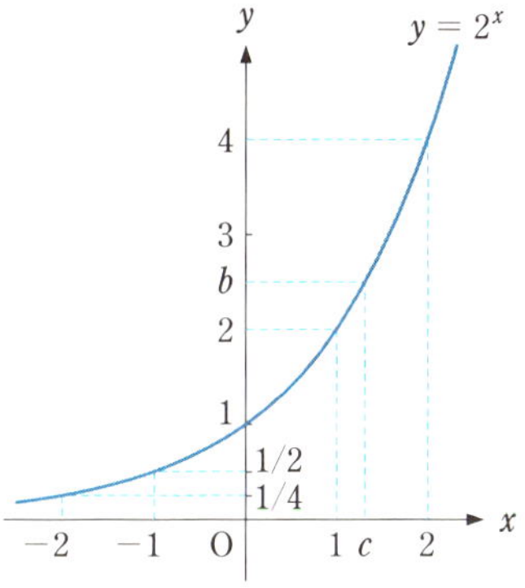

図 D.5　$y=2^x$
$c=\log_2 b$

例 6　$3^3=27$ なので，$\log_3 27 = 3$，$5^3=125$ なので $\log_5 125=3$，$10^4=10000$ なので，$\log_{10}10000=4$，$10^{-2}=\dfrac{1}{100}$ なので $\log_{10}\dfrac{1}{100}=-2$

問 5　$16=2^4$，$0.125=2^{-3}$，$1=2^0$，$2=2^1$，$2=4^{1/2}$，$\dfrac{1}{2}=2^{-1}$ などの $y=a^x$ という形の式を $x=\log_a y$ という形にせよ．

対数の性質　指数の性質 (D.9)～(D.11) から，次に示す対数の性質が導かれる（証明は演習問題 D の 2）．ここで，$a>0$，$a\neq 1$，$M>0$，$N>0$ とする．

(1)　$\log_a(M\times N)=\log_a M+\log_a N$　$(a^m\times a^n=a^{m+n}$ から$)$　(D.27)

(2)　$\log_a(M\div N)=\log_a\dfrac{M}{N}=\log_a M-\log_a N$
$(a^m\div a^n=a^{m-n}$ から$)$　(D.28)

(3)　$\log_a M^n = n\log_a M$　$((a^m)^n=a^{mn}$ から$)$　(D.29)

(4)　$\log_a 1=0$　$(a^0=1$ なので$)$　(D.30)

(5)　$\log_a a=1$　$(a^1=a$ なので$)$　(D.31)

(6)　$\log_a\dfrac{1}{M}=-\log_a M$　$\left(\dfrac{1}{a^m}=a^{-m}\text{ から}\right)$　(D.32)

問 6　次の対数の値を求めよ．$\log_2 2$，$\log_2 4$，$\log_2 8$，$\log_2 16$，$\log_2 1$，$\log_2\left(\frac{1}{4}\right)$，$\log_3 81$，$\log_5 25$，$\log_{10} 1000$，$\log_{10}\left(\frac{1}{1000}\right)$，$\log_{10} 10$，$\log_{10} 1$．

対数の底の変換公式　対数 $\log_a b$ の底 a を c に変えるには，次の変換公式を用いればよい（証明は演習問題 D の 3）．

$$\log_a b = \frac{\log_c b}{\log_c a} \tag{D.33}$$

問 7　次の対数の底を 10 に変換せよ．$\log_2 5$，$\log_3 8$

指数の底の変換公式　指数の底の変換公式

$$a^x = b^{x \log_b a} \tag{D.34}$$

が正しいことは，両辺の b を底とする対数を取って見ればわかる．この式の b を 10 にすれば，前の節で示した（D.22）式，b を e にすれば（D.23）式が得られる．

D.4　対数関数

$y = a^x$ のグラフ（図 D.3）を見れば，$0 < y < \infty$ の範囲の y の値に対して，$y = a^x$ を満たす x の値が $-\infty < x < \infty$ の範囲に，必ず 1 つ，そして 1 つだけ存在する．言い換えれば，$0 < y < \infty$ の範囲の y の値に対して，$x = \log_a y$ の値が，$-\infty < x < \infty$ の範囲に，必ず 1 つ，そして 1 つだけ存在する．いうまでもなく，$y = a^x$ と $x = \log_a y$ は同じ関係の別の表現である．

そこで，記号 x と y のつけ方を入れ替えて，入力する変数の記号を y ではなく x とする．この関数

$$y = \log_a x \quad (a \text{ は 1 ではない正の実数}) \tag{D.35}$$

を **a を底とする x の対数関数**という．対数関数 $y = \log_a x$ と指数関数 $y = a^x$ は互いに逆関数である（2.5 節参照）．対数関数 $y = \log_a x$ の定義域，つまり，変数 x がとることのできる値の範囲は $0 < x < \infty$（すべての正の実数）であり，関数の値域，つまり，$y = \log_a x$ のとることのできる値の範囲は $-\infty < y < \infty$（全実数）である．

$y = \log_2 x$ と $y = \log_{\frac{1}{2}} x$ のグラフは図 D.6 のようになる．$\log_{\frac{1}{2}} x = \dfrac{\log_2 x}{\log_2 \frac{1}{2}} = -\log_2 x$ である．$\log_a 1 = 0$ なので，対数関数のグラフは必ず点 $(1, 0)$ を通る．

x が増加すると，$1 < a$ の対数関数 $y = \log_a x$ は増加するので，グラフは右上がりであり［図 D.6(a)］，$0 < a < 1$ の対数関数 $y = \log_a x$ は減少するので，グラフは右下がりである［図 D.6(b)］．

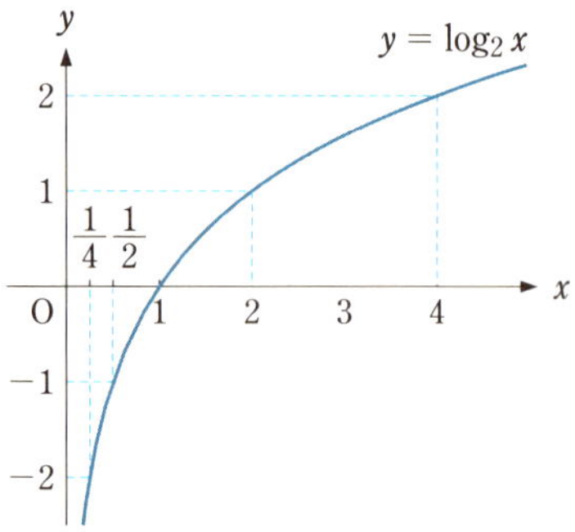

（a）$y = \log_2 x$

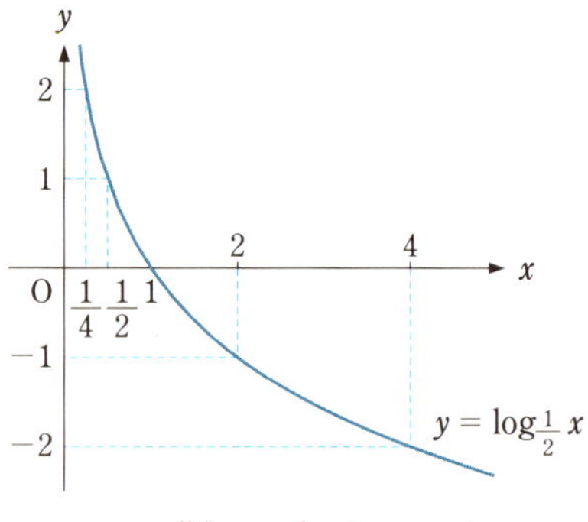

（b）$y = \log_{\frac{1}{2}} x$

図 D.6

対数関数 $y = \log_a x$ は指数関数 $y = a^x$ の逆関数なので，$y = \log_a x$ のグラフと $y = a^x$ のグラフは直線 $y = x$ に関して対称である（2.5 節参照）．

問 8　次の対数関数のグラフを描け．$\log_3 x$，$\log_{\frac{1}{3}} x$

常用対数と自然対数　対数のうちでよく使われるのは，**常用対数**とよばれる底が 10 の対数

$$y = \log_{10} x \tag{D.36}$$

と**自然対数**とよばれるオイラーの数（ネピアの数）$e = 2.7182\cdots$ を底とする対数

$$y = \log_e x \tag{D.37}$$

である．電卓では，常用対数 $\log_{10} x$ は $\log x$，自然対数 $\log_e x$ は $\ln x$ と記されている．

10 進数の桁数と常用対数　われわれが使っている数の表記は，0，1，2，3，4，5，6，7，8，9 の 10 個の数字を使う 10 進法である．10 進法では，10 で 1 桁繰り上がる．たとえば，10 進法で 267 と表された数の最初の数の 2 は $200 = 2\times10^2$ を意味し，次の 6 は $60 = 6\times10^1$ を意味し，最後の 7 は $7 = 7\times10^0$ を意味する．つまり，

$$267 = 2\times10^2+6\times10^1+7\times10^0$$

である．

$1 = 10^0, 10 = 10^1, 100 = 10^2, 1000 = 10^3, 10000 = 10^4, \cdots$ なので，$\log_{10} 1 = 0, \log_{10} 10 = 1, \log_{10} 100 = 2, \log_{10} 1000 = 3, \log_{10} 10000 = 4, \cdots$ であり，x が増加すると $\log_{10} x$ は増加する．したがって，

$0 < \log_{10} x < 1$ なら　$10^0 < x < 10^1$　$1 < x < 10$,

$1 < \log_{10} x < 2$ なら　$10^1 < x < 10^2$　$10 < x < 100$,

$2 < \log_{10} x < 3$ なら　$10^2 < x < 10^3$　$100 < x < 1000$,

$3 < \log_{10} x < 4$ なら　$10^3 < x < 10^4$　$1000 < x < 10000$,

……

例 7　$\log_{10} 2$ **の近似値は** 0.30　$2^{10} = 1024$ である．$2^{10} \fallingdotseq 1000 = 10^3$ と近似して，両辺の 10 を底とする対数を計算すると，

$$\log_{10} 2^{10} = 10 \log_{10} 2 \fallingdotseq \log_{10} 10^3 = 3. \quad \therefore \quad \log_{10} 2 \fallingdotseq 0.30.$$

もう少し正確な値は，$\log_{10} 2 = 0.3010$ である．

D.5 対 数 目 盛

物理量の測定値は「数値」×「単位」として表されると記してきたが，音の強さや地震の規模の表現には

$$\log_{10} \frac{\text{物理量}}{\text{基準の量}} \tag{D.38}$$

が使われる．

例 8　音圧レベル▌音波は空気の圧力の振動の伝播である．音による空気の圧力変化の振幅の $\dfrac{1}{\sqrt{2}}$ 倍を音圧という（記号 P）．1 kHz の音を，耳のよい若い人が両耳を使って聞くことができる最小の音圧 P_0 は，ほぼ

$$P_0 = 2\times 10^{-5}\ \mathrm{N/m^2} \tag{D.39}$$

である．われわれの感覚上での音の大小は音圧の対数に近いと考えられているので，音の大小を表す量として，音圧 P と P_0 の比から

$$L_P = 20\log_{10}\frac{P}{P_0} \tag{D.40}$$

と定義される音圧レベルが用いられる．単位をデシベルという（記号は dB）．

人間が聞く音の音圧は 0.1 $\mathrm{N/m^2}$ くらいのものが多いが，この場合の音圧レベルは $20\log_{10}5000 = 74$ dB である．音圧レベルが 20 dB 増加すると，音圧は 10 倍になる．

例 9　マグニチュード▌地震の規模を表す量にマグニチュードがある（記号 M）．地震波として放出されたエネルギー E をジュール[J]を単位にして表した数値部分を E［J］とすると，

$$\log_{10}E\,[\mathrm{J}] = 4.8+1.5M \tag{D.41}$$

である（理科年表 2005）．

マグニチュードが M_0 のときのエネルギーを E_0 とする（$\log_{10}E_0[\mathrm{J}] = 4.8+1.5\,M_0$）．マグニチュードが 1 増加して $M = M_0+1$ になると，エネルギー E は

$$\log_{10}E\,[\mathrm{J}] = 4.8+1.5\,M = 4.8+1.5(M_0+1) = \log_{10}E_0\,[\mathrm{J}]+1.5$$

$$= \log_{10}E_0[\mathrm{J}]+\frac{3}{2}\log_{10}10 = \log_{10}10^{\frac{3}{2}}E_0[\mathrm{J}]$$

$$\therefore\quad E = 10^{\frac{3}{2}}E_0 \fallingdotseq 32E_0$$

つまり，マグニチュードが 1 だけ増加すれば，地震波として放出されたエネルギーは約 30 倍になる．

対数目盛と普通目盛　これまで図の座標軸につける目盛は，図 D.7 の上側に示すように，原点からの距離が数に比例するようにつけてきた．したがって，整数の位置は等間隔に並んでいる．これを**普通目盛**という．ところで，

$\log_{10}1 = 0.0000$，$\log_{10}2 = 0.3010$，$\log_{10}3 = 0.4771$，

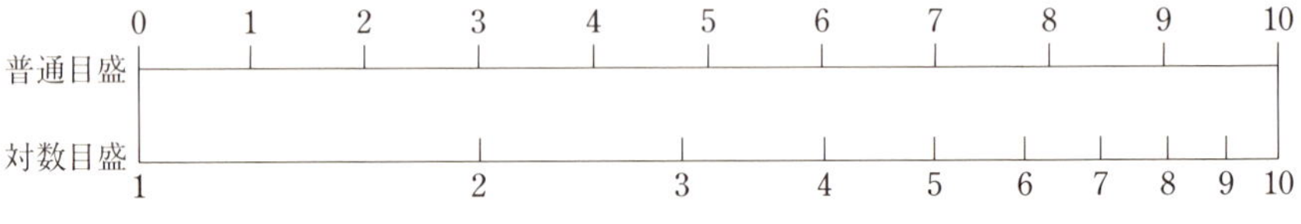

図 D.7　普通目盛と対数目盛

$\log_{10} 4 = 0.6021$，$\log_{10} 5 = 0.6990$，$\log_{10} 6 = 0.7782$，
$\log_{10} 7 = 0.8451$，$\log_{10} 8 = 0.9031$，$\log_{10} 9 = 0.9542$，
$\log_{10} 10 = 1.0000$，
なので，

$$「1 と 2 の距離」:「1 と 3 の距離」:「1 と 4 の距離」: \cdots$$
$$= 0.3010 : 0.4771 : 0.6021 : \cdots$$

になるように，つまり，図 D.7 の下側のように，$\log_{10} x$ の位置に x と記す目盛を**対数目盛**という．図 D.7 では普通目盛の 0 と対数目盛の 1 が一致し，普通目盛の 10 と対数目盛の 10 の位置が一致するようにした．

普通目盛が左側にも右側にも無限に続いているように，対数目盛も左側と右側に無限に続いている．

$$\log_{10} 20 = \log_{10}(10\times 2) = \log_{10} 10 + \log_{10} 2 = 1 + 0.3010$$
$$\log_{10} 200 = \log_{10}(100\times 2) = \log_{10} 100 + \log_{10} 2 = 2 + 0.3010$$
$$\log_{10} 0.2 = \log_{10}\left(\frac{2}{10}\right) = \log_{10} 2 - \log_{10} 10 = -1 + 0.3010$$
$$\log_{10} 0.1 = \log_{10}\left(\frac{1}{10}\right) = \log_{10} 1 - \log_{10} 10 = -1$$
$$\log_{10} 100 = \log_{10} 10^2 = 2$$

なので，0.2，2，20，200 の対数目盛，0.1，1，10，100 の対数目盛はそれぞれ等間隔に並ぶ．

問 9　0.1 と 200 の間の対数目盛を図示せよ．

参考　対数方眼紙

横軸（x 軸）が普通目盛，縦軸（y 軸）が対数目盛の方眼紙を**片対数方眼紙**といい，横軸も縦軸も対数目盛の方眼紙を**両対数方眼紙**という．

図 D.7 の場合，普通目盛の値を x，対数目盛の値を y とすると，上下の対応する x の値と y の値には

$$y = 10^{\frac{1}{10}x} \qquad x = 10 \log_{10} y \tag{D.42}$$

という関係がある．したがって，片対数方眼紙に $y = 10^{\frac{1}{10}x}$ という関数を表すグラフを描くと直線になることがわかる．図 D.7 の対数目盛を 90 度回転して縦軸を y 軸にした図 D.8 を見て，確かめてほしい．

変数 y の代わりに，

$$Y = \log_{10} y \tag{D.43}$$

で定義された新しい変数 Y を導入すると，(D.42) 式は

$$Y = \frac{1}{10} x \tag{D.44}$$

となる．図 D.8 の右側の縦軸は Y 軸である．1 次式である (D.44) 式

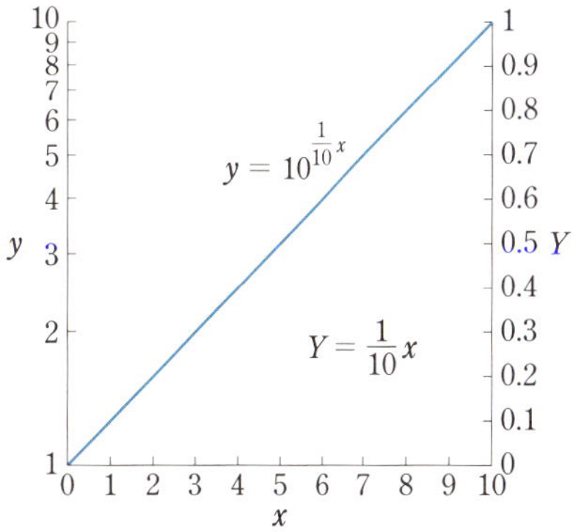

図 D.8

が，指数関数 $y=10^{\frac{1}{10}x}$ を表す片対数方眼紙の直線に対応していることがわかった．

一般に片対数方眼紙に

$$y=ka^x \quad (k,\ a\text{ は定数}) \tag{D.45}$$

という関数を表すグラフを描くと直線になる．(D.45) 式の両辺の常用対数をとると，

$$\log_{10} y=\log_{10}(ka^x)=\log_{10} k+\log_{10} a^x=\log_{10} k+x\log_{10} a \tag{D.46}$$

となるので，対数目盛に対応する変数 $Y=\log_{10} y$ を代入すると，

$$Y=(\log_{10} a)x+\log_{10} k \tag{D.47}$$

となるからである．

したがって，片対数方眼紙に描かれた直線のグラフが表す関数は指数関数である．この事実があるので，片対数方眼紙は，物理量 y の実験値が物理量 x の変化とともに指数関数的に変化するかどうかを調べるのに使用される．

なお，両対数方眼紙に描かれた直線のグラフが表す関数は

$$y=kx^p \quad (k,\ p\text{ は定数}) \tag{D.48}$$

という形をしている．(D.48) 式の両辺の常用対数をとると，

$$\log_{10} y=\log_{10}(kx^p)=\log_{10} k+\log_{10} x^p=\log_{10} k+p\log_{10} x \tag{D.49}$$

となり，両対数方眼紙の縦軸と横軸の対数目盛に対応する変数

$$Y=\log_{10} y\text{ と }X=\log_{10} x \tag{D.50}$$

を代入すると，

$$Y=pX+\log_{10} k \tag{D.51}$$

という 1 次式になるからである．

演習問題 D

1. 指数関数に関する昔から知られていた問題としてねずみ算がある．江戸初期（今から約 400 年前）に出版された日本の数学書『塵劫記』には，「正月にねずみの父母現れて十二匹の子を生み，以下十二月まで月に一度ずつ親，子，孫以下すべてのつがいが十二匹ずつ生むと総計何匹になるか」という問題と，「二百七十六億八千二百五十七万四千四百二匹になる」という答と，「二匹に七を十二回掛ければ答が出る」という説明が書いてある．

ねずみの雄雌 1 つがい（1 組）が 1ヵ月たつと 6 つがいの子を生んで合計 7 つがいになるという事実を利用して，『塵劫記』の答の正しさを示せ．

2. 対数の性質 (D.27)，(D.28)，(D.29) を証明せよ．

3. 対数の底の変換公式 (D.33) を証明せよ．

問・演習問題の解答

第1章

問1　1 MV = 1 000 000 V，500 kV = 500 000 V

問2　速さの単位は m/s なので，速さの計算結果の単位が m になったとすれば，時間で割るのを忘れたことが考えられる．

問3　N/kg = (kg·m/s^2)/kg = m/s^2

演習問題1

1. ①，⑤

2. 牛肉 1 kg あたりの値段が 5500 円．購入する牛肉の重量を 5500 円/kg に掛けると，支払金額が得られる．

3. 体積 1 m^3 あたり空気が 1.2 kg の割合で存在することを意味する［(1.2 kg/m^3)×(1 m^3) = 1.2 kg］．

4.（1）　どの辺に $\dfrac{c}{d}$ を掛けても $\dfrac{a}{b}$ になる．

（2）　a. $\dfrac{5}{42}$　　b. $\dfrac{4}{5}$

5. $\dfrac{1}{R} = \dfrac{1}{2\,\Omega}+\dfrac{1}{3\,\Omega} = \dfrac{5}{6\,\Omega}$　　$R = 1.2\,\Omega$

6.（1）　$7\times3\times3\times2-5\times4 = 106$

（2）　$(-0.22)\times100 = -22$

（3）　$6\times3\times12-5\times3 = 201$

（4）　$-0.4\times400 = -160$

第2章

問1　質量と加速度がわかっている場合に，力を求める式，$\boldsymbol{F} = m\boldsymbol{a}$

質量と力がわかっている場合に，加速度を求める式，$\boldsymbol{a} = \dfrac{\boldsymbol{F}}{m}$

力と加速度がわかっている場合に，質量を求める式，$m = \dfrac{\boldsymbol{F}}{\boldsymbol{a}}$

演習問題2

1.（1）　教師数は学生数の 8 倍である．

（2）　$S = 8T$

2. 円周は半径を 2 倍し，それを円周率倍したものである．あるいは，円周は半径の 2π 倍である．

3. L は半径 $r+d$ の半円の長さ $\pi(r+d)$ と半径 r の半円の長さ πr の差なので，

$L = \pi(r+d)-\pi r = \pi d = \pi\times(0.80\text{ m}) = 2.51\text{ m}$

4.（1）　$g[f(x)] = g[x-1] = (x-1)^2$．$f[g(x)] = f(x^2) = x^2-1$，同じではない．

（2）　$f(3) = 18$，$f[f(3)] = f(18) = 123$，

$f[f(x)] = f(7x-3) = 7(7x-3)-3 = 49x-24$

5.（1）　関数 $y=f(x)$ を表す曲線を $+x$ 軸方向（右方）に b だけ平行移動して得られる曲線に対する関数を $y=F(x)$ とおくと，ある特定の値 x に対する $F(x)$ の値は $x-b$ での関数 f の値に等しいので，$F(x) = f(x-b)$．　∴　$y = f(x-b)$

（2）　時刻 t では，$+x$ 軸方向（右方）に vt だけ移動するので，(2) 式の b に vt を代入すると，$f(x-vt)$

6.（1）　$y = 2x+2$，$y = x^2+1$

（2）　$y = 2x-1$，$y = x^2-2$

（3）　$y = 2x-3$，$y = (x-2)^2$

（4）　$y = 2x+5$，$y = (x+2)^2$．

第3章

問1　自動車 M は，時刻 $t = 0$ に道路原点 O を出発し，x 軸の正の向きに速さが 100 km/h の等速運動を行って，1 時間後（$t = 1.0$ h）に $x = 100$ km の地点 A に到着し，0.5 時間休憩した後，同じ方向に速さが 50 km/h の等速運動を行った．

問2　自動車 N は，時刻 $t = 0$ に $x = 50$ km の点 B を出発し，x 軸の負の向きに速さが 50 km/h の等速運動を行い，時刻 $t = 1.0$ h に道路原点 O に到着した．

問3　はじめの間は，物体は x 軸の正の向きに運動しているが，時間とともに速さは徐々に減少し，点 B に対応する時刻で速さは 0 になり，それ以後は，運動の向きが逆になり，速さが徐々に増加していく．

問4　（1）　図 S.1 参照　　（2）　図 3.12 の点 B より左側の部分参照　　（3）　右上がりの直線

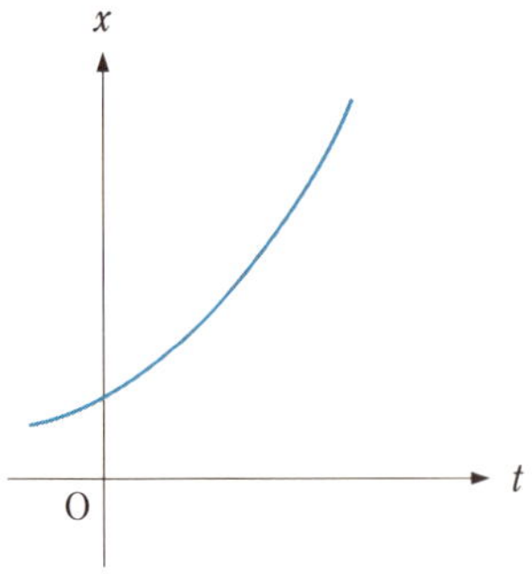

図 S.1

問 5 (1) $v(t) = 2at+b$ なので，$v(0) = b$.

∴ 定数 b は投げた直後 ($t = 0$) の物体の速度.

(2) $x(0) = c$ なので，定数 c は $t = 0$ に物体を投げた場所の位置 (高さ).

(3) x-t 線の最高点での接線の勾配が 0 なので，速度は 0.

問 6 v-t 線は原点を通る，勾配が g の直線. 図 2.3 参照.

演習問題 3

A

1. (1) m/s (2) $\mathrm{m/s^2}$

2. $\dfrac{120\ \mathrm{km}}{60\ \mathrm{km/h}} - \dfrac{120\ \mathrm{km}}{90\ \mathrm{km/h}} = 2\ \mathrm{h} - \dfrac{4}{3}\ \mathrm{h} = \dfrac{2}{3}\ \mathrm{h} = 40\ \mathrm{min}$

3. $\dfrac{900\ \mathrm{m}}{10\ \mathrm{min}} = 90\ \mathrm{m/min}$. $\dfrac{900\ \mathrm{m}}{10\ \mathrm{min}} = \dfrac{900\ \mathrm{m}}{600\ \mathrm{s}} = 1.5\ \mathrm{m/s}$.

4. $\dfrac{552.6\ \mathrm{km}}{4.2\ \mathrm{h}} = 132\ \mathrm{km/h}$. $132 \times \dfrac{1}{3.6}\ \mathrm{m/s} = 37\ \mathrm{m/s}$

5. (3.4) 式を使うと，

$$\frac{200\ \mathrm{m}}{30\ \mathrm{s}} = \frac{20}{3}\ \mathrm{m/s} = \frac{20}{3} \times 3.6\ \mathrm{km/h} = 24\ \mathrm{km/h}$$

なので，制限速度の 40 km/h 以下である.

6. 略.

7. $(100\ \mathrm{km/h})t = 50\ \mathrm{km} - (50\ \mathrm{km/h})t$ から

$(150\ \mathrm{km/h})t = 50\ \mathrm{km}$ ∴ $t = \dfrac{1}{3}\ \mathrm{h}$.

$x = (100\ \mathrm{km/h}) \times \dfrac{1}{3}\ \mathrm{h} = \dfrac{100}{3}\ \mathrm{km} = 33.3\ \mathrm{km}$.

交点は 2 つの自動車が遭遇する時刻と地点. 第 2 の連立方程式の x と t は，単位の km と h を除いた数値部分.

8. $a = \dfrac{(18\ \mathrm{m/s}) - 0}{30\ \mathrm{s}} = 0.6\ \mathrm{m/s^2}$

9. $t = \dfrac{v}{a} = \dfrac{55\ \mathrm{m/s}}{0.25\ \mathrm{m/s^2}} = 220\ \mathrm{s}$

B

1. (1) 3.03 pm (2) 3.07 pm 頃

(3) 略.

2. $a_0 > 0$ の場合は下に凸な放物線で，$a_0 < 0$ の場合は上に凸な放物線である. 原点での接線の勾配は v_0 なので，$v_0 > 0$ の場合は正，$v_0 = 0$ の場合は 0，$v_0 < 0$ の場合は負である.

3. $-V_0$，$2V_0(t-b)$

第 4 章

問 1 $2F\cos 60° = F = 10\ \mathrm{kgw}$.

問 2 針金の張力が大きくないと鉛直方向成分が指の力とつり合わない.

問 3 $F = \dfrac{1}{2} C\rho Av^2 \lesssim \dfrac{1}{2} \times 0.5 \times (1.2\ \mathrm{kg/m^3}) \times (2\ \mathrm{m^2}) \times (20\ \mathrm{m/s})^2 = 2.4 \times 100\ \mathrm{kg \cdot m/s^2}$. $\dfrac{1}{4}$倍

問 4 (1)

$$C \text{が一定のとき，} \frac{A}{B} = \text{一定} = f(C) \qquad (1)$$

$$B \text{が一定のとき，} AC = \text{一定} = g(B) \qquad (2)$$

(1) 式の右辺は，C が一定のときには定数であるが，定数の値は C の値が異なれば別の値をとり得るので，$f(C)$ と記した. (2) 式の右辺は，B が一定のときには定数であるが，定数の値は B の値が異なれば別の値をとり得るので，$g(B)$ と記した. (1) 式と (2) 式をまとめると，$A = f(C)B = \dfrac{g(B)}{C}$ となる. この式から $\dfrac{g(B)}{B} = Cf(C)$ という式が得られる. この式の右辺は変数 B に依存せず，左辺は変数 C に依存しないので，この 2 つの条件から，$\dfrac{g(B)}{B} = Cf(C) =$ 定数 k ということになる. $f(C) = \dfrac{k}{C}$，$g(B) = kB$ なので，

$$A = k\frac{B}{C} \quad (k \text{は定数})$$

(2)　質量 1 kg の物体に働いて $1\ \mathrm{m/s^2}$ の加速度を生じさせる力の大きさが $1\ \mathrm{N} = 1\ \mathrm{kg \cdot m/s^2}$ なので，(4.21) 式の m に 1 kg，a に $1\ \mathrm{m/s^2}$，F に $1\ \mathrm{kg \cdot m/s^2}$ を代入すると，左辺は $1\ \mathrm{m/s^2}$，右辺は (比例定数)×$(1\ \mathrm{m/s^2})$ なので，比例定数 = 1.

問 5　$m_\mathrm{A}\boldsymbol{a}_\mathrm{A} = \boldsymbol{F}_{\mathrm{A}\leftarrow\mathrm{B}} = -\boldsymbol{F}_{\mathrm{B}\leftarrow\mathrm{A}} = -m_\mathrm{B}\boldsymbol{a}_\mathrm{B}$ なので，$\dfrac{\boldsymbol{a}_\mathrm{A}}{\boldsymbol{a}_\mathrm{B}} = -\dfrac{m_\mathrm{B}}{m_\mathrm{A}}$．したがって，反対向きに動きだし，加速度は質量 (体重) に反比例する．最初は静止していたので，速度は質量に反比例する．

問 6　(1)　動かない．自動車と乗客を 1 つの物体と考えよ．

(2)　乗客がロープを引く力の 2 倍が，重力より大きければ上昇，小さければ下降．

演習問題 4

A

1. 合力の水平方向成分は $(200\ \mathrm{N})\times\dfrac{4}{5}-(260\ \mathrm{N})\times\dfrac{5}{13} = 60\ \mathrm{N}$(右向き)，合力の鉛直方向成分は $(200\ \mathrm{N})\times\dfrac{3}{5}+(260\ \mathrm{N})\times\dfrac{12}{13}-150\ \mathrm{N} = 210\ \mathrm{N}$ (上向き)．

2. この力は質量 2 kg の金属球に作用する重力 $mg = (2\ \mathrm{kg})\times(9.8\ \mathrm{m/s^2}) = 19.6\ \mathrm{N}$ につり合うので，19.6 N

3. (1)　mg　　(2)　mg　　(3)　0

4. 一直線になると荷物が作用する下向きの力につり合う力を作用できない．

5. (1)　重力加速度　　(2)　合力
   (3)　動摩擦力が働くから

6. $F = ma = (20\ \mathrm{kg})\times(5\ \mathrm{m/s^2}) = 100\ \mathrm{N}$.

7. トレーラーの運動方程式は $F = ma = (500\ \mathrm{kg})\times(1\ \mathrm{m/s^2}) = 500\ \mathrm{N}$.

8. $a = \dfrac{F}{m} = \dfrac{12\ \mathrm{N}}{2\ \mathrm{kg}} = 6\ \mathrm{m/s^2}$

9. $a = \dfrac{0-(30\ \mathrm{m/s})}{6\ \mathrm{s}} = -5\ \mathrm{m/s^2}$．$F = (20\ \mathrm{kg})\times(-5\ \mathrm{m/s^2}) = -100\ \mathrm{N}$(運動の逆向きに 100 N).

10. $a = \dfrac{F}{m} = \dfrac{20\ \mathrm{N}}{2\ \mathrm{kg}} = 10\ \mathrm{m/s^2}$，　$v = at = (10\ \mathrm{m/s^2})\times(3\ \mathrm{s}) = 30\ \mathrm{m/s}$.

11. (1)　$a = \dfrac{(30\ \mathrm{m/s})-(20\ \mathrm{m/s})}{5\ \mathrm{s}} = 2\ \mathrm{m/s^2}$
    (2)　$F = ma = (1000\ \mathrm{kg})\times(2\ \mathrm{m/s^2}) = 2000\ \mathrm{N}$

12. オールが水を後ろ向きに押すと，水はオールを前向きに押すので，ボートは前進する．

13. 大人は地面を後ろ向きに強い力で押すので，地面は前向きに大きな摩擦力を作用する．子供は軽いので垂直抗力が小さく，地面を強い力で後ろ向きに押せないことに注意．

14. (a) の方．(a) では $a = \dfrac{F}{m} = \dfrac{0.98\ \mathrm{N}}{0.4\ \mathrm{kg}} = 2.5\ \mathrm{m/s^2}$．(b) では $a = \dfrac{0.98\ \mathrm{N}}{(0.4+0.1)\mathrm{kg}} = 2.0\ \mathrm{m/s^2}$.

15. $(M+m)a = T-(M+m)g$．$a = \dfrac{T}{M+m}-g$

B

1. ① $(\boldsymbol{F}_{\mathrm{B}\leftarrow\mathrm{A}} = -\boldsymbol{F}_{\mathrm{A}\leftarrow\mathrm{B}})$，② $(\boldsymbol{F}_{\mathrm{C}\leftarrow\mathrm{B}} = -\boldsymbol{F}_{\mathrm{B}\leftarrow\mathrm{C}})$，⑤ (物体 B のつり合いの式 $\boldsymbol{0} = \boldsymbol{F}_{\mathrm{B}\leftarrow\mathrm{A}}+\boldsymbol{F}_{\mathrm{B}\leftarrow\mathrm{C}}+\boldsymbol{F}_{\mathrm{B}\leftarrow\text{床}} = \boldsymbol{F}_{\mathrm{B}\leftarrow\mathrm{A}} - \boldsymbol{F}_{\mathrm{C}\leftarrow\mathrm{B}} + \boldsymbol{F}_{\mathrm{B}\leftarrow\text{床}}$　∴　$\boldsymbol{F}_{\mathrm{B}\leftarrow\mathrm{A}} = \boldsymbol{F}_{\mathrm{C}\leftarrow\mathrm{B}}-\boldsymbol{F}_{\mathrm{B}\leftarrow\text{床}}$，したがって，$|\boldsymbol{F}_{\mathrm{B}\leftarrow\mathrm{A}}| = |\boldsymbol{F}_{\mathrm{C}\leftarrow\mathrm{B}}|+|\boldsymbol{F}_{\mathrm{B}\leftarrow\text{床}}| > |\boldsymbol{F}_{\mathrm{C}\leftarrow\mathrm{B}}|$ から床が B を左に押す摩擦力の大きさ $|\boldsymbol{F}_{\mathrm{B}\leftarrow\text{床}}|$ だけ大きい)

2. F の分母の $\cos\theta+\mu'\sin\theta$ が最大になる角 θ は，$\dfrac{\mathrm{d}}{\mathrm{d}\theta}(\cos\theta+\mu'\sin\theta) = -\sin\theta+\mu'\cos\theta = 0$．　∴　$\mu' = \tan\theta$ を満たす角．

3. 1 人

4. 上の糸に働く張力を S，おもりの下方への加速度を a，おもりの質量を M，下の糸を引く力を F とすると，おもりの運動方程式は $Ma = F+Mg-S$．∴　$F-S = M(a-g)$．下の糸を急に強く引いて $a > g$ なら $F > S$ なので下の糸が切れ，ゆっくり引いて $a < g$ なら $F < S$ なので上の糸が切れる．

5. $a = \dfrac{m_\mathrm{A}g}{m_\mathrm{A}+m_\mathrm{B}}$，$S = m_\mathrm{B}a = \dfrac{m_\mathrm{A}m_\mathrm{B}}{m_\mathrm{A}+m_\mathrm{B}}g < m_\mathrm{A}g$．$m_\mathrm{B}$ が大きくなると，S は増加して $m_\mathrm{A}g$ に近づく．

6. 3 つの球を 1 つの物体と考えると，$3ma = F-3mg$，$a = \dfrac{F}{3m}-g = \dfrac{9\ \mathrm{N}}{3\times(0.2\ \mathrm{kg})}-9.8\ \mathrm{m/}$

$s^2 = 5.2\,m/s^2$. 球 B, C を 1 つの物体と考えると，$S_{AB} = 2ma + 2mg = 2 \times (0.2\,kg) \times (5.2 + 9.8)(m/s^2) = 6.0\,N$．$S_{BC} = ma + mg = 3.0\,N$．

7. $m = 1\,kg$ の物体に 1 kgw（= 9.8 N）の力が作用すれば，加速度 $a = 9.8\,m/s^2$ が生じるので，(4.21) 式にこれらの数値を代入すれば，比例定数 = (1 kg)×(9.8 m/s²)/(1 kgw) = 9.8 N/kgw となる．

8. $\Delta L =$ 比例定数 $\times \dfrac{FL}{A}$．比例定数を $\dfrac{1}{E}$ と表す．定数 E は物質によって決まる定数で，ヤング率または伸び弾性率という．

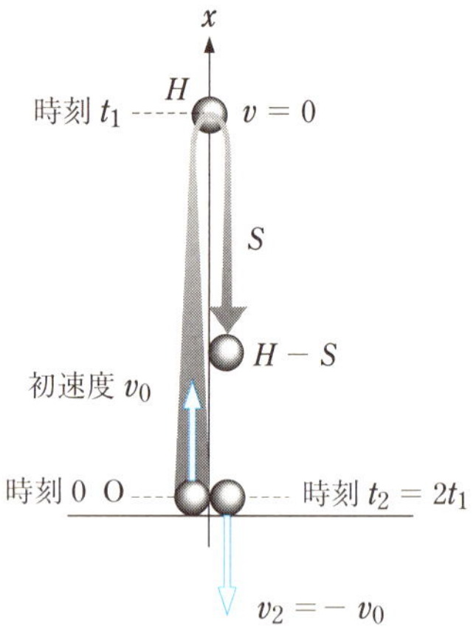

図 S.2

第 5 章

問 1　$d = \dfrac{1}{2}(24\,m/s) \times (20\,s) + (24\,m/s) \times (100\,s) + \dfrac{1}{2}(24\,m/s) \times (30\,s) = 240\,m + 2400\,m + 360\,m = 3000\,m$.

問 2　変位 $x(t) - x_0$ を表す台形の面積は，長方形の面積 $v_0 t$ と正負の符号のついた三角形の面積 $\dfrac{1}{2}at^2$（$a < 0$ のときは $-\dfrac{1}{2}|a|t^2$）の和である．

問 3　(1)　投げてから t 秒後の石の上昇距離 $x(t)$ は v-t 図の斜線部の台形の面積，つまり，長方形の面積 $v_0 t$ から右上の三角形の面積 $\dfrac{1}{2}gt^2$ を引いたもの，に等しい．

(2)　最高点の高さ H の面積は，

$$H = \frac{1}{2}v_0 t_1 = \frac{{v_0}^2}{2g}$$

(3)　図 S.2 参照．

(4)　$H = S$ のときなので，$t_2 = 2t_1 = \dfrac{2v_0}{g}$.

$$v(t_2) = v_0 - g \times \frac{2v_0}{g} = -v_0.$$

(5)　$H = \dfrac{{v_0}^2}{2g} = \dfrac{(20\,m/s)^2}{2 \times (10\,m/s^2)} = 20\,m.$

$$t_2 = \frac{2v_0}{g} = \frac{2 \times (20\,m/s)}{10\,m/s^2} = 4\,s.$$

問 4　非斉次の定係数線形微分方程式の一般解の性質を使え．(5.82) 式で $t = 0$ とおいて得られる $C = v_0 - \dfrac{mg}{b}$ を (5.82) 式に代入せよ．

演習問題 5

A

1. $\displaystyle\int 2t\,dt = t^2 + C$　（C は任意定数）

2. $v(t) = \displaystyle\int A\cos\omega t\,dt = \frac{A}{\omega}\sin\omega t + v(0)$,

$$x(t) = \int \frac{A}{\omega}\sin\omega t\,dt + \int v(0)\,dt$$

$$= -\frac{A}{\omega^2}\cos\omega t + v(0)t + x(0) + \frac{A}{\omega^2}.$$

$\sin 0 = 0$ と $\cos 0 = 1$ を使った．

3. $\dfrac{d^2x}{dt^2} = bt$ を積分すると，$\dfrac{dx}{dt} = \dfrac{1}{2}bt^2 + C_1$, C_1 は任意定数．この式を積分すると，$x = \dfrac{1}{6}bt^3 + C_1 t + C_2$，$C_2$ は任意定数

4. $t = \dfrac{v}{a} = \dfrac{55\,m/s}{0.25\,m/s^2} = 220\,s$，$d = \dfrac{1}{2}at^2 = \dfrac{1}{2}vt = \dfrac{1}{2}(55\,m/s)(220\,s) = 6050\,m$

5. (1)　略

(2)　$\dfrac{12.5\,m/s}{16\,s} = 0.78\,m/s^2$，0，$-0.78\,m/s^2$

(3)　$\bar{v}t$ の和を計算すると $\dfrac{1}{2}(12.5\,m/s) \times (16\,s) + (12.5\,m/s) \times (6\,s) + \dfrac{1}{2}(12.5\,m/s) \times (16\,s) = 275\,m$

6. ③ ($v = v_0 - gt$)

7. $x = (20\,\mathrm{m/s})t - (5\,\mathrm{m/s^2})t^2 = 15\,\mathrm{m}$ から
$t^2 - (4\mathrm{s})t + 3\mathrm{s}^2 = (t-\mathrm{s})(t-3\mathrm{s}) = 0$.
$\therefore\quad t = 1\,\mathrm{s}, 3\,\mathrm{s}$.
$v = (20\,\mathrm{m/s}) - (10\,\mathrm{m/s^2})t$ から，$t = 1\,\mathrm{s}$ のとき $v = 10\,\mathrm{m/s}$，$t = 3\,\mathrm{s}$ のとき $v = -10\,\mathrm{m/s}$.

8. $v_0 = 210\,\mathrm{km/h} = 210 \times \dfrac{1}{3.6}\,\mathrm{m/s} = 58\,\mathrm{m/s}$.

$$t_1 = \frac{2d}{v_0} = \frac{2 \times (2500\,\mathrm{m})}{58\,\mathrm{m/s}} = 86\,\mathrm{s} = 1\,\mathrm{min}\ 26\,\mathrm{s}$$

9. (5.56) 式から $b = \dfrac{{v_0}^2}{2d} = \dfrac{(20\,\mathrm{m/s})^2}{2 \times (100\,\mathrm{m})} = 2.0\,\mathrm{m/s^2}$. 加速度は $-2.0\,\mathrm{m/s^2}$

10. $\dfrac{\mathrm{d}x}{\mathrm{d}t} - 5x = 0$ の一般解は $x(t) = C\mathrm{e}^{5t}$. $x(0) = C = 3$. $\therefore\quad x(t) = 3\mathrm{e}^{5t}$

B

1. $\dfrac{\mathrm{d}^2x_1}{\mathrm{d}t^2} + a\dfrac{\mathrm{d}x_1}{\mathrm{d}t} + bx_1 = 0$，$\dfrac{\mathrm{d}^2x_2}{\mathrm{d}t^2} + a\dfrac{\mathrm{d}x_2}{\mathrm{d}t} + bx_2 = 0$ なので，

$$\frac{\mathrm{d}^2}{\mathrm{d}t^2}(C_1x_1(t) + C_2x_2(t)) + a\frac{\mathrm{d}}{\mathrm{d}t}(C_1x_1(t) + C_2x_2(t)) + b(C_1x_1(t) + C_2x_2(t))$$
$$= C_1\left(\frac{\mathrm{d}^2x_1}{\mathrm{d}t^2} + a\frac{\mathrm{d}x_1}{\mathrm{d}t} + bx_1\right) + C_2\left(\frac{\mathrm{d}^2x_2}{\mathrm{d}t^2} + a\frac{\mathrm{d}x_2}{\mathrm{d}t} + bx_2\right) = 0$$

2. $\dfrac{\mathrm{d}^2x}{\mathrm{d}t^2} = -\dfrac{b}{(t+c)^2}$ を積分すると，$\dfrac{\mathrm{d}x}{\mathrm{d}t} = \dfrac{b}{t+c} + C_1$，$C_1$ は任意定数．この式を積分すると，$x = b\log_e|t+c| + C_1t + C_2$ （C_2 は任意定数）

3. (1) $a_1 = \dfrac{v}{t_1}$，$-a_2 = -\dfrac{v}{t_3 - t_2}$

(2) $x_1 = \dfrac{1}{2}vt_1$，$x_2 - x_1 = v(t_2 - t_1)$，$x_3 - x_2 = \dfrac{1}{2}v(t_3 - t_2)$.

(3) 略

4. (1) $50\,\mathrm{km/h} = \dfrac{50 \times (1000\,\mathrm{m})}{3600\,\mathrm{s}} = 13.9\,\mathrm{m/s}$，$(0.5\,\mathrm{s}) \times (13.9\,\mathrm{m/s}) = 6.9\,\mathrm{m}$

(2) $100\,\mathrm{km/h} = \dfrac{100000\,\mathrm{m}}{3600\,\mathrm{s}} = 27.8\,\mathrm{m/s}$.
(5.55) 式から $d = \dfrac{{v_0}^2}{2b} = \dfrac{(27.8\,\mathrm{m/s})^2}{2 \times (7\,\mathrm{m/s^2})} = 55\,\mathrm{m}$

5. (1) $v = (20\,\mathrm{m/s}) - (10\,\mathrm{m/s^2})t$

(2) $x - x_0 = (20\,\mathrm{m/s})t - (5\,\mathrm{m/s^2})t^2 = -5(\mathrm{m/s^2})(t - 2\mathrm{s})^2 + 20\,\mathrm{m}$.
$t = 2\mathrm{s}$ で $x - x_0$ は最大値 $20\,\mathrm{m}$，$t = 5\mathrm{s}$ で $x - x_0 = -25\,\mathrm{m}$. 移動距離は $20\,\mathrm{m} + 45\,\mathrm{m} = 65\,\mathrm{m}$，変位は $-25\,\mathrm{m}$

6. (1) 速さは徐々に減少して，終端速度になる．

(2) 上向き運動の速さは徐々に減少し，速さが 0 になり，下向き運動をはじめ，速さは徐々に増加して，終端速度になる．

7. (1) $m\dfrac{\mathrm{d}^2x}{\mathrm{d}t^2} = m\dfrac{\mathrm{d}v}{\mathrm{d}t} = mg - \dfrac{1}{2}C\rho Av^2$

(2) $v_\mathrm{t} = \sqrt{\dfrac{2mg}{C\rho A}}$.

第 6 章

問 1 (a) 進行方向，(b) 進行方向の逆向き，(c) 左向き．路面が作用する摩擦力．

問 2 S.3 図を参照

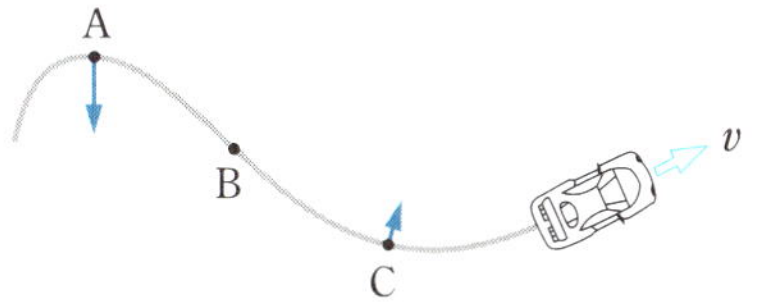

図 S.3

問 3 乗客に座席が作用する横向きの力．

問 4 $m\dfrac{v^2}{r} = \dfrac{mgR_\mathrm{E}{}^2}{r^2}$ と $vT = 2\pi r$ から，$\dfrac{r^3}{T^2} = \dfrac{gR_\mathrm{E}{}^2}{4\pi^2} =$ 一定．$\therefore\quad r^3 \propto T^2$

演習問題 6

A

1. ×（等速円運動では加速度は円の中心を向く）

2. $f = \dfrac{150}{60\,\mathrm{s}} = 2.5\,\mathrm{s^{-1}}$. $v = 2\pi rf = 2\pi \times (0.3\,\mathrm{m}) \times (2.5\,\mathrm{s^{-1}}) = 1.5\pi\,\mathrm{m/s} = 4.71\,\mathrm{m/s} = 17\,\mathrm{km/h}$

3. $g = \dfrac{v^2}{r}$. $v = \sqrt{rg} = \sqrt{(1\,\mathrm{m}) \times (9.8\,\mathrm{m/s^2})} =$

3.1 m/s

4. 向心力 $m(2\pi f)^2 r$ が最大摩擦力 $\mu N = \mu mg$ の場合なので，

$$f = \frac{1}{2\pi}\sqrt{\frac{\mu g}{r}} = \frac{1}{2\pi}\sqrt{\frac{0.2\times(9.8\ \mathrm{m/s^2})}{0.5\ \mathrm{m}}}$$
$$= 0.32\ \mathrm{s^{-1}}.$$

5. 同じ半径の円と扇形の面積の比は中心角 θ に比例する．半径が r で中心角が 2π の扇形である円の面積は πr^2 なので，半径が r で中心角が θ の扇形の面積 A は，

$$A = \pi r^2 \times \frac{\theta}{2\pi} = \frac{1}{2} r^2\theta$$

B

1. 角速度 $\omega = 0.1$ rad/s．$a = v\omega = (20\ \mathrm{m/s})\times(0.1/\mathrm{s}) = 2\ \mathrm{m/s^2}$

2. 角速度 $\omega = \dfrac{2\pi}{24\times 60\times(60\ \mathrm{s})} = 7.27\times 10^{-5}$ $\mathrm{s^{-1}}$．向心加速度 $a = r\omega^2$ を使うと，「質量」×「向心加速度」=「万有引力」という運動方程式から

$$m(R_\mathrm{E}+h)\omega^2 = \frac{Gmm_\mathrm{E}}{(R_\mathrm{E}+h)^2} = \frac{gmR_\mathrm{E}{}^2}{(R_\mathrm{E}+h)^2}$$

$$h = \left(\frac{gR_\mathrm{E}{}^2}{\omega^2}\right)^{\frac{1}{3}} - R_\mathrm{E}$$

$$= \left[\frac{(9.8\ \mathrm{m/s^2})\times(6.4\times 10^6\ \mathrm{m})^2}{(7.3\times 10^{-5}\ \mathrm{s^{-1}})^2}\right]^{\frac{1}{3}} - 6.4\times 10^6\ \mathrm{m}$$
$$= 4.2\times 10^7\ \mathrm{m} - 0.64\times 10^7\ \mathrm{m} = 3.6\times 10^7\ \mathrm{m}$$
$$= 3.6\times 10^4\ \mathrm{km}$$

第7章

問1 $T = 2\pi\sqrt{\dfrac{L}{g}} = 2\pi\sqrt{\dfrac{2\ \mathrm{m}}{9.8\ \mathrm{m/s^2}}} = 2.8\ \mathrm{s}$

問2 $x = ye^{-\gamma t}$ とおくと，$\dfrac{\mathrm{d}^2 y}{\mathrm{d}t^2} - \gamma^2 y = 0$ となり，一般解は $y = Ae^{\gamma t} + Be^{-\gamma t}$ なので，
$x(t) = A + Be^{-2\gamma t}$．$A, B$ は任意定数．

演習問題7

A

1. 5．$T = 2\pi\sqrt{\dfrac{m}{k}}$．$k = \dfrac{4\pi^2 m}{T^2} = \dfrac{4\pi^2\times(2\ \mathrm{kg})}{(2\ \mathrm{s})^2}$
$= 20\ \mathrm{kg/s^2}$

2. $m = \dfrac{kT^2}{4\pi^2} = \dfrac{(6\ \mathrm{kg/s^2})\times(3\ \mathrm{s})^2}{4\pi^2} = 1.37\ \mathrm{kg}$

3. $T = 2\pi\sqrt{\dfrac{m}{k}}$ の m も k も変わらないので，周期 T は変わらない．

4. 点Aではおもりの速度が0なので，自由落下運動する．

5. $T = 2\pi\sqrt{\dfrac{L}{g}}$ なので，月面上では地球上の $\sqrt{\dfrac{1}{0.17}}$ 倍 = 2.4 倍

6. ①

7. 減衰振動

8. ①，④，⑤

9. 共振

B

1. ① ×（振動を続ける） ② ×（振幅は x_0） ③ ×（自然な長さでは速さは0） ④ ○

2. (1) 0 (2) 0
(3) 振動数 $f = \dfrac{1}{2\pi}\sqrt{\dfrac{k}{m}}$ の単振動

3. (1) 式の一般解は，特殊解 $x = \dfrac{mg}{k}$ と斉次の定係数線形微分方程式 $\dfrac{\mathrm{d}^2 x}{\mathrm{d}t^2} + \omega^2 x = 0$ の一般解 $x = A\cos(\omega t + \theta_0)$ の和である $(k = m\omega^2)$．

$$\therefore\quad x = \frac{mg}{k} + A\cos(\omega t + \theta_0)$$

4. $x(t) = A\cos 3t + B\sin 3t$．$A, B$ は任意定数．

5. 臨界減衰型の微分方程式なので，一般解は $x(t) = (At+B)e^{-2t}$，$x(0) = B = 1$，$x'(t) = (A - 2At - 2B)e^{-2t}$，なので，$x'(0) = A - 2B = A - 2 = 0$ から $A = 2$．∴ $x(t) = (2t+1)e^{-2t}$．

6. $\omega^2 = 2$，$\gamma = 1$ の減衰振動型の微分方程式なので，一般解は $x(t) = (C_1\cos t + C_2\sin t)e^{-t}$ （C_1, C_2 は任意定数）．

第8章

問1 mgh の単位は，$(\mathrm{kg})\times(\mathrm{m/s^2})\times\mathrm{m} = \mathrm{kg\cdot m^2}$

$/s^2$. kx^2 の単位 $(N/m) \times m^2 = N \cdot m = kg \cdot m^2/s^2$. mv^2 の単位は $(kg) \times (m/s)^2 = kg \cdot m^2/s^2$.

問 2 $W_{A\to B} = \frac{1}{2} m{v_B}^2 - \frac{1}{2} m{v_A}^2$ で，$v_A = v_0$, $v_B = 0$, $W_{A\to B} = Fd = -\mu' mgd$ なので，

$-\mu' mgd = -\frac{1}{2} m{v_0}^2$. ∴ $d = \frac{{v_0}^2}{2\mu' g}$.

問 3 空気抵抗が無視できる場合，同じ高さの点での速さは等しい．空気抵抗が無視できない場合，力学的エネルギーが減少していくので，下降中に通過する速さは上昇中に通過する速さより小さい．

問 4 ひざを曲げながら着地すると，地面が身体に作用する力の作用時間が長くなるので，力の大きさが小さくなるため．

演習問題 8

A

1. (1) $W = mgh = (80\ kg) \times (9.8\ m/s^2) \times (2.0\ m) = 1568\ N$

(2) 0 J

(3) $W = -mgh = -1568\ N$

2. 0 J

3. $P = mgv = (50\ kg) \times (9.8\ m/s^2) \times (2\ m/s) = 980\ W$

4. $P \geqq mgv = (1000\ kg) \times (9.8\ m/s^2) \times \frac{10\ m}{60\ s} = 1633\ W$

5. $v = 144\ km/h = 40\ m/s$. $K = \frac{1}{2}(0.15\ kg) \times (40\ m/s)^2 = 120\ J$. $W = 120\ J$.

6. 仕事と運動エネルギーの関係から 0.

7. 力学的エネルギー保存則から，速さは同じ．

8. b. 空中の最高点での力学的エネルギーは，水平方向の速度のための運動エネルギーと重力による位置エネルギーの和である．したがって，空中の最高点は点 A より低い．

9. ひもが鉛直な場合，$mgL = \frac{1}{2} mv^2$. $S = mg + \frac{mv^2}{L} = 3mg$

10. 2 点 A, B の高さは等しいので，$0.5 + 0.5\cos\theta = \frac{\sqrt{3}}{2}$. $\cos\theta = \sqrt{3} - 1 = 0.73$. $\theta = 43°$

11. 球のエネルギーは 4 倍になるので，球の初速は 2 倍になり，上昇距離は 4 倍になる．水平方向に飛ばすと落下する間に水平方向に 2 倍の距離を移動する．

12. $\frac{4.6 \times 10^7\ kg \cdot m^2/s^3}{(65\ m^3/s) \times (1000\ kg/m^3) \times (9.8\ m/s^2) \times (77\ m)} = 0.94$. ∴ 94 %

13. (1) $(40\ kg) \times (9.8\ m/s^2) \times (3000\ m) = 1.2 \times 10^6\ J$

(2) $\frac{1.2 \times 10^6\ J}{(3.8 \times 10^7\ J/kg) \times 0.20} = 0.16\ kg$

14. 重力のする仕事は，$10mgh = 10 \times (3.0\ kg) \times (9.8\ m/s^2) \times (3.0\ m) = 882\ J$. 水の温度を T 上昇させるのに必要な熱は，$(500\ g) \times (4.2\ J/(g \cdot ℃)) \times T = 2100T\ (J/℃)$.

∴ $T = \frac{882\ J}{2100\ J/℃} = 0.42\ ℃$

15. 自動車の運動量は，衝突直前 $p_0 = mv_0 = (1000\ kg) \times (-20\ m/s) = -2.0 \times 10^4\ kg \cdot m/s$, 衝突直後 $p = mv = (1000\ kg) \times (3.0\ m/s) = 3.0 \times 10^3\ kg \cdot m/s$

運動量変化 $\Delta p = p - p_0 = [0.3 \times 10^4 - (-2.0 \times 10^4)]\ kg \cdot m/s = 2.3 \times 10^4\ kg \cdot m/s$

壁が自動車に 0.10 秒間作用した力の大きさ $F = \frac{\Delta p}{\Delta t} = \frac{2.3 \times 10^4\ kg \cdot m/s}{0.1\ s} = 2.3 \times 10^5\ N$

16. 減速の加速度 $-b$ は(5.56)式によって，$b = \frac{{v_0}^2}{2d} = \frac{(40\ m/s)^2}{2 \times (0.2\ m)} = 4000\ m/s^2$. 力の大きさは $F = mb = (0.15\ kg) \times (4000\ m/s^2) = 600\ N$

B

1. $10.8\ km/h = 3\ m/s$. $h = vt\sin 5° = (3\ m/s) \times (120\ s) \times 0.087 = 31.3\ m$.

$P = \frac{mgh}{t} = \frac{(75\ kg) \times (9.8\ m/s^2) \times (31.3\ m)}{120\ s} = 192\ W$

2. 1 馬力 $= \frac{(75\ kg) \times (9.80665\ m/s^2) \times (1\ m)}{1\ s} = 735.5\ W$

3. $\frac{1}{2} mv^2 = mgh$ から

$v = \sqrt{2gh} = \sqrt{2\times(9.8\ \mathrm{m/s^2})\times(1\ \mathrm{m})} = \sqrt{19.6}$ m/s = 4.4 m/s.

4. 電池の面積を A とすると，$[1.37\times10^3\ \mathrm{J/(m^2\cdot s)}]A\times0.1 = 10^3$ W．$A = 7.3\ \mathrm{m^2}$.

5. 単位時間あたりの運動量変化は $(\rho Av)v = \rho v^2A$ なので，ρv^2A.

第9章

問1 点Oと物体を結ぶ線分が時間 Δt に通過する面積 $\Delta A = \dfrac{d(v\,\Delta t)}{2}$ なので，面積速度 $\dfrac{\mathrm{d}A}{\mathrm{d}t} = \dfrac{vd}{2}$，角運動量 $L = mvd = 2m\dfrac{\mathrm{d}A}{\mathrm{d}t}$

問2 爪先だって回転しているスケーターに働く外力のモーメントは0なので，スケーターの身体の各部分の角運動量の和である全角運動量 $L = \omega\sum_i m_ir_i{}^2$ は一定である．ここで，r_i は質量 m_i の身体の部分 i の回転半径である．スケーターが両腕を縮めると，腕の部分の回転半径 r_i が減少するので $\sum_i m_ir_i{}^2$ も減少し，その結果，角速度 ω が増加する．腕を縮めると，回転運動のエネルギー $\dfrac{1}{2}\omega^2\sum_i m_ir_i{}^2$ が増加するが，この増加は腕が行った仕事による．

問3 $\tan\theta_\mathrm{C} = \dfrac{4}{3}$．$\theta_\mathrm{C} = 53°$

演習問題9

A

1. $F\times(15\ \mathrm{cm}) = (3\ \mathrm{kgw})\times(2.5\ \mathrm{cm})$．$F = 0.5$ kgw

2. $\dfrac{\mathrm{d}L}{\mathrm{d}t} = \dfrac{\mathrm{d}}{\mathrm{d}t}\left(ml^2\dfrac{\mathrm{d}\theta}{\mathrm{d}t}\right) = ml^2\dfrac{\mathrm{d}^2\theta}{\mathrm{d}t^2} = N = -mgl\sin\theta$．$\therefore\ ml\dfrac{\mathrm{d}^2\theta}{\mathrm{d}t^2} = -mg\sin\theta$

3. $\dfrac{a^3}{T^2}$ = 一定なので，T が70倍なら，a は $70^{2/3} = 17$ 倍．

4. $(5\ \mathrm{cm})\times F = (10\ \mathrm{cm})\times(10\ \mathrm{N})+(20\ \mathrm{cm})\times(20\ \mathrm{N}) = 500\ \mathrm{N\cdot cm}$．$F = 100$ N

5. $F_2-F_1 = W = (50\ \mathrm{kg})\times(9.8\ \mathrm{m/s^2}) = 490$ N．点Oのまわりの力のモーメントの和が0という条件から $1.5F_2-4.5W = 0$．$\therefore\ F_2 = 3W = 1470$ N，$F_1 = F_2-W = 2W = 980$ N

6. 点Aのまわりの力のモーメントの和が0という条件から，垂直抗力 N は点Aを通らなければならない．垂直抗力は接触面に作用するのだから点Aは接触面の中になければならない．

7. つり合いの条件は，$N_1 = Mg$，$N_2 = F$，$\dfrac{L}{2}Mg\sin\theta - LN_2\cos\theta = 0$.

$\therefore\ F = N_2 = \dfrac{1}{2}Mg\tan\theta$

B

1. 1段ロケットは，地球の中心を焦点の1つとする楕円軌道上を運動するので，必ず地球に衝突する．

2. (1) 綱の長さ $L = \sqrt{h^2+l^2} = \sqrt{(4.0\ \mathrm{m})^2+(3.0\ \mathrm{m})^2} = \sqrt{25.00\ \mathrm{m^2}} = 5.0$ m．ちょうつがいと張力 S の距離 $d = l\times\dfrac{h}{L} = (3.0\ \mathrm{m})\times\dfrac{4.0\ \mathrm{m}}{5.0\ \mathrm{m}} = 2.4$ m.
ちょうつがいのまわりの力のモーメントの和 = 0 という条件から，$2.4S = 1.8W = 1.8\times(40\ \mathrm{kgw})$．$\therefore\ S = 30$ kgw.
(2) 棒に働く力のつり合い条件から，$N = \dfrac{3}{5}S = 18$ kgw．$F = W-\dfrac{4}{5}S = 16$ kgw.

付録A

問1 (1) $6x+2$　(2) $8x+3$
(3) $9x^2+4x-1$

問2 $f(-2) = 4$，$f'(-2) = -4$ なので，$y = 4-4(x+2) = -4x-4$

問3 (1) $f'''(x) = 6$ なので $f'''(0) \neq 0$．$\therefore$ 変曲点　(2) $f'''(0) = 0$，$f''''(0) > 0$ なので，極小点．実際には最小点．

問4 $\cos x \fallingdotseq 1-\dfrac{1}{2}x^2$ を使え．

演習問題A

1. (1) $2x$　(2) 微分係数（変化率）
(3) 2　(4) 接　(5) 勾配

(6) $y = 2x-1$

2. 偶関数の場合

$$f_{偶}'(-x) = \lim_{\Delta x \to 0} \frac{f_{偶}(-x+\Delta x) - f_{偶}(-x)}{\Delta x}$$
$$= \lim_{-\Delta x \to 0} \frac{f_{偶}(-x-\Delta x) - f_{偶}(-x)}{-\Delta x}$$
$$= -\lim_{-\Delta x \to 0} \frac{f_{偶}(x+\Delta x) - f_{偶}(x)}{\Delta x}$$
$$= -f_{偶}'(x)$$
($\Delta x \to 0$ と $-\Delta x \to 0$ は同じ極限である.)

3. $f(x) = (1+x)^n$ の場合, $f'(x) = n(1+x)^{n-1}$, $f''(x) = n(n-1)(1+x)^{n-2}$ なので, $f'(0) = n$, $f''(0) = n(n-1)$ を使え [(3.45) 式参照].

4. $f(x) = \mathrm{e}^x$ の場合, $\dfrac{\mathrm{d}}{\mathrm{d}t}\mathrm{e}^x = \mathrm{e}^x$ なので, すべての次数 n に対して $f^{(n)}(x) = \mathrm{e}^x$, $f^{(n)}(0) = 1$ であることを使え.

$f(x) = \sin x$ の場合, $\dfrac{\mathrm{d}}{\mathrm{d}t}\sin x = \cos x$ と $\dfrac{\mathrm{d}}{\mathrm{d}t}\cos x = -\sin x$ を使うと, $f^{(2m+1)}(x) = (-1)^m \cos x$, $f^{(2m)}(x) = (-1)^m \sin x$ なので, $f^{(2m+1)}(0) = (-1)^m$, $f^{(2m)}(0) = 0$ であることを使え.

$f(x) = \cos x$ の場合, $f^{(2m)}(x) = (-1)^m \cos x$, $f^{(2m+1)}(x) = (-1)^{m+1} \sin x$, なので, $f^{(2m)}(0) = (-1)^m$, $f^{(2m+1)}(0) = 0$ であることを使え.

付録 B

演習問題 B

1. 相似比 $1 : \sqrt{k}$, 体積比 $1 : \sqrt{k^3}$

2. 相似比 $1 : \sqrt[3]{k}$, 面積比 $1 : \sqrt[3]{k^2}$

3. (1) 長さの比は相似比に等しいので $\dfrac{1}{10}$

(2) 面積の比なので $\dfrac{1}{10^2} = \dfrac{1}{100}$

(3) 小さな正方形のタイルを貼ると,「タイルの面積」×「タイルの枚数」=「屋根の面積」.

面積の比なので $\dfrac{1}{10^2} = \dfrac{1}{100}$

(4) 体積の比なので $\dfrac{1}{10^3} = \dfrac{1}{1000}$

4. $V = \dfrac{1}{3}$(微小角錐の高さ R)×(微小角錐の底面積の和 $4\pi R^2$) $= \dfrac{4}{3}\pi R^3$.

付録 D

問 1 1, $\dfrac{1}{3}$, $\dfrac{1}{9}$, 3, $\dfrac{1}{27}$

問 2 729, $\dfrac{1}{16}$, $\dfrac{1}{81}$, 9, a^2

問 3 $\left(\dfrac{1}{2}\right)^{\frac{24}{8}} = \dfrac{1}{2^3} = \dfrac{1}{8}$

問 4 略

問 5 $4 = \log_2 16$, $-3 = \log_2 0.125$, $0 = \log_2 1$, $1 = \log_2 2$, $\dfrac{1}{2} = \log_4 2$, $-1 = \log_2 \dfrac{1}{2}$

問 6 1, 2, 3, 4, 0, −2, 4, 2, 3, −3, 1, 0

問 7 $\dfrac{\log_{10} 5}{\log_{10} 2}$, $\dfrac{\log_{10} 8}{\log_{10} 3}$

問 8 略

問 9 略

演習問題 D

1. $2 \times 7^{12} = 27\ 682\ 574\ 402$

2. $M = a^m$, $N = a^n$ とおくと, $\log_a M = \log_a a^m = m$, $\log_a N = \log_a a^n = n$ である.

(D.27) 式の証明 $\log_a(M \times N) = \log_a a^{m+n} = m+n = \log_a M + \log_a N$.

(D.28) 式の証明 $\log_a(M \div N) = \log_a a^{m-n} = m-n = \log_a M - \log_a N$.

(D.29) 式の証明 $\log_a M^n = \log_a a^{mn} = nm = n \log_a M$.

3. $\log_a b = m$ を $b = a^m$ とおいて, 両辺の c を底とする対数をとると,

$\log_c b = \log_c a^m = m \log_c a = (\log_a b)(\log_c a)$,

つまり, $\log_c b = (\log_a b)(\log_c a)$

が導かれるので, 両辺を $\log_c a$ で割れば (D.33) 式が導かれる.

索　引

あ 行

位相（phase） 80
位置エネルギー（potential energy） 100
位置-時刻図（position-time plot） 20
位置ベクトル（position vector） 62
一般解（general solution） 49
一般角（general angle） 71
因果律（causality） 49
運動エネルギー（kinetic energy） 98,99
運動の第 1 法則（first law of motion） 37
運動の第 2 法則
　（second law of motion） 38
運動の第 3 法則（third law of motion） 41
運動の法則（laws of motion） 38
運動量（momentum） 104
エネルギーの単位（J） 89
エネルギー保存則
　（energy conservation law） 103
遠心力（centrifugal force） 75

か 行

解（solution） 45
階数（rank） 45
回転運動の法則
　（law of rotational motion） 109
外力（external force） 42
化学エネルギー（chemical energy） 103
角運動量（angular momentum） 109
角運動量保存則（angular momentum conservation law） 110
角振動数（angular frequency） 80
角速度（angular velocity） 73
角の単位（rad） 70
過減衰（overdamping） 84
加速度（acceleration） 26,63,64
加速度の単位（m/s^2） 26
関数（function） 11
慣性（inertia） 38
慣性抵抗（inertial resistance） 37
慣性の法則（law of inertia） 38
基本単位（fundamental units） 5
逆関数（inverse function） 16
共振（resonance） 77,85,86
強制振動（forced oscillation） 77,85
共鳴（resonance） 85,86
極限値（limit value） 25
キログラム（kg） 5,38
キログラム重（kgw） 31
偶力（couple of forces） 115
組立単位（derived units） 5
ケプラーの法則（Kepler's laws） 111
原始関数（primitive function） 46
減衰振動（damped oscillation） 77,83,84
向心加速度（centripetal acceleration） 66
向心力（centripetal force） 66
合成関数（composite function） 11
剛体（rigid body） 112
合力（resultant force） 32
勾配（gradient） 19
国際単位系（SI）
　（International System of Units） 5
固有振動数（natural frequency） 85

さ 行

最大摩擦力
　（maximum frictional force） 35
作用点（point of action） 31
作用反作用の法則
　（law of action and reaction） 41
三角関数（trigonometric functions） 71
次元（ディメンション）（dimension） 7
仕事（work） 88
仕事の単位（J） 88
仕事率（power） 93
仕事率の単位（W） 93
指数（exponent） 5
実験値（experimental value） 6
質点（mass point） 39
質量（mass） 40
時定数（time constant） 58
周期（period） 61,67
周期運動（periodic motion） 61,67
周期関数（periodic function） 67
重心（center of gravity） 112
終端速度（terminal velocity） 55
自由振動（free oscillation） 86
重力（gravity） 40
重力加速度
　（gravitational acceleration） 15,27
重力キログラム（kgf） 31
重力定数（gravitational constant） 69
ジュール（J） 88
ジュールの実験（Joule's experiment） 103
瞬間速度（instantaneous velocity） 22
初期条件（initial condition） 49
振動（oscillation, vibration） 77
振動数（frequency） 80
振動数の単位（Hz） 80
振幅（amplitude） 80
垂直抗力（normal force） 34
スカラー（scalar） 33
スカラー積（scalar product） 91
ストークスの法則（Stokes' law） 37
正規分布（normal distribution） 6
正弦曲線（sine curve） 72
静止摩擦係数
　（coefficient of static friction） 35
静止摩擦力（static friction） 34
積分する（integrate） 46
接頭語（prefix） 5
線形微分方程式
　（linear differential equation） 56
速度（velocity） 22,62,63
速度-時刻図（velocity-time plot） 28
束縛力（constraning force） 100

た 行

単位（units） 4
単振動（simple harmonic oscillation） 77,78
弾性定数（elastic constant） 78
単振り子（simple pendulum） 82
値域（range） 11
力（force） 31
力の作用線（line of action） 31
力の単位（N） 5,38
力の中心（center of force） 110
力のモーメント（moment of force） 108
力のモーメントの単位（N·m） 108
中心力（central force） 110
定義域（domain） 11
定係数線形微分方程式
　（fixed coefficient linear differential equation） 56
定数（constant） 10
定積分（definite integral） 51
等加速度運動
　（uniformly accelerated motion） 27
導関数（derivative） 22
等時性（isochronism） 80,82
等速円運動（uniform circular motion） 65

動摩擦係数
(coefficient of kinetic friction)　35
動摩擦力 (kinetic friction)　35
特殊解 (particular solution)　49
トルク (torque)　108

な　行

内積 (inner product)　91
内部エネルギー (internal energy)　102
内力 (internal force)　42
2 次導関数 (second derivative)　27
ニュートン (N)　5,38
ニュートンの運動方程式
(Newtonian equation of motion) 38
粘性抵抗 (viscous drag)　37

は　行

ばね定数 (spring constant)　78
速さ (speed)　18
速さの単位 (m/s)　19
万有引力 (universal gravitation)　69
万有引力の法則
(law of universal gravitation)　69
非斉次 (inhomogeneous)　56
微分積分学の基本定理
(fundamental theorem of calculus)　51
微分方程式 (differential equation) 45
非保存力 (nonconservative force)　101
秒 (s)　5
標準不確かさ (standard uncertainty)　6
標準偏差 (standard deviation)　6
フックの法則 (Hooke's law)　77
物理量 (physical quantity)　3
不定積分 (indefinite integral)　46
分力 (components of force)　32
平均加速度 (mean acceleration)　26,63
平均速度 (mean velocity)　21,62
平行四辺形の規則
(law of parallelogram)　32
ベクトル (vector)　33
ベクトル積 (vector product)　116
ヘルツ (Hz)　80
変位 (displacement)　21,62
変数 (variable)　10
保存力 (conservative force)　94,100
ホドグラフ (hodograph)　66

ま　行

マグニチュード (magnitude)　140
摩擦力 (frictional force)　34
メートル (m)　5
面積速度 (areal velocity)　110
面積速度一定の法則
(law of constant areal velocity) 111
モーメント (moment)　108

や　行

有効数字 (significant figures)　6
余弦曲線 (cosine curve)　72

ら　行

ラジアン (rad)　70
力学的エネルギー保存則
(conservation law of mechanical energy)　101
力積 (impulse)　105
臨界減衰 (critical atenuation)　84
連続 (continuous)　25

わ　行

ワット (W)　93

【著者紹介】
原　康夫（はら　やすお）
1934 年　神奈川県鎌倉にて出生.
1957 年　東京大学理学部物理学科卒業.
1962 年　東京大学大学院修了（理学博士）.
カリフォルニア工科大学，シカゴ大学，プリンストン高等学術研究所の研究員，東京教育大学理学部助教授，筑波大学物理学系教授を歴任.
筑波大学名誉教授.
1977 年「素粒子の四元模型」の研究で仁科記念賞受賞.
専攻：理論物理学（素粒子論）
主な著書：『電磁気学 I, II』，『素粒子物理学』（以上，裳華房），『力学』（東京教学社），『量子力学』（岩波書店），『物理学通論 I, II』，『物理学基礎』，『基礎物理学』，『物理学入門』（以上，学術図書出版社）等.

数学といっしょに学ぶ 力学

2007 年 11 月 20 日　第 1 版　第 1 刷　発行
2025 年 2 月 10 日　第 1 版　第15刷　発行

著　者　原　康夫（はら　やすお）
発行者　発田和子
発行所　株式会社 学術図書出版社
〒113-0033　東京都文京区本郷 5－4－6
TEL 03-3811-0889　振替 00110-4-28454
印刷　三美印刷（株）

定価はカバーに表示してあります.

ISBN978-4-7806-0073-5　C3042

単位の 10^n 倍の接頭記号

倍数	記号	名称		倍数	記号	名称	
10	da	deca	デカ	10^{-1}	d	deci	デシ
10^2	h	hecto	ヘクト	10^{-2}	c	centi	センチ
10^3	k	kilo	キロ	10^{-3}	m	milli	ミリ
10^6	M	mega	メガ	10^{-6}	μ	micro	マイクロ
10^9	G	giga	ギガ	10^{-9}	n	nano	ナノ
10^{12}	T	tera	テラ	10^{-12}	p	pico	ピコ
10^{15}	P	peta	ペタ	10^{-15}	f	femto	フェムト
10^{18}	E	exa	エクサ	10^{-18}	a	atto	アト
10^{21}	Z	zetta	ゼタ	10^{-21}	z	zepto	ゼプト
10^{24}	Y	yotta	ヨタ	10^{-24}	y	yocto	ヨクト
10^{27}	R	ronna	ロナ	10^{-27}	r	ronto	ロント
10^{30}	Q	quetta	クエタ	10^{-30}	q	quecto	クエクト

ギリシャ文字

大文字	小文字	相当するローマ字		読み方
A	α	a, ā	alpha	アルファ
B	β	b	beta	ビータ(ベータ)
Γ	γ	g	gamma	ギャンマ(ガンマ)
Δ	δ	d	delta	デルタ
E	ε, ϵ	e	epsilon	イプシロン
Z	ζ	z	zeta	ゼイタ(ツェータ)
H	η	ē	eta	エイタ
Θ	θ, ϑ	th	theta	シータ(テータ)
I	ι	i, ī	iota	イオタ
K	κ	k	kappa	カッパ
Λ	λ	l	lambda	ラムダ
M	μ	m	mu	ミュー
N	ν	n	nu	ニュー
Ξ	ξ	x	xi	ザイ(グザイ)
O	o	o	omicron	オミクロン
Π	π	p	pi	パイ(ピー)
P	ρ	r	rho	ロー
Σ	σ, ς	s	sigma	シグマ
T	τ	t	tau	タウ
Υ	υ	u, y	upsilon	ユープシロン
Φ	ϕ, φ	ph (f)	phi	ファイ
X	χ	ch	chi, khi	カイ(クヒー)
Ψ	ψ	ps	psi	プサイ(プシー)
Ω	ω	ō	omega	オミーガ(オメガ)